U0244225

国家自然科学基金重点项目
自然资源资产与经济增长、经济安全的协调机制与策略研究
项目号 71934001

教育部人文社会科学研究青年基金项目
“双碳”目标下中国能源安全统计测度及其经济效应研究
项目号 22YJC910014

中国环境经济发展研究报告2023：

推进能源低碳转型

赵　鑫　宋马林　等◎著

中国财经出版传媒集团
经济科学出版社
Economic Science Press
·北京·

作者简介

赵鑫，博士，副教授，硕士生导师，安徽财经大学第六批校学术带头人后备人选，安徽财经大学特聘教授。入选由美国斯坦福大学（Stanford University）联合爱思唯尔（Elsevier）发布的全球前 2% 顶尖科学家榜单（World's Top 2% Scientists）；入选爱思唯尔（Elsevier）2023 年度中国高被引学者（Most Cited Chinese Researchers）。

宋马林，中共党员，安徽财经大学党委常委、副校长，低碳发展与碳金融实验室主任（兼），二级教授，博士(后)，博士生导师。国家级高层次人才项目入选者、中宣部文化名家暨“四个一批”人才，入选国家百千万人才工程被授予有突出贡献中青年专家，国务院政府特殊津贴专家，入选教育部新世纪优秀人才支持计划等。中国工业经济学会副会长、教育部高等学校统计学类专业教学指导委员会委员，*Scientific Committee of Inter-University Sustainable Development Research Programme*。

前　言

工业革命以来，化石能源的大量燃烧引发了全球变暖、冰川消融、极端天气频发等气候问题，对经济社会可持续发展、生态安全、人类健康造成了巨大的风险和挑战。为应对气候变化，世界各国相继制定节能减排目标，积极采取措施推动能源低碳转型。中国是全球最大的能源消费国，受制于“富煤少气贫油”的资源禀赋约束，中国能源结构长期“以煤为主”，由此产生的环境问题不容忽视。各国纷纷加大对可再生能源的开发和利用力度，推进能源低碳转型成为可持续发展的重要举措。在新的历史时期，全面推进能源低碳转型，促进人口－资源－环境全面协调可持续发展，推动经济高质量发展，是中国社会亟待解决的重要课题。

本书以绿色可持续发展理念为指导，利用中国宏微观面板数据，从理论和实证双重角度系统研究中国能源低碳转型现状及驱动因素。本书的主要内容包括七个章节：

第一章为导论。从研究背景出发，重点讨论了能源在经济发展中的核心作用，指出化石能源使用导致的全球环境问题，强调了中国作为最大能源消费国的特殊地位和面临的挑战。随后，从理论和现实两个方面说明了研究的重要性，理论意义在于推进能源低碳转型的学术讨论，现实意义在于指导中国的实际能源转型政策。进而围绕着能源低碳转型的主题概述了国内外相关的研究成果，包括转型测度、影响因素及政策效应等。最后，确定本书的主要内容、研究思路、创新点等。整体而言，第一章为整本书的研究背景、意义、内容、方法和创新点做了全面的介绍和布局。

第二章详细介绍能源低碳转型相关理论基础。本章细致地分析了能源转型的核心理论、低碳经济的相关理论，以及可持续发展的理论基础。首先，提供了对能源低碳转型概念的清晰界定，并探讨了能源回弹效应、外部性理论、波特假说和幼稚产业保护理论等重要概念。其次，本章还涉及了低碳经济的基本概念、环境库兹涅茨曲线、资源稀缺性理论等内容。最后，对可持续发展的相关理论进行了阐述，包括可持续发展的定义、绿色增长理论、生态足迹理论和熊彼特创新理论等。这一章为理解能源低碳转型提供了坚实的理论基础。

第三章详细讨论当前中国能源低碳转型现状。本章首先重点总结当前学术界对能源低碳转型的测度方法，引入 Super - EBM - GML 模型作为本研究的测度模型，对中国的能源低碳转型进行了详细测量。并基于测度结果，深入探讨了中国各地区能源低碳转型效率的现状问题，包括按地理位置、城市规模和资源型城市分类的详细分析。此外，进一步揭示中国能源低碳转型的时空趋势，包括对能源低碳转型效率的空间基尼系数和泰尔指数分析。本章为理解中国在能源低碳转型方面的现状提供了全面的视角。

第四章专门讨论中国能源低碳转型的驱动因素。重点关注了环境规制、绿色技术创新和数字化转型对能源低碳转型的影响效应。通过理论机制分析和实证模型研究，探索了这些因素如何赋能能源低碳转型的发展进程。基于研究结果，提出了相关的政策建议，旨在进一步厘清中国能源低碳转型发展的核心驱动因素。

第五章介绍中国能源低碳转型的政策效应研究。本章首先回顾了中国在低碳领域的政策演进历程，包括气候适应型城市试点、碳排放权交易试点等政策。接着，通过理论分析和研究假设，借助双重差分模型重点探讨这些政策如何推动中国能源低碳转型发展。本章在制度背景视角下详细论证中国在能源低碳转型方面的努力。

第六章为能源低碳转型的国际经验借鉴。本章详细剖析了国际低碳城市发展的典型案例，具体包括英国伦敦、美国波特兰、丹麦哥本哈根和日本的低碳发展策略及其实施效果。通过介绍这些城市在低碳转型方面的背景目标、策略和措施，以及它们在可再生能源、能源效率、低碳交通、循环经济等方面的具体实践，为中国深入推进能源低碳转型进程提供宝贵的经验证据与政策启示。

第七章为中国能源低碳转型的政策实践总结。本章首先概述了国际上能源低碳转型的政策实践，如德国、美国和日本的相关政策。其次，详细探讨了中国在能源低碳转型方面的具体政策，包括可再生能源的发展、能效管理的加强、清洁能源汽车的推广、碳市场机制的实施等。最后，理性分析了中国能源低碳转型过程中存在的难题，如传统能源结构调整困难、能源供需不平衡等，并就如何进一步推动能源低碳转型提出政策建议。

本书编著者宋马林教授是国家自然科学基金重点项目《自然资源资产与经济增长、经济安全的协调机制与策略研究》（项目号：71934001）首席专家；赵鑫副教授是教育部人文社会科学研究青年项目《“双碳”目标下中国能源安全统计测度及其经济效应研究》（项目号：22YJC910014）主持人。

本书框架由赵鑫和宋马林多次讨论确定，最终统稿并定稿。王子杰参与了第一章的撰写，张琳浩参与了第二章的撰写，孙林参与了第三章的撰写，周文卓、潘芳侠、何燚、石华安参与了第四章的撰写，刘宇、陈江婷参与了第五章的撰写，韩杰克、凌学轩参与了第六章的撰写，项励程、郭子勤参与了第七章的撰写。

在梳理本书时，我们更加深刻地认识到，新能源的大规模、高比例、高质量投入是推动经济绿色发展的必然趋势。由于笔者水平有限，书中难免有疏漏之处，恳请各位读者和同行专家批评指正，以便在后续研究中日臻完善。

赵　鑫　宋马林

2023年12月

CONTENTS

目　录

第一章

导　　论

第一节　研究背景

能源是经济发展的基石。在经济高速增长之下，能源开发利用对环境所产生的冲击已经成为人类社会生存和发展的主要障碍。自工业革命以来，化石能源（煤炭、石油等）被人类大量使用，大气中 CO_2、SO_2 和 NO_x 等大气污染物的浓度在全球范围内稳居高位，造成了全球气候加速变暖。中国是世界上最大的发展中国家，其能源转型问题同样引起了世界各国的高度重视，巨大的能源消耗不可避免。因此，目前中国正处在一个以生态环保为基础，以实现经济和社会发展为目标的“十字路口”，推动能源低碳转型是中国社会亟待解决的重要问题。

在这样的大环境下，中国需要以新能源开发和低碳技术创新为主要途径，在维持经济快速增长的前提下，实现能源消费总量的节制，提高能源利用效率，降低温室气体排放。从世界范围来看，随着经济全球化和人口不断增加，人类的能耗也在不断上升。自 2010 年以来，全球温室气体排放量正以年均 1.4% 的速率增长，实现低碳、可持续发展是 21 世纪的一个决定性挑战。近年来，世界各国都认识到了能源对人类生存与发展的重要意义，联合国于 2002 年 8 月 26 日至 9 月

4日在南非约翰内斯堡召开了第一届可持续发展世界首脑会议，强调了能源和人类生存与发展的重要性。在东京与巴黎举行的气候首脑会议为世界的能源发展指明了方向。2016年4月22日，175个国家在纽约签订了《巴黎协定》，推动了全球能源向低碳转变，而作为落实《巴黎协定》的主要支持者，欧盟在这一转变中发挥了最大作用。欧盟实行低碳发展已经有三十多年的历史了，在这三十多年里，在目标制定与顶层框架设计方面始终走在全球前沿。欧盟2007年提出了《气候和能源一揽子计划》，明确在2020年实现“20-20-20”的目标：一是将温室气体排放在1990年的基础上削减20%；二是可再生能源在整体能源结构中的占比达20%；三是能源效率至少提高20%。2011年欧盟又公布了2050能源和低碳经济的发展战略，2019年出台“欧洲绿色协议”，并宣称到2050年实现欧洲地区碳中和。2021年欧盟公布了名为“Fit for 55”的一揽子气候计划，提出了包括能源、工业、交通、建筑等在内的12项更为积极的系列举措，承诺在2030年底温室气体排放量较1990年减少55%的宏伟目标。此外，作为世界第一大国的美国在碳排放、碳中和方面也走在世界的前列，在2007年就已经实现了碳排放的最高值（58.84亿吨），从那以后，其二氧化碳排放量就一直在减少，并且在全球碳排放中所占的比例也在不断地减少。2008年美国设定了以总量消减为方式的温室气体减排的具体目标与时限，计划到2020年前将美国的温室气体排放量减少到1990年的水平，并在2030年实现新建建筑物的碳排放保持不变或零排放。《能源政策法》《低碳经济法》《美国清洁能源与安全法案》等在2017年度相继颁布，为低碳经济的发展提供了一套法规和奖励机制，为节能减排做出了详细的规划，并提出了相应的实施方案。自拜登就任美国总统以来，推出了一系列能源转型计划，其中包括《清洁能源革命与环境正义计划》等，以保证美国到2050年之前净零排放为目的的能源改革方案。

作为当前世界上最大的能源消费国和温室气体排放国，中国发展低碳经济具有紧迫性和客观必要性。首先是国际社会给予中国的减排压力。中国的一次能源消耗与二氧化碳排放仍处于相对较高的位置，通过查阅 BP《世界能源统计年鉴》（见表 1－1），2020 年中国一次能源消耗在全球占比 26.1%，与世界上其他几个大国相比，我国一次能源消耗以及二氧化碳排放都要比世界上其他大国要多得多。同时，伴随着我国工业化的不断发展，以及新冠疫情刚刚过去后的经济恢复，在很长一段时间里，我国的能源消费需求仍处在增长阶段。此外，在中国的一次能源消耗中，矿物资源占主导地位，特别是对煤炭的严重依赖性较强。迄今为止，世界上仅有两个国家在燃煤量上一直保持在 50% 以上，一个是中国，另一个是印度。尽管近几年煤炭的比重有了一定的降低，但是降低的速度非常慢。我国目前以煤炭为主的能源消耗现状，对中国的生态环境带来了极大的破坏，对我国的经济和社会的可持续发展构成了极大的限制。碳中和的实现，对中国的节能减排提出了更高的要求，即要以更大的力度和更快的速度推进可再生资源的开发，以取代以煤为代表的传统化石能源。因此，作为世界上二氧化碳排放第一大国和全球第二大经济体，在全球气候变暖、面临国际社会减排压力越来越大的背景下，中国能源低碳转型发展责无旁贷。鉴于中国长久以来对煤炭的严重依赖性，在我国的能源转型的进程中，必须逐步淘汰常规的矿物资源，特别是激进的减碳方式，将对我国的能源供给和保障情况产生重要的影响。

表 1－1　　2020 年部分国家一次能源消费量和二氧化碳排放量

国家	一次能源消费量		二氧化碳排放量		煤炭消费量	
	消费量（艾焦）	全球占比（%）	排放量（百万吨）	全球占比（%）	消费量（艾焦）	国内主要化石能源消费占比（%）
美国	87.79	15.80	4457.20	13.80	9.20	10.48
中国	145.46	26.10	9899.30	30.70	82.27	56.56

续表

国家	一次能源消费量		二氧化碳排放量		煤炭消费量	
	消费量（艾焦）	全球占比（%）	排放量（百万吨）	全球占比（%）	消费量（艾焦）	国内主要化石能源消费占比（%）
印度	31.93	5.70	2302.30	7.10	17.54	54.85
法国	8.70	1.60	251.10	0.80	0.19	2.18
德国	12.11	2.20	604.90	1.90	1.84	15.19
加拿大	13.63	2.40	517.70	1.60	0.50	3.67
日本	17.03	3.10	1027.00	3.20	4.57	26.83

其次，能源低碳转型是国内可持续发展的必由之路。自改革开放以来，我国以高能耗、高排放为特点的经济发展和生产运营模式，对社会生态环境产生了很大的影响。长期以来，中国的能源消耗主要是以煤和石油等高碳能源为主，而天然气、一次电和其他洁净能源所消耗的比例相对较少，这使得中国的 CO_2 排放量不断增加，水资源和空气污染形势日趋严峻，对人民群众的日常生活和国家的经济发展都产生了巨大的冲击。党的十八届五中全会提出要坚持走可持续发展之路。党的十九大之后，“美丽”一词被写入了我国的现代化进程，“生态文明”上升为“千年大计”，“美丽中国”将成为中华民族的永恒发展之路。党的二十大召开之际，习近平总书记明确提出碳达峰碳中和是一次全面、深入的经济和社会体制改革，必须从人与环境的协调发展角度来思考发展问题，根据我们国家的能源条件，有规划地、有步骤地推进“碳排放”。因此，我国要想坚持走可持续发展的道路，能源低碳转型的发展方式势在必行。

为了降低能源消费总量，降低二氧化碳排放量，中国采取了一系列的经济和社会发展战略。如今，能源安全已经和粮食安全、产业链供应链安全并重，成为保障中国经济可持续发展、社会和谐稳定和国家长治久安的“三大安全底线”。目前，我国能源开发事业已有较大进展，特别是在“十三五”期间，我国的能源生产与使用模式出现了较大变化。能源结构继续优化，以煤炭为主体的能源消耗结构也逐渐从高碳化逐渐转向洁净化，多循环供能体系已基本形成，能耗结构进一步优化，能耗利用率显著提高。2007 年 6 月，中国成立国家应对气候变化及节能减排工作领导小组，统一部署应对气候变化和节能减排工作，协调解决应对气候变化工作中的重大问题。2007 年 7 月，面对节能减排的严峻形势，为更好地处理金融业与可持续发展的关系，中国推出绿色信贷政策，通过金融杠杆进行环保调控，限制、淘汰高耗能和高污染行业。虽然在 2009 年中国超过美国，成为世界上最大的能源消耗国。但是此后，2013 年 6 月 17 日是我国第一个全国低碳日，自此与碳有关的话题走进日常生活。在 2015 年的巴黎气候大会上，我国政府承诺争取在 2030 年实现二氧化碳排放达到峰值。2016 年中国正式加入《巴黎气候变化协定》（*The Paris Agreement*），承诺与全球 180 余个国家一起，加强对气候变化威胁的应对。2020 年 9 月 22 日，中国国家主席习近平在第 75 届联合国大会一般性辩论中，宣布将提高国家自主贡献力度，采取更加有力的政策和措施，二氧化碳排放力争于 2030 年前达到峰值，努力争取在 2060 年前实现碳中和，这意味着中国各行各业将为实现“双碳”目标采取更加积极与大胆的行动。通过实施一系列的低碳措施，中国在降低能源消费总量和降低二氧化碳排放上获得了重大成功。2020 年 12 月 12 日，习近平在气候雄心峰会上进一步宣布，到 2030 年，中国单位国内生产总值二氧化碳排放将比 2005 年下降 65% 以上，非化石能源占一次能源消费比重将达到 25% 左右，森林蓄积量将比 2005 年增加 60 亿立方米，风电、太阳能发电总装机容量将达到 12 亿千瓦以上。2020 年 12 月 16 ~ 18 日，中央经济工作会议强调做好碳达峰、碳中和工作，抓紧制定 2030 年前碳排放达峰行动方案，支持有条件的地方率先达峰。根据资料显

示，“十三五”期间，中国已经建立了全球最大的洁净煤炭和电力供给系统，以平均能耗不超过 3% 的速度实现了中高速的发展。中国的能源使用效率也有了明显的提高，中国的能源安全自给率一直维持在 80% 以上。同时，中国的供求形势也在不断好转，天然气、一次发电和其他新能源的比重也在不断增加。近几年，随着国家对能源的需求不断增加，用能方式加快变革，我国能源生产和消费结构不断优化。加速推进传统能源使用模式的转换，逐步实现向绿色、低碳过渡。煤炭的处理和转换效率有了很大的提升，石油产品的品质提升和扩大，电力在关键行业的应用取得了初步的成果。《能源生产和消费革命战略》中指出，到 2030 年，以清洁能源为主体的新能源将成为中国未来发展的必然趋势。政策时间轴如下图 1－1 所示。

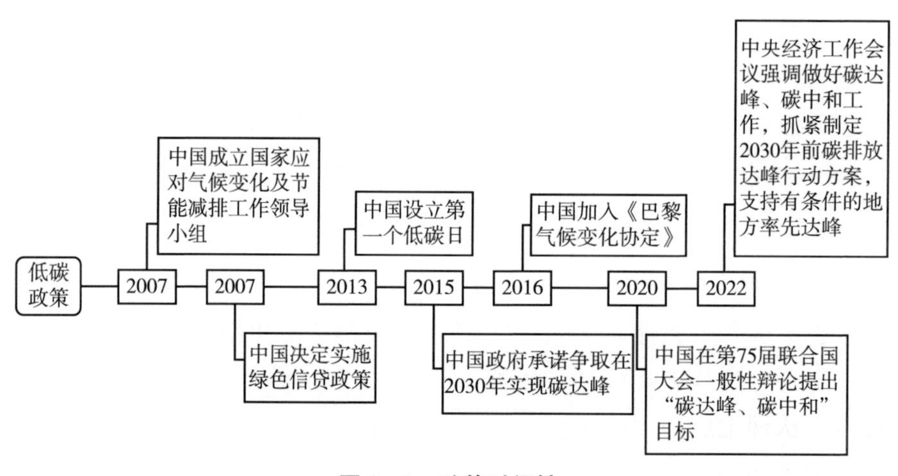

图 1－1　政策时间轴

因此，能源转型的研究有助于从根本上阐述资源环境成本的非均衡性，客观认识能源发展的实际状况，对厘清我国当前的能源发展现状，促进我国实现经济、环境与人文发展的和谐统一，实现可持续发展具有重要意义。

第二节 研究意义

基于以上现实背景，更多的能源需求和更低的碳排放促使各国必须开始能源转型。本研究将着眼于扎实推进我国能源低碳转型，从中国能源低碳转型测度和现状描述的基础上，多重视角分析了中国宏观政策对能源转型、碳排放的影响，以及中国能源低碳转型的经济生态效应，客观认识我国的能源发展的实际状况，并且进一步厘清能源转型过程中现有的优势和存在的问题。本研究还将研究对象拓展至全球主要国家及经济体，进一步总结了国外能源低碳转型的实践经验，为寻求促进我国能源低碳转型提供了参考，同时也具备鲜明的理论意义与现实意义。

一、理论意义

本书的理论意义在于：第一，深刻阐释能源低碳转型的科学内涵、重要意义和现实挑战，为探寻能源低碳转型机制提供方法论支撑；第二，将环境规制、绿色技术创新、数字化转型纳入同一研究框架中，从理论层面分析不同因素对能源低碳转型的影响机制，为开展驱动因素的经验研究提供学理基础；第三，综合考虑能源消费的经济效应和环境效益，构建能源低碳转型效率评价模型，深入分析中国能源低碳转型现状及其驱动因素，并从多维度政策视角深刻论证能源低碳转型的政策效应，拓展了能源低碳转型理论的应用研究范畴，为政策制定者提供充分的数据基础和决策支持。

二、现实意义

本书现实意义主要体现在：首先，当前大气污染日益严重，全球变暖引发的生态危机近在咫尺，低碳转型迫在眉睫。在此背景下，本研究测算中国情境下的能源低碳转型效率，对于把握中国能源低碳转型现状、推动能源低碳转型进程、助力绿色发展具有重要的实践意义。其次，本研究利用文献研究、统计分析、计量分析等多种研究方法，全面探讨中国情境下能源低碳转型的影响因素及作用机制，有利于识别现阶段能源绿色发展过程中遇到的重点、难点问题，从而有的放矢，促进能源消费低碳转型。再次，本研究采取理论研究、实证研究相结合的方法，量化分析中国能源低碳转型的政策效应，对于把握现有政策效果、完善绿色发展相关规制措施具有重要的借鉴意义。最后，本研究借鉴国际经验，并结合研究结论提出推动中国能源低碳转型的路径选择，为国家制定宏观经济管理政策、推动能源绿色发展提供重要参考。

第三节　国内外能源低碳转型研究进展

在中国经济高速发展的过程中，能源需求快速增长，但由于能源结构长期“以煤为主”，导致碳排放和生态环境问题持续存在。能源低碳转型是当前全球范围内研究的热点和难点问题之一。在国内，随着生态文明建设的不断深入，我国已经明确了实现碳达峰、碳中和的目标。习近平总书记在党的二十大报告中强调实现碳达峰、碳中和需要实现经济社会系统性变革，并提出了实现碳达峰的行动计划。世界其他国家也已经将低碳发展作为推进气候治理的一大共识。在此背景下，国内外学者对中国能源低碳转型的研究也逐渐成为了研究的焦点。目前，国内学者对中国能源低碳转型的研究主要集中在以下几个方面：第一，测度和评估中国能源低碳转型的现状，此方面研究主要是描述和评估中国能源低碳转型的现状和进展情况，包括能源结构特点、能源消费水平、碳排放情况等；第二，探究中国能源低碳转型的影响因素，在这一方面，研究主要关注相关因素对推动能源低碳转型起到了什么作用；第三，研究中国能源低碳转型的经济生态效应，研究在此方面主要是探究低碳转型对经济增长和环境效益的影响，以期寻求实现能源低碳转型和可持续发展的良好平衡。

一、能源低碳转型测度研究综述

能源低碳转型是应对气候变化和保障经济可持续发展的重要途径，因此相关研究备受关注，并且对于能源低碳转型测度的研究近年来取得了丰硕的成果。首先，研究关注了能源转型绩效领域。"能源转型"最初是由德国应用生态学院首先提出，随后便被各国进行传播，他们提出石油和核能能源极大可能向再生能源转型。20年后，国际能源署（IEA）提出，在当今环境、经济相互交杂的社会下，全球能源的供应和消费是不可再生，无法重复利用的。该问题引起了全球各国学者的响应。本书回顾了十多年前发表的一篇论文《全球能源安全的地缘政治》（Bradshaw，2009）。当时，研究的重点是由化石燃料短缺和石油供应峰值可能造成的能源转型紧张局势。到了21世纪，许多国家已经开始逐步实现能源转型，各国学者也相继做了不同的研究，尤其是在能源绩效领域取得了较大进展。目前，能源效率的研究主要集中在能源绩效的计算等方面，但缺乏将化石能源绩效和碳中和相结合的研究，提高能源效率是解决全球各地日益严重的环境问题的重要途径。

在数据包络分析方法（DEA）研究初期，托恩（Tone，2001）解决了非期望产出能否作为投入的假设，构建了一个基于松弛的效率模型。周等（Zhou et al.，2008）在环境DEA技术的基础上，研究了NIRS和VRS模型，提出了不同情况下用于测量环境绩效的混合测量。王等（Wang et al.，2010）运用基于投入的CCR－DEA模型，对中国29个省市2000～2007年间的能源使用进行了经济效率的测度，并对其环境表现进行了测度。接着，王等（Wang et al.，2013）在全要素生产理论框架下，运用DEA方法测算了中国30个省份2000～2010年能源经济效率，并且在此基础上又分析了环境绩效及演变规律，从中探讨了中国地区的差异性。随后，王等（Wang et al.，2015）在基于松弛的DEA方法下，分析了3E（能源—经济—环境）效率发展情况。张等（Zhang et al.，2018）基于2006～2015年化石燃料每日价格的数据，确定了能源投资计划。并在此基础上比较了能源投资组合回报效率等问题。也就是利用了DEA方法评估了能源投资绩效。近年来，法蒂等（Fathi et al.，2021）以2015～2017年化石燃料出口国的3E数据为基础，通过传统型和交叉效率DEA方法评估了3E（即能源、经济、环境）绩效；珍等（Zhen et al.，2022）搜集了中国省级清洁能源与化石能源的相关数据，利用交叉效率模型评估了其能源绩效，确定了影响能源绩效的相关因素。

目前，针对能源转型测度的研究，国内许多学者使用较为广泛且有效的方式是DEA方法。魏楚和沈满洪（2008）运用DEA方法使用1995～2004年省级面板数据对能源效率进行计算，结果发现大多省份能源效率符合“先上升，再下降”的特征。韩一杰和刘秀丽（2011）应用了超效率DEA模型对中国各地区钢铁行业的全要素生产能源效率做出了评价。刘亦文和胡宗义（2015）利用超效率DEA模型测度了我国各地区的碳排放水平及其动态变化。王群勇和李海燕（2022）基于DEA方法，利用2017年数据对中国各区域能源效率和二氧化碳排放效率进行测算。此外，许多学者也尝试使用 EBM（Epsilon - Based Measure）模型来测度效率（韩浩平和程序，2019），该方法是由托恩等（Tone et al.，2010）提出的一种基于 DEA 方法的新模型，即 EBM 模型，并且在后来的不断发展中，众多学者对这一方法的理论基础进行不断完善和拓展。该模型的优点在于放宽了传统 DEA 方法中关于"投入要素或产出要素同比例增长或减少"的假设，使得最终的效率测度结果更加准确、真实，因此被认为是一种评价决策单元效率的新方法，受到学术界的广泛认可（孙丝雨和安增龙，2016；林伯强和刘泓汛，2015）。在此基础上，国内外学者运用了不同指标以及不同 EBM 测度方法来度量能源转型水平，并且对不同区域的能源低碳转型效应进行评价与测度研究。师博和沈坤荣（2012）运用 EBM 模型测度了中国省际时序能源效率，并通过经验分析了 EBM 能源效率的影响因素与作用机制，发现了工业化并不是影响能源效率的主导因素。范建平等（2017）基于环境、经济和技术效率视角构建了改进的 EBM - DEA 三阶段模型，测算了我国 2012 年省际物流业的环境、经济与技术效率。张玮和刘宇（2018）建立 EBM 评价模型对长江沿线省市进行水资源利用效率分析，结果表明水资源的利用效率呈现逐年提高的趋势。王永静等（2022）运用超效率 EBM 模型和 Global Malmquist 指数模型测算我国 31 省份农业全要素能源效率和能源全要素生产率，结果表明我国粮食主产区农业能源使用量逐年上升且农业能源效率提升与能源全要素生产率紧密相关。综上所述，EBM 测度方法可以有效评估中国低碳经济发展水平、能源效率水平等，为制定相应低碳发展政策提供科学基础依据。

二、能源低碳转型影响因素的研究综述

能源低碳转型是应对全球气候变化和能源安全等全球性问题的重

要途径，能源低碳转型需要考虑多种因素的影响，包括环境规制、技术创新和数字化发展等。

（一）环境规制与能源低碳转型研究综述

“波特假说”当中提到了企业在受到环境规制的压力时，会被迫寻求新的技术和生产方式。20世纪70年代，随着工业化进程的推进，全球的能源消耗越来越多，环境问题也愈加突出，各国逐渐开始注重保护环境，环境污染防治成为保护环境的重要手段。一方面，环境规制使企业为控制污染排放而付费，增加了生产成本，从而降低了生产效率。这种观点被称为“合规成本”，符合传统经济学的分析方法。早期的学术学派支持这一观点；另一方面，合理的环境规制可以形成逆向传导机制，刺激企业进行技术创新。因此，环境管制可以提高生产效率和竞争力，这种观点被称为“创新补偿”。

其中，“合规成本”理论认为，环境监管将环境治理相关成本强加给企业，从而严重限制了生产投资，抑制了企业的能源效率（Gray，1987；Jaffe & Palmer，1997）。班德森（Bentzen，2004）对美国制造业进行了研究，表明环境规制可以促进技术进步。但有研究表明，反弹效应可能导致与能源有关的要素的成本超过节省的费用。法布里齐奥等（Fabrizio et al.，2007）通过从服务成本监管到市场导向的过渡来测试美国发电厂的环境，结果显示，用基于市场的行业结构取代受监管的垄断，中期效率适中。汉斯维克（Hancevic，2016）分析了墨西哥1990年《清洁空气法修正案》对生产力和能源效率的影响，发现环境规制导致生产力损失和能源效率降低。Cui等（2023）采用差异模型考察了环境规制对劳动收入份额的影响，发现更严格的环境监管通过资本深化降低了制造业企业的劳动收入份额。而“创新补偿”理论则认为，适当的环境法规可以激励企业进行技术创新，以提高生产率（Porter and Van der Linde，1995），众多学者也得出了类似的结论（Bi et al.，2014；Zhang et al.，2017）。万伦来和童梦怡（2009）发现环境规制对提高能源利用效率有显著的促进作用。张华等（2014）运用序列 DEA – Malmquist 生产率指数和考虑非期望产出的方向性距离函数测算了中国 2000～2011 年省际层面的全要素能源效率，结果发现适度加强环境规制强度对全要素能源效率的影响正向的“创新补偿”效应。韩超等（2015）研究发现在轻污染行业，环境规制对节能减排的作用可以得到有效发挥，并且从整体行业样本中发现，环境规制与技术进步具有明显的交互作用。王等（Wang et al.，2015）以中国 36 个行业的面板数据为样本，研究发现环境法规显著促进了能源效率的提高，但其中介效应不同。卡伊等（Cai et al.，2023）利用 2005～2016 年 231 个地级市的面板数据，考察了中国环境规制与技术转让的关系，发现对于国内总产值水平较低的城市群体的影响更为显著。张等（Zhang et al.，2023）利用双重差分法调查严格的环境监管与技术创新之间的因果关系，并得到严格的环境监管引发的企业技术创新大大降低了非清洁能源的消耗，提高了环境绩效。

此外，部分学者将技术创新与环境规制结合去探究能源转型的效应。能源转型的驱动因素中，技术创新是基础和核心的动力因素（Martinez，2017；温馨和陈佳静，2022）。绿色技术创新也是实现能源替代的关键，能源绿色转型同时是实现“双碳”目标的重要抓手（李豫新等，2023），在过去的几十年里，越来越多的文献对绿色创新技术展开了探索，姚小剑等（2016）运用非参数数据包络的全局 DEA – SBM 模型，测算中国 30 个省全要素绿色能源效率和绿色技术进步指数，研究结论表明，绿色技术进步与全国全要素绿色能源效率有正向影响。徐建中和王曼曼（2017）提出环境规制强度的增加可以促进绿色技术创新，从而可以降低能源强度。通过以上综述不难看出，既有文献对能源低碳转型的影响因素开展了较为丰富的探讨，环境规制、技术创新是中国省市能源转型和环境治理的关键要素（郭凌军等，2022）。

与此同时，部分研究探讨了环境规制与能源效率之间的非线性关系，即“U”型与倒“U”型。前者为先抑制后促进，后者则为先促进后抑制。其中，桑切斯－瓦格斯等（Sanchez－Vargas et al.，2013）研究墨西哥环境法规与制造生产率之间的潜在非线性关系，发现环境监管与生产率之间的联系实际上是非线性的，并且在制造业中这些变量之间的权重正在减少。杨等（Yang et al.，2020）认为环境规制与绿色技术呈倒“U”型关系，环境调控与碳强度呈“U”型关系，证明绿色技术是影响环境调控与碳强度关系的重要中介变量。刘等（Liu et al.，2020）研究发现环境法规对绿色工艺创新具有“U”型非线性效应，而政府补贴对绿色工艺创新的促进作用，即所谓的杠杆效应。张华等（2014）测算了中国2000～2011年省际层面的全要素能源效率，利用系统GMM估计方法验证在能源领域“波特假说”的存在性，最终得到两者间存在先促进、后抑制的倒“U”型关系。

（二）绿色技术创新与能源低碳转型研究综述

长期以来，技术创新与能源高效率使用是学界关注的热点问题。随着环境污染与生态恶化问题突出，“碳达峰”与“碳中和”倒逼下的绿色技术创新与实现绿色发展的能源低碳转型引起众多学者广泛关注。

创新对任何组织保持可持续性发展都至关重要。在当今环境问题不断增加的趋势下，政府和企业必须采取更环保的创新战略（Shamzzuzoha et al.，2022）。绿色技术最早被布劳恩和维尔德（Braun and Wield，1994）提出，将绿色技术创新视为通过新技术的产生与升级，在降低污染、减少材料与能源投入的基础上产生绿色产品，这一前瞻性想法得到众多学者认可，并对此展开研究。吕燕和王伟强（1994）认为绿色技术创新不仅是面临的挑战，同时也给国家实现绿色可持续发展带来机遇。挑战在于绿色技术的创新具有周期长、回报慢、评估难、风险高等特点（王晓光，1997；Shatouri et al.，2013）；机遇在于通过发展绿色工艺、绿色产品、绿色能源这些“明星产品与技术”达到技术创新战略与生产经营策略的巨大改变（Zhou，2014；Sun et al.，2017）。虽然全球都在为技术创新推动绿色可持续发展不断努力，但生产工业化和人类活动的扩张行为对自然环境造成的影响逐渐显露，煤炭、石油、天然气和人工化学制剂的大量使用造成恶性环境污染事件频发（李成刚，2023）。解决社会发展对生态环境的威胁问题、实现人类与自然协调已成为21世纪人类发展面临的最大挑战之一（Amin et al.，2023）。绿色技术的创新速度与当前经济活动的高速发展之间的矛盾亟需解决。因此，需要将反应型和前瞻型环境战略同时纳入绿色技术创新驱动机制研究框架（杜可等，2023）。针对目前绿色技术创新影响因素，在宏观层面，既有研究主要从政策注意力（王艳和于立宏，2023；肖珩，2023；Xu et al.，2023）、行业性质（Peng et al.，2022；Cheng and Yu，2023；Yin et al.，2022）、地区分布（Wang et al.，2022）以及绿色技术创新意识教育与文化（王娜娜等，2022；杨明海等，2021）等方面展开探讨。在微观层面，主要从企业创新文化（Hurt and Dye，2022；Wei et al.，2023）、领导层环保意识与企业社会责任（郑嘉容和韩明，2023；Xu and Meng，2023）、绿色信贷（Xu et al.，2023；Su et al.，2022）、企业数字化转型（林妍，2023；Chen et al.，2023）以及绿色研发支出（Pan et al.，2022）等方面展开研究。以绿色技术创新推动行业绿色全要素生产率提升，已成为绿色高质量发展时代的首要选择（Zhao et al.，2022）。在此背景下，必须强化技术创新，注重绿色创新教育理念与文化底蕴，全面提升技术创新水平，为“双碳”目标的实现提供绿色技术支撑（李丽平，2022）。

纵观人类社会发展历史，人类文明的每一次重大进步都伴随着能源演进和更替。能源是人类发展进程中的前提条件，目前我国能源保障体系整体资源配置效果有了非常明显改善，然而能源结构仍以火电为主（辛保安等，2022），低碳的调节资源相对不足，难以有效应对大规模、间歇性新能源接入带来的系统稳定运行和供需平衡等方面的挑战，仅依赖单一能源系统维持能源安全供应的方式逐渐难以为继（司方远，2023）。所以国内外学者对于能源低碳转型展开各方面研究。林伯强（2022）认为“碳中和”要求在经过 40 年建立一个更加庞大的能源系统，能源实现全面低碳转型是实现 2030 年碳达峰、2060 年碳中和目标的关键。准确把握能源系统缺陷，探索能源低碳转型发展路径，对实现现代化目标与绿色可持续发展具有重要意义。对于如何测度与推进能源低碳转型，学者们进行多重视角的深入研究。程钰等（2023）利用 Super - SBM 模型对中国省份碳排放绩效进行测度，并提出通过技术创新减少碳源、降低增速对碳排放绩效有显著提升；成琼文和杨玉婷（2023）利用二氧化碳排放量作为碳排放强度代理变量，认为碳排放权交易试点政策与能源结构都是实现低碳减排的重要作用路径。但很少有学者对能源低碳转型绩效进行直接测算。

实现能源低碳减排转型，离不开绿色科技。在过去的几十年里，越来越多的文献探索了绿色创新、可持续发展和能源转型三者之间的关系（Hopkinson et al.，2018；Zarba et al.，2019）。其中，技术进步可以提高能源利用效率，消除技术壁垒（Yah et al.，2017），提高能源转型的技术水平，突破现阶段的理论和实践瓶颈，为实现绿色可持续发展提供能源与技术支撑（Mubarik et al.，2021；Bag et al.，2021）。方法上，尤萨夫（Yousaf et al.，2022）利用问卷调查方式与结构方程研究企业绿色创新战略与绿色动能对于提高能源效率与发展绿色经济发挥核心动力作用；Lian 等（2023）利用分位回归得出技术创新可以提高企业碳效率，从而助推节能减排总目标高效完成；除此之外，空间杜宾模型、动态 SYS - GMM 模型、门槛回归等方法被用于研究技术创新与碳排放关系（王飞和文震，2023；韦帅民，2023；邓荣荣和张翱祥，2023）。结果总结为“线性促进论”“非线性关系论”以及“协同论”，“线性促进论”认为技术创新能够显著提升碳排放效率（杨浩昌等，2023）；“非线性关系论”包括技术创新对碳排放强度存在门槛效应或“U”型曲线等关系，门槛效应认为技术溢出效应分阶段、分行业能更有效降低碳排放强度，“U”型曲线关系认为绿色创新技术投入初期可能会存在“挤出效应”，对能源低碳效率产生先抑制后促进的影响效应（李光龙和陈小雨，2023；韦帅民，2023）；“协同论”是指技术创新协同环境规制、产业结构等促进低碳减排转型（Denend et al.，2021；孙浩和兰甜甜，2023）。但目前对绿色技术创新影响能源低碳转型以及具体作用机制的研究有待进一步补充。

三、能源转型政策效应研究综述

能源转型政策是政府在能源领域制定的相关政策措施，以促进可再生能源的发展和减少对化石能源的依赖，以实现能源结构的转型和减缓气候变化的影响。伴随着能源安全问题、大气治理问题以及气候变化问题等这些人类共同难题的愈演愈烈，国际社会、各国政府以及科学领域的诸多学者更加意识到，为了人类的共同生存环境、经济的可持续发展以及能源领域的长治久安，实现能源低碳转型刻不容缓。为此，国际社会及各国政府颁布了相应的政策，科学界的相关学者进行深入探讨并对这些政策的效应进行了科学研究。

当前，我国经济发展模式正由传统粗放型经济发展模式向绿色环保经济发展模式转变。而要想推动绿色经济的发展，离不开政府的扶持，政府应将低碳规制作为促进转型升级的工具（何小钢和尹硕，2014；肖陆嘉，2017）。中国作为负责任大国，为了有效实施低碳能源转型、降低碳排放和温室气体排放，提高生态效率，颁布了一系列政策法规，本书将这些政策按照政策工具分为三个方面：一是市场交易机制型政策，主要有排污权交易机制、碳排放权交易机制、绿色证书交易机制、绿电交易机制、水权交易机制、用能权交易机制等，其中碳排放交易权机制（以下简称碳交易）是市场机制调节的核心工具；二是财税金融型政策，财政手段主要有碳税、资源税、绿色采购、财政补贴及转移支付等，货币手段主要有绿色金融、绿色信贷等；三是命令控制型政策，例如，低碳城市试点、气候适应型试点、环保税法，“十二五”规划、“十三五”规划等。

首先，对于市场交易机制型政策，大量学者着重研究碳交易政策效应。任亚运和傅京燕（2019）以碳交易试点政策为基础，利用2008～2015年30个省级行政区面板数据，采用双重差分法实证检验了碳排放强度和非期望产出的协同路径和作用机制，得出了碳交易试点城市政策不仅促进碳排放强度的下降，还能促进试点区域整体绿色发展。张彩江等（2021）基于中国2000～2018年省际面板数据，采用合成控制法评估了碳交易试点政策的减排效应，结果表明碳交易试点政策明显抑制了试点区域的碳排放量增长，实现区域碳减排。赵沁娜和李航（2023）基于省级面板数据，综合采用合成控制法和双重差分法评估碳交易试点政策对碳排放强度的影响，得出了碳交易政策可以显著降低各试点地区碳排放强度，但是要把政府干预作为强有力保障，两者共同作用方可有效实现碳减排。综上，市场交易机制政策效应对能源转型产生深刻的影响，政府应根据具体情况和需求，制定合理的政策和措施，以促进良性市场环境和可持续发展。范丹等人（2017）根据碳交易省市和政策实施时间构建核匹配双重差分模型，得出了碳交易机制降低现阶段碳排放总量，在一定程度上推动了技术创新，而对经济产出的影响较弱的结论；刘奎等（2022）使用2000年至2020年中国省际面板数据，使用多期倍分法实证基础上构建模型，进行碳交易政策减排效应的探讨，结果表明，碳交易政策能够有效减排，而能源利用率对碳交易减排效应的贡献尤为突出，绿色创新强度也起到了重要作用；黄怡和程慧（2022）将中国资源型城市作为样本，使用异期DID模型实证考察，并发现碳交易市场建设可以有效缓解资源型城市对传统资源的依赖程度，但此种作用具有一定时滞性；贾智杰等（2022）采用2002年至2017年264个城市的数据，研究发现碳交易政策对一线城市和直辖市由于其具有相对较为优势的创新技术、产业结构以及资源配置，对全要素碳效率具有促进作用，而对于普通城市的全要素碳效率影响较弱。除了对碳交易政策效果进行评估以外，也有一些学者对其他市场交易机制进行了评估。例如，排污权交易机制，张亚丽和项本武（2022）研究发现SO_2排放权交易显著增加试点地区的环境不平等程度，即等地理单元和人口单元之间SO_2污染的差异程度。实际上也有学者研究发现，不同主体的交易机制政策不是单独孤立的，将它们进行组合使用效果会更加显著；朱思瑜和于冰（2023）采用多时点双重差分和倾向得分匹配，分别检验排污权交易和碳排放权交易的减污降碳效应，并研究了排污权交易、碳排放权交易以及组合政策的协同减排效应差异，研究发现在降低碳排放方面，单独实施碳交易权政策比组合政策更为有效，但是对于二氧化硫污染的治理，组合政策比单项政策执行更为有效。因此，政府应该有侧重的对碳排放权和排污权进行组合使用。刘文君和张莉芳（2021）采用一般均衡理论和系统动力学方法进行分析得出结论，绿色证书和碳排放权交易政策组合实施不仅可以降低碳排放水平，而且可以使电力结构得到优化调整。

其次，相当一部分学者对财税金融类政策进行了大量研究，王成江（2012）以我国财税金融在支持绿色经济发展中的制约因素进行研究，分析了财税金融支持绿色经济发展的路径。朱小会和陆远权（2017）利用1999～2014年中国省级面板数据，检验了环境财税政策与金融支持对碳排放的影响效应，结果表明环境财税政策与碳排放显著负相关，政府应充分发挥环境财税政策与金融支持的碳减排联合治理效应。此外，财税金融型政策不仅在绿色经济上发挥着重要的作用，而且在绿色低碳循环农业系统的发展过程中，同样也离不开财税金融政策的支持（梁枫，2015）。吴文值等（2022）以城市层面数据为样本构建双重差分模型，探讨财政激励对二氧化碳排放的影响，结果表明，财政激励政策通过提高示范试点城市的可用财力，降低地方政府对高耗能、高污染企业的依赖程度，从而加强政府对这些企业的治理力度。张涛等（2022）依据新凯恩斯理论，将碳税、碳减排优惠利率、碳补贴 3 种政策纳入框架，通过构建 DSGE 模型探讨 3 种政策对宏观经济的影响；研究发现，碳税政策对减排效果显著而对宏观经济产生负效应，碳减排优惠利率对宏观经济产生正效应但减排效果不明显，低碳补贴对主要宏观经济变量影响效果较弱；此外还发现，低碳转型政策对不同收入水平的家庭影响并不同。李利华等人（2023）以碳税政策为导向，以绿色物流发展行为主体为出发点，以 Malthusian 理论为支撑，构建三方动态演化博弈模型；结果表明，三方主体均能支撑绿色物流的稳定发展，碳税税额、减排补贴、上报奖励等关键参数对绿色物流发展也有积极作用。此外，还有学者研究了命令约束型政策。焦兵和许春祥（2023）对将我国“十三五”时期的传统能源政策及新能源政策的演进历程与政策效果进行梳理，并构建双重差分模型分析了五年能源规划对促进低碳转型的影响，同时还提出了我国能源在未来的趋势及调整方向；宋弘等（2019）讨论了低碳试点政策对城市空气质量的影响，通过双重差分法进行模型估计，研究发现低碳城市建设显著降低了城市空气污染，其作用机制是通过降低企业碳排放水平及激励企业进行技术创新，进而降低空气污染水平。总之，财税金融政策在绿色经济中具有重要的作用，各种政策的实施对绿色经济产生的影响是有重要意义的。

对于命令控制型政策，是指政府或其他机构给予市场参与者的强制性要求和规则，从而达到政策目标的手段。以气候适应型政策为例，国内对气候适应型城市试点政策的效应研究多聚焦于城市适应能力的提升。我国资源型城市大多进入了资源开采的成熟期或衰竭期，由于资源枯竭引发了一系列经济和社会问题，面对这些问题，迫切需要在政府的主导下对这些依靠资源而兴的城市进行产业转型（曹斐和刘学敏，2011）。常香云和朱慧赟（2012）在研究中利用优化决策方法，构建企业制造/再制造生产决策模型，分析不同政策场景下企业制造/再制造生产决策的异同，结果表明碳限额政策可以较好地引导企业选择低碳排放的制造/再制造技术，但需要设置合理的企业碳排放限额。余泳泽等（2020）通过城市政府工作报告中公开的环境目标约束数据，采用DID模型和工具变量法实证检验了地方政府环境目标约束对产业转型升级的影响，结果表明环境目标约束会使地方政府通过加强环境规制，调整产业政策和财政支出结构等行为推动当地产业转型升级。与此同时，也有少数研究针对公众参与型政策的影响效果。曾云敏和赵细康（2018）选择广东省6市7镇中的16个村委会为样本，对垃圾治理中的分权和公众参与问题进行讨论，进而就如何优化环境保护政策执行的分权结构作进一步探讨。谢欣露和郑艳（2016）试图构建气候适应型城市综合评价指标体系，以北京为研究对象，发现北京16个区在经济支撑、社会发展、自然资源、技术适应以及风险治理能力上，都存在较大的区域不平衡性。田永英（2018）对城市水安全保障系统的构建展开研究，提出节约用水、推进海绵城市建设、对规划作出相应调整的措施，并且要创新“多目标统筹、多系统协同、多元主体参与”的推进机制。邓玲等（2018）通过研究岳阳市近60年的气候数据，考察岳阳面对气候变化可能带来的风险，对岳阳建设气候适应型城市提出了针对洪水风险、热风险、水资源风险相应的解决措施。

实际上，这些不同政策之间也是相互作用的，并且可以相互组合，近年有学者对多种政策的协同效应进行了研究探讨。夏凡等（2023）对碳排放交易机制和碳税的理论机制以及实施差异进行对比分析，发现两种政策各有优势且它们之间的互补性与合作性大于竞争性；孙慧和邓又一（2022）采用2008年至2017年的中国30个省份的面板数据，在构建空间杜宾模型的基础上研究环境政策减污降碳的协同效果，研究发现协同政策并不能展现出“协同治理”的效果，反而会增加碳排放量和空气污染。

相较国内而言，国外学者对低碳经济能源转型政策的研究角度更加新颖和广泛。关于气候适应的研究多聚焦于提升城市韧性。达萨拉登－莫里（Dasaraden Mauree et al.，2019）从城市建筑的角度出发，研究如何规划城市建筑来减少现有建筑的能源需求并降低温室气体排放，进而提高城市对气候变化的适应的能力，提高城市的可持续发展。罗宾－莱琴科（Robin Leichenko，2011）认为增强气候变化适应能力的努力必须与促进城市发展和可持续性的努力相结合，但是提升韧性引发了城市内部和城市间的公平问题。城市必须确定支付韧性工作相关成本的方法且利用城市创新潜力是增强韧性的必要条件。勒奎尔和科琳等（Le Quere & Corinne et al.，2020）通过汇编政府政策和活动数据来估计强制禁闭期间二氧化碳排放量的减少，发现疫情期间全球每日二氧化碳排放量与疫情前一年的平均水平相比，下降了17%，其中很大一部分来自交通量的减少。在峰值时期，单个国家的排放量平均下降26%。并且他们得出结论，2019年新冠疫情大流行期间，各国政府的政策极大改变了世界各地的能源需求模式，政府在疫情期间制定的经济激励政策可能会影响全球二氧化碳量数十年之久；孙华萍等（Sun Huaping et al.，2019）考察了1990年至2014年间71个发达国家和发展中国家的能源效率绩效，并采用基于Shephard距离函数的参数化随机前沿方法来评估政府机构和绿色技术对能源效率的影响。结果发现，在控制了一些变量后，绿色创新和制度质量对能效提高都有显著的正向影响。美国、日本、德国和澳大利亚位居全球能源效率水平首位，而伯利兹、巴拿马、新加坡、马耳他、塞拉利昂、冰岛、牙买加、巴林和加纳位居全球能源效率水平末位；奥博库和埃里克·埃文斯·奥塞等（Opoku & Eric Evans Osei et al.，2020）使用1980～2014年期间的数据，对36个选定的非洲国家的外国直接投资和工业化对环境的影响进行了研究，他们用二氧化碳、一氧化二氮、甲烷和温室气体排放总量等多种因素代替了环境影响，并且采用混合平均群估计技术，结果发现，工业化对环境的影响通常不显著。而外国直接投资对环境的影响在很大程度上是显著的，与此同时，他们还讨论了这些发现的政策含义。涅托和杰米等（Nieto & Jaime et al.，2020）在更广泛的系统动力学模型（MEDEAS）中开发了一个宏观经济模块，从1995年到2050年该模型在三种不同的情景下在全球范围内运行，研究结果揭示了经济增长、气候政策和资源可持续性之间的冲突。

四、文献述评

能源低碳转型是解决全球气候变化和环境问题的关键战略之一，其研究也已成为当前国际能源领域热点之一。本研究通过对能源低碳转型研究进展的文献梳理发现，既有文献对能源低碳转型开展了一系列的探讨，针对能源低碳转型测度的研究近年来取得了非常丰硕的成果。学者们普遍采用DEA方法来测度能源效率，通过众多研究可以发现，DEA方法具有较高的灵活性和适应性，可以为评估能源效率提供一个统一的标准。但是，多数学者在使用DEA方法时，在选择输入和输出变量、评估周期等方面存在一定的局限性和规模性问题。因此，在使用DEA方法评价能源效率时，需要根据实际情况合理选择输入和输出指标，并结合其他方法进行综合分析。此外，基于DEA方法的EBM模型目前也被众多学者所使用，并且对这一方法的理论基础进行不断完善和拓展。众多研究通过比较输入能源与产出能源之间的差异来评估能源效率，并考虑技术、经济和环境等方面因素，但是众多研究没有考虑复杂的技术和市场因素，可能导致评估结果不够全面或准确。

在对我国能源低碳转型的驱动因素的研究中，学者们从政策环境、技术进步等视角展开了激烈的讨论。首先，环境规制对能源低碳转型的影响是许多学者研究的热点问题之一，与此同时，大部分研究都是从环境规制对能源转型的影响机制、环境规制对能源转型的影响程度以及环境规制的设计与改进对能源低碳转型的促进作用等方面开展研究。众多研究结果表明，环境规制可以在法律层面上约束企业的污染排放，促使企业加大对环保技术和设备的研发投入，降低能源消耗和污染排放。但是，许多研究没有从整体上对能源低碳转型的影响进行系统而全面的探讨，只是从政策角度或经济角度进行分析和研究，没有考虑能源低碳转型的地域差异和人口差异，缺乏区域性和个体性的分析。其次，针对技术进步对能源转型的众多研究中，学者们通过建立经济学模型，探究技术进步对能源转型的影响，解决了能源转型的诸多难题，提高了能源的利用效率和清洁度。研究发现数字化和绿色技术创新对环境可持续发展具有积极促进作用，数字技术不仅可以帮助提高企业能源系统的效率，还可以提高能源的可控性和可预测性。但是目前关于数字化和能源转型的研究主要还是集中在宏观层面，仅较少的文献从微观层面研究企业数字化转型对企业碳减排的影响，此方面有待本研究进一步完善。

学界的相关学者对能源政策转型也进行了深入探讨，学者们从多个角度出发全面地了解能源政策转型对各个领域的影响，但是许多研究只专注于某个方面。例如，经济成本、环境效益或社会影响，并未对政策的全面影响进行综合考虑和分析。并且由于能源转型政策在不同国家实施的情况不同，因此跨国比较对于研究的准确性和可靠性非常重要。但是，许多研究缺乏国际比较的数据和信息。因此从多个政策视角出发研究能源低碳转型的影响，对于考察能否通过政策效应实现能源低碳转型，寻求破解资源诅咒的新路径具有重要的研究价值。

第四节 主要内容和研究思路

本研究通过分析国内外相关问题的研究进展，着眼于扎实推进我国能源低碳转型，在中国能源低碳转型测度和现状描述的基础上，多重视角分析了中国宏观政策对能源转型、碳排放的影响，以及中国能源低碳转型的经济生态效应。同时，本研究还将研究对象拓展至全球主要国家及经济体，进一步总结了国外能源低碳转型的实践经验，为寻求促进我国能源低碳转型提供了参考。本研究的章节内容安排如下。

第一章为导论。第一节和第二节阐明了本研究的背景和意义，其中，研究背景包括国内和国际背景，研究意义为理论意义与现实意义。第三节为文献综述，从能源低碳转型测度的研究开始梳理，到能源低碳转型因素影响的相关研究，第四节为本研究回顾了研究领域的相关文献，也对本研究的研究内容与研究思路进行概述。第五节提出本研究的创新之处。

第二章为能源低碳转型相关理论基础，第一节对本研究主要涉及的能源转型相关理论进行详细说明，介绍了能源转型的概念、能源回弹效应和外部理论，讲解了波特假说和幼稚产业保护理论。第二节对低碳经济相关理论基础进行阐述，其中包括低碳经济的概念界定，以及环境库兹涅茨曲线、资源稀缺性理论、择优分配原理和绿色 GDP

核算相关理论。第三节为可持续发展相关理论的介绍，涵盖可持续发展的概念、绿色增长理论、生态足迹理论和熊彼特创新理论的介绍。

第三章为中国能源低碳转型的现状分析，要有效推动中国能源低碳转型首先要对中国能源低碳转型的现状进行深刻认识，对能源低碳转型水平进行准确测度的方法进行了解，本章的主要内容就是通过超效率 EBM（Epsilon – Based Measure）模型测度中国 280 个地级市的能源低碳转型效率，利用 GML（Global – Malmquist – Luenberger）指数分析能源低碳转型效率（Green-oriented Transition of Energy Performance，GTEP）的变化情况。本章第一节对中国能源低碳转型的现状和能源低碳转型的测度方法原理进行介绍，在第二节中对中国能源低碳转型的测度过程，包括数据的来源和指标的构建过程进行阐述，第三节和第四节是对能源低碳转型效率的测度结果进行分析，第三节简单对能源低碳转型测度结果按地域方位、城市类型进行分类分析不同城市的能源低碳转型效率差异，第四节为中国能源低碳转型的时空趋势分析，包含空间基尼系数、泰尔指数、空间马尔科夫链的分析。第五节为本章小结。

第四章为中国能源低碳转型的驱动因素研究，第一节是环境规制对能源低碳转型的影响，本节主要通过对中国 274 个城市能源利用的分析，运用熵值法和超效率 EBM 模型衡量环境规制强度和能源低碳转型效率，并识别它们之间的非线性关系。第二节是绿色技术创新对能源低碳转型的影响，本节基于 2011 ~ 2020 年上市公司数据进行实证分析，并进行机制检验和稳健性和异质性分析。第三节为数字化对能源低碳转型的影响，本节主要通过中国 278 个地级城市 14 年的数据研究数字化对能源低碳转型绩效的影响。另外本节还从城市规模，经济发展水平，环境规制水平与是否资源城市四个方面进行异质性分析，从不同角度深入分析数字化推进能源低碳转型的具体路径。第四节为本章小结。

第五章为中国能源低碳转型的政策效应研究，第一节介绍了国内低碳政策演进历程，第二节为理论分析与研究假说，第三节为模型设计与数据说明。第四节为本节的实证研究。第五节为本章的总结部分。

第六章为能源低碳转型的国际经验借鉴，主要介绍一些国际低碳城市发展的典型案例。第一节介绍英国伦敦低碳转型的过程、策略和成果；第二节探讨美国波特兰低碳转型经验，并分析其对全球低碳转型的启示作用；第三节探究了丹麦最大城市哥本哈根在能源减排和能源减排转型的实现路径；第四节分析了日本的能源政策规划现状与能源减排实现路径。第五节为本章小结。

第七章为能源低碳转型的政策实践总结，第一节主要为国外能源低碳转型的政策实践总结，第二节则主要从中国能源低碳转型的政策实践总结，第三节为中国能源低碳转型存在的问题，第四节为推进我国能源低碳转型的所提供的政策建议，以期促进我国能源低碳转型取得较好效果。第五节为本章小结。

本研究的研究思路主要涵盖以下两个方面：首先，根据全球能源消耗和气候的变化情况，引入研究能源低碳转型的重要意义；其次，通过分析国内外相关问题的研究进展，总结发现大部分学者对能源低碳转型的研究主要集中在单一方面或某一个视角，对中国能源低碳转型的现状、发展路径缺乏足够的总结。因此，本研究的研究目的在于扎实推进我国能源低碳转型，在中国能源低碳转型测度和现状描述的基础上，多重视角分析中国宏观政策对能源转型、碳排放的影响，以及中国能源低碳转型的经济生态效应，同时进一步总结了国外能源低碳转型的实践经验，为寻求促进我国能源低碳转型提供参考。在研究方法上，本研究主要通过 EBM 模型测度我国地级市的能源低碳转型效率，衡量环境规制强度和能源低碳转型效率之间的关系，研究数字化和绿色技术创新对能源低碳转型绩效的影响，并探究中国能源低碳转型的政策效应影响。最后，综合前面的实证研究结论，尝试寻求推进能源低碳转型的新思路。

第五节 创新之处

本书聚焦能源低碳转型相关问题，在测度中国能源低碳转型效率的基础上，多维度剖析中国能源低碳转型的驱动因素和政策效应，系统探讨中国能源低碳转型的路径。与现有成果相比，本书创新之处主要体现在以下方面：

第一，本书进行了能源低碳转型的定量测度方法的拓展，以适应“双碳”目标下的要求。主要针对能源效率展开研究，为衡量能源低碳转型效率提供了丰富的方法论基础。在本书中，我们综合考虑了能源投入、能源产出和环境效益等多个因素，科学地构建了中国能源低碳转型效率投入产出评价指标体系。为了更全面地评估决策单元的效率，扩展了基于非期望产出的、非导向的 DEA 模型，采用 EBM 模型进行测算。这一方法能够更准确地分析和优化能源低碳转型效率的测算方法。通过定量测度的结果，本书从地理位置、城市规模、城市类型等多个角度对测度结果进行了全面分析。同时，还运用了空间基尼系数、泰尔指数等方法来分析测度结果的时空特征。这不仅是对现有成果的有益补充，也有助于全面把握我国能源低碳转型的现状。这些研究成果为推动中国能源低碳转型提供了重要的参考和指导，有助于我们更好地实现“双碳”目标。

第二，本书填补了对能源低碳转型微观演变机理讨论不足的研究空白。过去的研究更多地探讨了单一因素对能源发展的影响，而我们综合利用宏观和微观数据，将环境规制、绿色技术创新和数字化转型纳入统一研究体系，系统分析了能源低碳转型的多重驱动因素。本书从企业和城市这两个层面进行了双重尺度的全面调查，深入探究上述因素对能源低碳转型的影响及作用机制。通过对不同因素下能源低碳转型发展路线的深入分析，为完善能源低碳发展政策提供了理论支撑和新的实践方式。

第三，本书构建了多维视角下能源低碳转型的政策效应评估模式，从而更全面地分析能源低碳转型政策的实际效果。过去的研究往往基于国家、省份或城市等单一空间尺度，从单一视角分析能源低碳转型政策的效果。本研究利用中国 280 个地级市面板数据，以低碳城市试点政策、碳排放权交易政策和气候适应型城市建设试点政策等作为准自然实验，通过多维度解析能源低碳转型政策的内在逻辑和实际表现，对不同区域、不同法制水平和不同环保标准下政策的差异化效应特征进行了探讨。这种多维视角下的评估模式为理解能源低碳转型政策效应提供了新的视角。我们的研究结果将有助于更准确地评估能源低碳转型政策的实际效果，并为未来政策制定提供科学依据。

第二章

能源低碳转型相关理论基础

第一节　能源转型相关理论

一、能源转型概念界定

能源转型并非是一个很新颖的词汇，早在 1980 年，一篇名为《能源转型：没有石油与铀的增长与繁荣》的报告就提出了“能源转型”的概念。在这篇报告中，能源转型被定义为减少对石油和核能的使用。此后广大学者根据现实情况和自身理解为能源转型加入了更加丰富的解释。简而言之，能源转型即对当前使用的能源结构进行转变，尽可能以清洁、可再生能源代替对原有的高污染、不可再生能源的使用。

回顾历史，每次伴随着能源转型而来的必定是时代的重大变革。从人们对柴薪的使用到化石能源登上舞台，人类社会也完成了从农耕时代到工业时代的跨越。如今我们正处于信息时代，对于能源的需求与利用也有了新的要求。毋庸置疑，社会发展与文明进步背后需要庞大的能源作为支撑，当今世界对能源的需求量不断膨胀也是不争的

事实。近年来，为破除能源可能带来的种种危机，各国纷纷开始寻求解决之道，将对石油、天然气等传统能源的依赖逐渐转向新能源，能源利用效率逐渐提升的同时也呈现出向低碳、可再生能源转型的趋势。

得益于《巴黎协定》的签订，虽然在当今世界化石能源仍是主流，但也能看到可再生能源的开发和利用程度逐渐加深。沃邦和吉尔斯（Verbong & Geels，2007）从环境、社会和经济三个方面考量了能源转型的驱动力，认为相对于环境因素，社会和经济因素在推动能源的转型中具有更加重要的作用。赵宏图（2009）认为发展低碳能源是大势所趋，但能源转型在很大程度上受技术和经济的制约，在此情况下政治因素就显得尤为重要，政策的扶持是推动能源发展的巨大动力。通过参考国外经验，李品等（2023）提出为保证能源顺利转型，政府不仅需要确立相关的法律作为基本保障，能源市场改革和新能源的预测与管控也不可或缺。

二、能源回弹效应

能源回弹效应是指随着能源效率提高，能源需求并不如预期中下降，反而由于能源价格下降而刺激消费者对能源的消费，出现提高能源效率并不能减少能源消费总量的现象。有关能源回弹效应的理论起源最早可以追溯到杰文斯（William Stanley Jevons）提出的“杰文斯悖论（Jevons Paradox）”，杰文斯悖论对能源政策是否能达到预期效果提出了质疑，这种质疑构成了能源回弹效应的逻辑基础，此后随着学者们在相关领域研究的深入，学术界对能源回弹效应的探讨也逐渐激烈。

有关能源回弹效应内涵的最早界定来自布鲁克斯（Brookes，1978；1990）和卡兹佐姆（Khazzoom，1980）的研究，他们认为能源效率提高而带来的节约会被主体增加的能源消费所覆盖，能源效率的提高不仅没能减少能源消耗，甚至可能导致能源消费增加。可以看到，学术界对能源回弹效应的定义到现在并没有发生较大的变化，实际上，近年来学者们对该理论的讨论也主要基于布鲁克斯和卡兹佐姆（Brookes & Khazzoom）的研究，分别从微观与宏观两个方面进行衍生。

从微观的角度来讲，能源回弹效应基于微观经济学弹性的概念，常被应用于对企业或家庭行为的研究中。索雷尔等（Sorrell et al.，2008）认为能源效率与能源相关服务价格之间存在负向关系，效率的提高可以有效促进消费者增加对这些服务的消费，这种回弹效应抵消了原本可能实现的节能效果。杜克曼等（Druckman et al.，2011）认为由于存在能源回弹效应，政府鼓励居民减少能源消耗的政策行为可能适得其反，经济个体释放的消费力会对商品和服务进行重新支出，使温室气体的减排不达预期。

国内的相关研究多从宏观的角度出发，将新古典经济增长理论作为建立模型的基础假设。刘源远和刘凤朝（2008）测算了我国技术创新带来的能源回弹效应，认为能源回弹效应在我国的总体趋势是下降的，但要想进一步约束能源回弹效应不能仅靠技术进步，由于存在市场失灵的情况，政府需要出台相关政策对能源价格进行管控，进而调整能源消费以达成节能的目的。邵帅等（2013）通过把能源效率内生化对模型进行了改进，认为虽然我国的确存在能源回弹效应，但总体上通过提升能源效率来达成节能是可行的，不过若想要进一步激发节能的潜力则需要从价格、税收等方面入手，以辅助性政策来制约能源回弹效应。

能源回弹效应是一个发展中的理论，未来还需要学者不断研究完善。根据查冬兰等（2021）的研究，能源回弹效应的理论模型仍存在可改进之处，经济主体的消费预期和消费观念也会对能源回弹效应产生影响，目前的研究普遍采用静态视角缺乏动态分析，且相关研究领

域也存在继续拓宽的可能。

三、外部性理论

1890年，马歇尔（Alfred Marshall）发表其著作《经济学原理》，引入了“外部经济”的概念。马歇尔将机器改良、分工优化、生产集中、组织管理等方面归结为企业生产投入的第四要素，然后以“内部经济”和“外部经济”来解释投入要素变化和产量的关系。在马歇尔的理论中，外部经济被定义为来自企业外部的因素对企业的生产产生正面影响，从而使生产成本下降。

可见，马歇尔的外部经济是相对于企业内部因素变动来讲的。此后学者基于马歇尔的理论对外部经济进行引申，提出了如今广为人知的外部经济和外部不经济。外部经济具体可解释为：在经济活动中，个人或企业产生的成果为其他主体利用而无法向其索取费用的情况，又称正外部性；相应的，外部不经济则指在经济活动中，个人或企业造成的损失由其他主体承担而无须付出代价的情况，又称负外部性。外部性的概念被广泛用于生产和消费领域中，通过对结果的创造者和承担者进行分析，外部性还可以进一步细分，如生产者与生产者之间的外部性、消费者与生产者之间的外部性等。

当然，随着该理论的发展，广义上的外部性已经不再仅仅局限于微观个体间的纠纷。从空间上来看，由于经济全球化，一国的经济活动除了首当其冲的影响邻国，势必也会影响其他国家，此时的外部性就扩大到了全球范围。从时间上来看，经济主体当前行为的影响很可能不是一时的，如对自然环境不可逆转的破坏，其产生的后果则需要后代来补偿。

对于外部性的控制使其内部化也是学者们重点研究的一个领域。个体之间可以通过协商付费的方式将外部性内部化而减少损失，难以协商解决的问题也可以采取政府介入的方法，以强制力保证外部性的内部化。其中具有里程碑意义的两个理论是庇古税和科斯定理。

（一）庇古税

庇古税是庇古（Arthur Cecil Pigou）针对环境污染这一外部不经济问题提出的税收制度，即通过对企业生产排放的污染物征收税款以控制污染的行为。从理论上讲，庇古税的征收是有意义的。污染物的排放会导致环境恶化，从而影响人们的生产和生活质量，因此本质上讲污染物是一种“厌恶公共品”。由于公共品的消费是具有强制性的，个体对于污染这种“厌恶公共品”只能被动接受，从而导致社会福利下降。为了矫正这种负外部性，提高社会福利，庇古提出对污染物进行征税，从企业的成本入手，迫使企业将外部性内部化。

庇古税的税额制定需要考量经济主体造成的边际社会成本，当边际社会成本等于边际收益时，企业需要为造成的每单位污染支付费用，此时的税率即为均衡税率。基于上述情况，出于理性的考虑，企业为减少缴纳的税额缩减生产成本，将对污染排放进行控制。另外，庇古税还有促进企业技术创新的作用，即用更加清洁的生产技术替代原有的高污染技术。

但在实践中政府想要征收庇古税却是困难重重。首先，污染造成的后果多样，有些甚至存在时滞，需要经过一定的积累才会表现出来，因此污染造成的具体经济福利损失往往难以衡量；其次，政府的干预也需要花费成本，当政府干预的成本大于负外部性产生的成本时，单从经济效率上来看，该行为本身是得不偿失的；最后，征收庇古税并不能排除经济主体产生寻租的行为，由此造成资源浪费，扭曲资源配置。综上所述，庇古税在社会实践中虽然难以实现，但其在理论上仍具有重要的指导作用。

（二）科斯定理

科斯（Ronald Harry Coase）基于庇古税的理论背景，从外部效应的相互性和交易成本两个方面对庇古税进行了批判，后来经过学者的整理逐渐形成了如今的科斯定理。科斯定理的基本思想是，当一个市场的交易费用几乎为零时，只要能明确产权，那么外部性就可以内部化。而在现实市场中，由于交易成本往往大于零，所以经济效率会与初始产权的分布状态高度相关。可以看到，相对于庇古税，科斯定理更强调市场的自由性，在一个成熟的市场中，相对于政府强制力，自愿协商是解决外部性更有效的途径。因此，科斯定理本质上是对庇古税的延伸与扬弃。

科斯定理也是存在缺陷的。首先，在许多发展中国家，由于其市场化程度不高，科斯定理发挥的效果非常有限。其次，自愿协商也存在交易费用的问题，当交易成本大于收益时，经济主体就不会有协商的意愿，科斯定理由此失去了应用价值。而从长期来看，如果考虑代际问题，当负外部性的承担者是后代时，向前辈的讨价还价也不具备可行性。最后，科斯定理强调明确产权，但对于污染物这种公共物品，如何确定产权也是实践中的一大难题。

排污权交易制度是科斯定理在实践中的具体应用。在该制度下，政府只需要确定污染总排放，然后根据总排放发放可以交易的排放许可证，利用市场交易机制就能使外部性内部化，达成控制污染的目的。但是排污权交易制度需要完善的法律体系来保障，同时还需要政府对政策的实施进行监管。此外，如何建立配套的机制检测企业的排污量也至关重要。

四、波特假说

在传统经济学观念中，政府对环境的保护行为会给企业带来额外的成本，增长的生产成本会限制企业生产，进而对经济发展产生不利影响。在这套理论中，环境保护和经济增长是两个相悖的概念，但波特（Michael E. Porter）和范德林德（Claas van der Linde）却对传统发起了挑战，提出了著名的“波特假说”。波特假说对于环境保护和经济增长的态度是积极的，认为政府对环境的适当规制反而是促进企业创新的一剂良药，由此带来的收益不仅会完全或部分抵消增长的成本，还能提升企业的市场竞争力。在波特假说中，环境保护和经济增长的目标可以同时达成，形成“双赢”的局面。

波特假说的成立显然是需要一定的前提的：首先，政府的规制对于企业而言是一种信号，能够有效引导企业对生产资源进行合理配置；其次，政策的意志能够作用于企业的环保意识，而企业环保意识的提升又能反作用于政策的实施；再次，政策的激励性可以改变企业对环保项目的预期，降低投资的不确定性，鼓励企业向环保项目投资；最后，规制行为在一定程度上会改变市场竞争格局，会将传统企业置于巨大的创新压力之下，由此产生“倒逼”的效果，即企业为维护自己的市场地位将不得不加大对技术创新的投入。

我国学者也对波特假说在实践中是否成立进行了充分的研究。沈能和刘凤朝（2012）研究发现，高强度的环境规制并不一定能达成预期的促进企业创新的效果，环境规制强度与技术创新水平之间存在“U”型关系。因此，政府在制定相关政策时需要考虑政策与地区的适应性，用差异化策略保证波特假说效果的实现。排污权交易机制作为环境规制手段的一种，其是否能支持波特假说成立也是值得研究的课题。涂正革和谌仁俊（2015）对我国排污权交易机制是否支持波特假说进行了验证，其研究结果对波特假说的实现持否定态度，认为在我国当前的市场和政策条件下，排污权交易机制还不足以达成实现波特假说的条件。刘金科和肖翊阳（2022）的研究则认为政府征收环境保护税确实有助于企业的创新，其主要表现在企业提高了能源的使用

效率和减少了末端碳排放，但这种激励效果并未使企业从源头出发加大对新能源项目的创新投入，且企业的创新存在挤出效应，即企业为响应政策而减少其他创新以加强绿色创新，本质上会对其他创新进行削弱。综上所述，波特假说的成立与否本身是一个极具争议性的话题，不同的政策、不同的地区都可能表现出不同的结果，但它为政府制定政策提供了理论基础，相关的大量研究也为制定政策的力度和推行政策的方式提供了依据。

五、幼稚产业保护理论

幼稚产业保护理论提倡在新产业发展的初期，政府对其制定相应的保护政策，促进其发展，培养比较优势，以期在未来获得回报。该理论最早在重商主义时期就已出现，之后在 1841 年，李斯特（Friedrich List）系统提出并论述了该理论。在国际贸易理论中，幼稚产业保护理论一直是一个饱含争议的话题，即政府应当对怎样的产业进行保护、政府对该产业的保护是否助长了产业的无效率以及被保护产业是否存在融资困难而需要政府干预。

幼稚产业保护理论的前提是存在“市场失灵”，包括国家资本市场发展不完全和开拓性企业研发成果被后进企业无偿占用。在不成熟的资本市场中，幼稚产业的融资可能存在问题，企业的成长也会被盈利能力所限制，导致产业发展缓慢甚至难以成熟。而对于无偿占用的情况，由于存在正外部性，知识的外溢会助长后进企业“搭便车”的行为，使得企业不愿成为“先行者”。在上述的两种情况下，政府可以根据实际情况制定保护政策：一方面可以促使资本市场加强对幼稚产业的投资，促进产业成长；另一方面，通过保护政策鼓励企业进入幼稚产业，投入资本加强创新。除此以外，对于幼稚产业可能存在的一个问题是国家当前的资源禀赋并不完全贴合产业发展的要求，此时政府可以进行适当的指引，使资源流向相应的产业。

幼稚产业保护理论的基本出发点是着眼于产业的未来发展，通过政府干预而对其弱势部分进行补足。一般提及幼稚产业保护理论总会涉及关税壁垒的问题，但实际上经过学者研究，针对市场失灵的调控补贴政策会优于简单粗暴的关税政策。而对于政府如何制定最优政策干预市场，学者们也有了充分的研究。巴德汉（Bardhan，1971）在其研究中基于一般均衡的框架，对政府的最优补贴路径进行了分析。赤松要（Akamatsu，1962）和小岛（Kojima，2000）对日本产业发展进行了分析，提出了出口与进口策略相结合的"雁阵模式"。苏卡尔（Succar，1987）则是基于战略贸易理论分析了幼稚产业保护的问题，将博弈论用于政府政策的制定，具有一定的参考性。王弟海和龚六堂（2006）对比研究了自由发展的幼稚产业和政府干预下的幼稚产业，对幼稚产业的最优路径进行分析，为幼稚产业理论提供了新的支撑。

第二节　低碳经济相关理论

一、低碳经济概念界定

低碳经济的概念起源于英国。2003年2月24日，英国贸工部发布一份主题为《未来能源－创建低碳经济》的能源白皮书，低碳经济一经提出就迅速得到了国际社会的关注，并在此后引起了学界广泛的深入研究。英国政府起初提出低碳经济的核心是减少二氧化碳的排放量，建立低碳社会，但实际上低碳经济的背后还蕴含着能源消费方式的改变和经济发展路径的转型。我国学者庄贵阳（2005）指出在低碳经济的思想指引下，要从技术和制度两方面的创新入手，兼顾能源结构和

能源效率，构建减少温室气体排放的经济发展模式。可见，低碳经济从实质上讲是对传统经济模式的变革，甚至可以说是一种颠覆。从宏观上讲低碳经济以减少碳排放为发展目标，在中观层面表现为节能减排，而在微观角度则运用碳中和技术以达成目标。

低碳经济发展模式的基本理念是很明确的，即低能耗、低污染、低排放和高效能、高效率、高效益，这种模式也是当今社会发展的必然要求。人类社会在工业时代经历了飞速的发展时期，在工业社会中，高碳能源的高强度使用可以说是一个极其显著的标志。高碳能源的使用固然是推动人类社会进步至关重要的力量，但科学研究发现，过量的碳排放已经打破了生态原有的平衡，人类为求存续必须控制对化石能源的使用，减少温室气体排放。因此，发展基于现有能源高效利用、开发清洁的新能源的低碳经济的观念已经取得国际社会的广泛认同。

显然，低碳经济内含了对低碳发展路径的探索。周元春和邹骥（2009）分析了我国发展现状，认为由于我国在能源结构、能源效率、人口和排放强度等方面都不再具有明显优势，因此改进技术水平、提高能源效率和调整能源结构是我国推动低碳经济发展的重点。李旸（2010）在其研究中提出要实现低碳经济，需要调整能源结构，提升能源使用效率，推广节能减排，以科技创新推动清洁能源生产，此外还可以通过发掘碳汇潜力，利用生物固碳技术达成减碳目的。李金辉和刘军（2011）从产业角度探究了低碳发展的路径，认为其关键在于低碳技术和产品的产业化，在低碳产业发展的初期，政府需要深度介入以引导低碳产业规范发展，而在长期则需要达成以产业化为主的自循环，以产业来带动低碳经济的发展。

二、环境库兹涅茨曲线

美国经济学家库兹涅茨（Simon Smith Kuznets）于 1955 年提出了

一种反映环境与收入之间理论关系的曲线，该曲线在形态上呈“倒U型”，被称为环境库兹涅茨曲线（Environmental Kuznets Curve）。从走势上来看，环境库兹涅茨曲线呈现先升后降的趋势，即在经济发展落后时人类经济活动对环境造成的负面影响较小，人为因素造成的破坏可以被环境消化，但伴随着经济的发展自然环境的状态会持续恶化，这种恶化的趋势将一直持续到某个临界点，然后随着经济的继续发展，人们逐渐意识到自然环境的重要性，从而对污染进行治理，环境的恶化度因此将减弱，污染会渐渐得到控制。

学术界对于环境库兹涅茨曲线理论的研究成果丰富，其中不乏对该理论的挑战与批判。在后来众多学者的实证研究中，环境库兹涅茨曲线的形态除了基本的“倒U型”外，N型、单调上升、单调下降等形态也有文献提供支撑。除此以外，由于未能将环境质量与收入水平的相互作用纳入考量，环境库兹涅茨曲线的内生性问题也是一个饱含争议的点。但环境库兹涅茨曲线创造性地将环境与收入关联起来，不仅在理论上具有重要意义，在实践中也有其独特价值。目前，环境库兹涅茨曲线理论仍然有非常广泛的应用，郑丽琳和朱启贵（2012）的实证研究表明，我国的碳排放情况的确存在环境库兹涅茨曲线，且在长期依旧有效。

三、资源稀缺性理论

资源的稀缺性是经济学分析的基础，其内涵是相对于人类无限的需求而言，一定时空下的资源总是有限的，相对不足的资源和膨胀的需求导致了资源的稀缺性。稀缺性包括绝对稀缺和相对稀缺，当总需求大于总供给时表现为绝对稀缺，而相对稀缺则是指资源配置不均衡而导致的局部稀缺。由于受到资源稀缺性的限制，人类的一切经济活动都面临选择性的问题，即如何生产、生产什么、如何消费以及消费

什么等。因此在资源的稀缺性中也包含了效率问题，利用有限的资源使满足的需求最大化是理性的经济人必须面对的抉择。

低碳经济产生的根源也在于资源的稀缺性。从能源角度来看，当前人类社会使用的大部分能源仍旧是不可再生能源，化石能源消费占全球消耗总能源的70%以上。化石能源的储量有限而社会追求的发展无限，随着经济的持续发展能源问题也日渐凸显。从环境角度来看，自然环境也是一种稀缺资源，人类活动造成的过度破坏会使环境难以恢复原状，使生产生活遭受限制，这种一去不复返的自然生态本质上是人类对环境资源的消耗，"只有一个地球"也说明了可供人类消耗的自然环境不是无穷尽的。因此，无论是从能源还是环境角度，经济发展都面临稀缺性的制约，在此基础上，"低碳"的概念应运而生。

四、择优分配原理

为了缓解资源的稀缺性问题，茅于轼（1980）在其研究中提出了最优分配原理，最优分配原理的基本思想是将资源进行重新分配，让有限的资源尽可能的流向生产效率高的部门，保证产量的同时又达成了节约资源的目的。

在经济学理论中，当技术水平给定时，由于存在边际报酬递减规律，生产部门的收益函数往往呈现下凸的趋势，即随着投入的增加，产出并不会像投入增加得那样多。收益函数切线的斜率代表部门当前的边际收益，由于不同的生产部门具有不同的收益函数，同一个部门在不同的点上生产的边际收益也不同，因此，在收益函数下凸的情况下，各部门的资源存在调整分配以使总收益最大的空间。这种调整空间直到各生产部门的边际收益相等时才会消失，此时资源分配的方案已经达到最优，继续调整也不会使总收益增加。

在经济活动中还存在逐级分配的问题，可以说，逐级分配是导致收益函数下凸的原因。当某一生产领域中有若干生产部门时，资源会首先分配给收益率最大的部门，然后再分配给次一级的部门，按照如此规律，直到资源分配完毕。可见，最后一单位资源分配到的部门是最终参与生产的部门中收益最差的。这种逐级分配的现象在实际的生产过程中非常常见，在没有政府政策等外力的干预时，理性的经济人总是逐利的，即优先把资源投向收益率最高的部门，然后逐级向下。

因此，择优分配原理是在资源稀缺性下的一种取舍权衡。择优分配原理在一定程度上缓解了稀缺性带来的分配问题，且具有普遍适用的特性。从低碳的视角考虑择优分配原理，其蕴含的道理则是将能源投向更清洁、效率更高的企业，这时就能保证在产量不降低的情况下，而碳排放的总量却减少了。

五、绿色 GDP 核算

当前为人们所认可的是，一国的经济发展水平可以用 GDP 指标进行衡量对比，但无论是在理论层面还是实际核算层面，GDP 衡量的国民生产总值也包含重大的缺陷。从社会层面看，GDP 未能对核算的产出进行区分，产出的好坏在 GDP 中被一视同仁；同时，GDP 也没能将那些非经济性的产出活动纳入核算，即我们不能认为家庭主妇对家庭的贡献是无经济意义的，但 GDP 核算未能考虑到这一点。而从环境角度来看，GDP 指标最严重的争论点在于对资源的稀缺性未加以考虑，甚至将污染性的生产也当作发展的收益。以上描述的种种问题显然是不合理的，而且亟需研究解决。因此，自 20 世纪 70 年代以来，就有国家注意到 GDP 的不合理性并对其核算方式开始调整，而后提出了绿色 GDP 的核算方式。绿色 GDP 衡量了未被 GDP 体系考虑的环境成本并将其扣除，因而反映的是一段时期内经济增长的正向效应。但是绿色 GDP 也并非是衡量经济增长的万全之策，由于涉及环

境成本的信息获取存在诸多困难，绿色 GDP 核算体系与实际施行间阻碍重重，其本身也是一个需要完善的概念。

虽然目前国际上并没有一套公认的绿色 GDP 核算体系，但已有国际组织和国家在这方面做出了巨大贡献，具有相当的参考意义。其中尤为重要的是联合国推出的环境和经济核算体系（SEEA），该体系历经 1993、2000 和 2003 共三个版本，虽然仍有争议之处，但它已经能从理论走向实践，成为诸多国家制定自己体系的参照物。SEEA 并没有改变原有的 GDP 核算框架，而是将资源环境核算纳入框架之下构建新的核算模式，并以扣除资源耗减和环境降级的绿色 GDP 为核心指标。因此，SEEA 的进步之处在于它并不依赖绿色 GDP 这一单一指标，而是围绕这一核心，构建反映资源环境与经济活动关系的体系，因而具有指导价值。

国民经济核算体系在我国的发展也经历了相对漫长的时间，根据政府层面的政策决定与施行来看，我国绿色 GDP 核算的理论与实践发展可以划分为四个阶段，具体时间与状态如表 2－1 所示。总的来说我国的国民经济核算体系是与经济发展阶段相适应的。不同发展状态下的经济体系对核算体系有不同的要求，如今我国的经济发展正追求低碳，对 SNA（国民账户体系，下同）进行改革以向 SEEA 过渡可谓是明智之举，且这也是契合时代的必要之策。

表 2－1　　我国绿色 GDP 核算的理论与实践发展阶段[1]

发展阶段	时间	实践状态
第一阶段	1951～1981 年	实行 MPS，与计划经济体制相适应
第二阶段	1982～1991 年	MPS 与 SNA 并存，向市场经济转型
第三阶段	1992～1995 年	采用 SNA，与国际接轨
第四阶段	1995 年～现在	对 SNA 进行改革，向 SEEA 过渡

注：MPS 为物质产品平衡表体系。

[1] 牛文元．“绿色 GDP”与中国环境会计制度［J］．会计研究，2002（1）：40－42.

第三节　可持续发展相关理论

一、可持续发展的概念界定

可持续发展作为一种经济发展模式，其思想雏形在我国古代的“竭泽而渔，岂不获得？而明年无鱼”的哲学思想中就有所体现。20 世纪 60 年代，蕾切尔·卡逊（Rachel Carson）的著作《寂静的春天》是一本开启世界环境运动的奠基之作，此作一经发表就以极高的销量表明了它在环保领域引起的轰动，此后各类环保组织如雨后春笋般建立。1972 年罗马俱乐部发布的《增长的极限》报告则是引发了全球范围的深刻忧虑，面对人口的膨胀和经济的增长，自然资源终究会有穷尽的一天，人类会在掠夺式的发展中走到山穷水尽、退无可退的一步。1972 年 6 月，113 个国家和地区参加了联合国人类环境会议，会议上通过了《人类环境宣言》，表达了人类对美好社会的共同祈愿。自此，如何在发展中处理好环境问题，成为了全球的核心研究课题。1987 年世界环境与发展委员会发布《我们共同的未来》报告，正式提出了可持续发展的概念，围绕这一概念，各国学者从不同的角度对其进行阐释，现今为人们所接受的可持续发展的通俗定义为：既能满足当代发展需要，又不损害后代发展的能力。

可持续发展本质上是以发展为基础，然后在发展中追求可持续。可持续发展本身并不反对经济的增长，而是强调要考虑环境的承载力，以合理的方式进行发展，为人类社会创造高水平的生活环境。因此，从本质上讲，可持续发展是经济、生态、社会的和谐统一。经过多年的发展，如今的可持续发展已经不仅仅是一个概念性的东西了。

我国于1994年3月发布了《中国21世纪议程——中国21世纪人口、环境与发展白皮书》，目前已成为指引我国实施可持续发展的纲领性文件。人与自然和谐发展作为科学发展观的一个方面，也可以表明我国对可持续发展的吸收和实践。此外，联合国还从全球层面制定了17个发展目标，即联合国可持续发展目标（SDGs）。SDGs致力于在2030年前以综合治理的方式，彻底解决社会、经济、环境三个方面的问题（如贫困、饥饿、平等、清洁等），推动全球社会走上可持续发展的道路。SDGs的提出对全球发展具有指导意义，虽然目前国际社会上各类问题频发，对于目标的实现也困难重重，但SDGs的提出是指引可持续发展走向实际的助推剂，它代表了联合国想要解决人类生存问题、建立和谐社会的决心。

二、绿色增长理论

基于可持续发展的框架，人们又提出了绿色增长的概念。目前，有关绿色增长的理解中，最被广泛接受的是经合组织（OECD）对其的定义，即绿色增长是指环境既能满足人类需要的各种资源，也能促进经济发展。因此，绿色增长理论的可贵之处在于，除了关注环境与经济的协调，还重视社会福利和人类健康问题的改善，力求增加就业改变资源分配的困境。绿色增长的提出对我国发展而言是有意义的，以往我国的经济多依赖于资源的高强度投入，经济发展多靠投资与出口拉动，然而当资源的低成本优势不在、环境问题凸显、高增长的投资引发矛盾、出口风险加大时，调整产业结构、转变经济增长方式就成为了必要的课题。

绿色增长是一个较新的概念，对于绿色增长的提出最早可以追溯到皮尔斯（Pearce et al.，1989）的研究，在此之后也有学者关注过这一概念，但并没有引起广泛的重视。OECD将绿色增长概念转向了体系，激起了学者对绿色增长的探究，而2012年举办的联合国可持续发展大会是掀起全球讨论绿色增长热潮的又一推手。在我国学术界，围绕绿色增长这一主题，学者们也进行了诸多研究。胡鞍钢和周绍杰（2014）认为应当以绿色发展战略为导向，提升绿色发展能力，实现绿色治理，同时以绿色金融和绿色财政政策引导绿色生产和绿色消费，实现绿色经济增长。范丹和孙晓婷（2020）认为政府可以通过制定市场激励型环境规制政策来激发技术创新，进而推动绿色增长。

三、生态足迹理论

如今我们的社会正在走可持续发展的道路，也有理论指明了可持续发展的目标，但是各国实行可持续发展战略的状态却并不明确，没有一个合理的衡量标准，也不能进行横向比较。而生态足迹（Ecological Footprint）很好地解决了这一问题，该理论由加拿大生态经济学家里斯（Willian E. Rees）于1992年提出，其含义为要维持一个人、地区或国家的生存所需要的生态环境或能够容纳人类排放的废物的、具有生物生产力的土地面积。生态足迹实现了对某地区或国家自然资源利用状况的衡量，使不同主体间具有可比性，同时能够追踪人类利用环境和治理环境的能力的变化，既能帮助人类消费自然又能告知消费的极限在哪里，以保证人类对地球的利用在可承载的范围内，确保人类社会文明的延续。

生态足迹理论的实现基于五个特定的假设：第一，人类生存所需的消费和消费产生的废弃物是可以被计量的；第二，计算的各类消费和废弃物最终可以换算成具有生物生产力的土地面积；第三，为保证最终的结果具有可比性，不同国家地区对具有生物生产力的土地面积换算后可采用相同的单位；第四，各类土地的使用具有单一性，即不

能同时被用于多种用途，折算成等量的生产力后可以进行加总，加总结果为满足人类需要的总生态足迹；第五，总生态足迹与土地总面积的生态承载力之间可比，当总生态足迹大于生态承载力时将产生“生态赤字”，而总生态足迹小于生态承载力时会产生“生态盈余”。

由于生态足迹理论涉及大量的对资源使用的计算，因此，伴随着科学技术的进步，一些过去不可使用或使用效率低下的资源能够进行更有效的使用，生态足迹理论的计算很有可能就会出错，这是该理论的缺陷。另外，生态足迹理论是一个静态经济模型，它能够计算消费的经济性的产品和服务，却未能将生态性的消费纳入考虑范围，由于只考虑直接消费，因而也忽略了人类对环境的利用过程中可能产生的其他效应，同时生态足迹也不能反映由管理水平提高、科学技术进步等因素带来的对未来的增益。因此，对于生态足迹理论的改进仍是当今学术界的一项研究课题，学者们对生态足迹理论的探索和完善也是促进人类社会走向可持续发展的有效动力。

四、熊彼特创新理论

当我们考量促进经济发展的必要因素时，创新作为关键要素之一必然会被提及。这种将创新与发展相结合的思想和政治经济学家熊彼特（Joseph Alois Schumpeter）是密不可分的，他作为现代创新理论的提出者，其理论为学者们研究经济增长提供了新的思想领域。熊彼特创新理论兴起于20世纪90年代，其核心理念为内生的技术革新和方法变革是推动经济增长的根本动力。熊彼特认为创新就是改变企业的生产函数，使生产要素重新组合，在此基础上企业家发挥企业家才能实现将新组合投入生产以获得超额利润，当整个社会都能不断创造新组合投入生产时，经济增长就发生了。熊彼特对于创新提出了5种模式：生产一种新产品或者对旧产品的特性改进产生了新特性；生产过

程中采用更先进的方法；开拓出新市场；控制生产所需材料的新的供应源；实现新的组织架构。

在熊彼特创新理论中，创新打破了新古典增长理论中技术进步外生的限定，成为一个内生性的要素。创新作为一种兼具突发性和间断性的革命性的改变，对现有的生产生活方式具有颠覆性的力量，因而静态的分析方法不适用对创新的研究，而是需要对其进行动态分析。在创新的过程中，一些旧的不再有效率的东西注定会被革除，即伴随着经济的发展，过去某些的东西会被毁灭，而创新是在毁灭基础上的新生。创新作为推动经济发展的关键力量，必然是具有经济价值的，即创新的意义在于产生新价值，如果一个创新不能被实际应用，那么它就不是有意义的。反过来，经济发展也必然需要创新，人口和资本增长所带来的进步只是经济循环过程中的适应性调整，并没有从根本上推动经济的发展，创新打破了这种循环，将经济过程推向了更高的台阶，从本质上作出了改变。此外，熊彼特还强调企业家是创新的主体，企业家需要发掘新组合，并能将其实现，即完成有价值的创新。

熊彼特创新理论也存在诸多挑战。首先，在现实生活中，熊彼特的创造性毁灭并不是完全的，通常的情况是新产品的出现会对旧产品进行驱逐，但旧产品仍能保有一定的市场，彻底的消失反而并不是主流现象。其次，学者们通过对全要素生产率进行分解，发现创新对于经济增长的贡献度并不及想象中的那么大，这对熊彼特创新理论的现实依据提出了质疑。但正如季莫普洛斯（Dinopoulos，2006）研究中所提出的，熊彼特创新理论的产生实际上是对国家和区域间经济发展步调差异的解释，它是对新古典增长理论无法解释的长期技术进步的合理补充。因此，我们仍然可以认为创新是发展的根源，绿色创新是推动可持续发展的根本动力。

基于上述理论，能源低碳转型的本质在于尽量减少对高污染且不

可再生能源的依赖度，将原本的粗放式经济发展方式调整为具有可持续性的发展。因此，本研究将低碳转型定义为对现有能源结构进行改革以达成最小二氧化碳产生和最小污染物产生的模式，在此基础上对中国能源低碳转型的现状、驱动因素、政策效应进行深入研究。

第三章

中国能源低碳转型的现状分析

推进能源低碳转型，是推动我们国家低碳发展转型的重要举措。2020 年 12 月 12 日，习近平主席在气候雄心峰会上通过视频发表题为《继往开来，开启全球应对气候变化新征程》的讲话，宣布到 2030 年，中国单位国内生产总值二氧化碳排放量将低于 2005 年，非化石能源占一次能源消费比重达到 10%左右，森林蓄积比 2005 年提高 60 亿立方米，风能、太阳能装机容量达到 12 亿立方米以上。2021 年 3 月 15 日，习近平总书记主持召开中央财经委员会第九次会议，进一步研究了实现碳达峰、碳中和的基本思路和主要举措。

要有效推动中国能源低碳转型首先要对中国能源低碳转型的现状进行深刻认识，对能源低碳转型水平进行准确测度，本章的主要内容就是通过超效率 EBM（Epsilon - Based Measure）模型测度中国 280 个地级市的能源低碳转型效率，利用 GML（Global - Malmquist - Luenberger）指数分析能源低碳转型效率（Green-oriented Transition of Energy Performance，GTEP）的变化情况。本章第一节对中国能源低碳转型的现状和能源低碳转型的测度方法原理进行介绍，在第二节中对中国能源低碳转型的测度过程，包括数据的来源和指标的构建过程进行阐述，第三节和第四节是对能源低碳转型效率的结果进行分析，第三节对能源低碳转型测度结果按地域方位、城市类型进行分类分析不同城市的能源低碳转型效率不同，第四节为中国能源

低碳转型的时空趋势分析，包含空间基尼系数、泰尔指数的分析。

第一节　能源低碳转型的测度方法

一、中国能源低碳转型现状

随着全球经济的稳步增长，世界各国对煤炭、石油等高碳能源消费量居高不下，二氧化碳排放量急剧增加，导致全球气候不断变暖，“温室效应”日益加剧，由其导致的一系列不良影响和危害严重威胁人类的生存环境甚至生命健康。在此大背景下，减少二氧化碳排放量、促进能源低碳发展转型已成为世界各国在推动全球气候治理进程中的共识。中国国际发展知识中心发布的首期《全球发展报告》数据显示，截至 2022 年 5 月，127 个国家已经提出或准备提出碳中和目标，覆盖全球 GDP 的 90%、总人口的 85%、碳排放的 88%。习近平总书记在 2020 年 9 月 22 日第 75 届联合国大会上对中国力争 2030 年实现碳达峰和努力争取 2060 年达到碳中和作出承诺。

能源低碳转型是低碳发展转型的关键组成部分。低碳能源是指比煤炭和石油等传统化石燃料排放更低的二氧化碳和其他温室气体的能源。能源低碳转型可以减少碳排放，限制对气候变化的影响。向低碳能源的过渡，如风能、太阳能和水力发电，有助于减少释放到大气中的二氧化碳和其他温室气体的数量。这反过来又有助于减缓全球变暖的速度，减轻其影响，如海平面上升、极端天气事件对生态系统的破坏。

近年来，中国在能源低碳转型方面取得了重大进展。我国为达到减少碳排放，转向更清洁的能源的目标，实施了一系列政策和举措，目前已经取得一定的效果。我国促进能源低碳转型的关键举措之一是发展风能和太阳能等可再生能源。作为世界上最大的太阳能和风能生产国，我国有望在 2025 年实现可再生能源发电量占总发电量 20% 的目标。同时，我国还实施了一系列促进能源利用效率和节能的政策。例如，政府为建筑和电器设定了能效目标，并发起鼓励人们使用节能产品的活动；推出了碳交易计划，以激励企业减少碳排放。该计划涵盖电力和工业领域的约 2000 家公司，预计未来将扩展到其他行业。尽管做出了这些努力，但我国在低碳能源转型方面仍面临挑战：能源需求严重依赖煤炭，而且煤炭消费量仍在增长；此外，快速的经济增长和城市化也导致了能源需求的增加。总体而言，中国的能源低碳转型是一个复杂而持续的过程，需要政府部门出台相应政策，企业积极调整响应，才能最终成功实现能源低碳转型。

二、能源低碳转型常用的测度方法

能源低碳转型效率的测度本质也是一种生产效率的测度，生产效率的测度方法主要以两类为主：参数方法与非参数方法。

随机前沿生产函数（SFA）参数方法的代表，随机前沿生产函数是一种经济学中的概念，用于描述生产过程中的随机性和不确定性。它是对传统前沿生产函数的扩展，考虑了随机因素对生产过程和产出的影响。

在随机前沿生产函数中，产出不仅依赖于输入要素（如劳动力、资本等），还受到随机变量的影响。这些随机变量可以代表技术冲击、市场波动、管理效率的波动等。随机前沿生产函数的形式通常采用随机项的形式来表示，例如：

$$Y=f(X,\ \varepsilon)$$

其中，Y 表示产出，X 表示输入要素，ε 表示随机项。随机项 ε 代表了未能完全捕捉到的不确定性和随机性因素，它可以是一个随机变量或一个随机过程。随机前沿生产函数的引入允许我们在生产效率评估和效率改进的过程中考虑不确定性因素。通过对随机项的建模和分析，我们可以更全面地理解生产过程的特性，评估风险和不确定性对产出的影响，并提出相应的管理和决策策略。

随机前沿分析最早由缪森等（Meeusen et al.，1977）引入，在Farrell（1957）引入确定性前沿生产函数的基础上进行了扩展。在随机前沿分析中，通常使用随机前沿函数来描述生产单位的产出水平。这个函数考虑了输入要素和随机项之间的关系，允许随机项对产出的影响。基于随机前沿函数，可以通过计算每个生产单位的随机效率指标（Random Efficiency Score）来评估其效率水平。随机效率指标是一个综合考虑输入和输出的相对效率的指标，同时考虑了随机项的影响。通过比较不同生产单位的随机效率指标，可以识别出效率较高和较低的单位，并进行效率改进的分析和决策。随机前沿分析还可以用于测量和分解效率差异。通过将随机前沿函数应用于不同的生产单位，可以计算出每个单位的技术效率和随机效率，从而判断效率差异的来源。技术效率反映了生产单位在给定输入水平下的产出水平，而随机效率则反映了随机项对单位效率的影响。随机前沿分析提供了一个有力的工具，帮助研究人员和决策者理解生产过程中的效率和效率差异，并制定相应的改进策略。它能够更准确地反映实际生产过程的复杂性和不确定性，促进资源的优化配置和管理决策的制定。

缪森等将误差项分为技术无效项和随机误差项，通过测算企业技术效率来考虑这些误差项，但这种方法只适用于横截面数据，无法同时计算多个企业的技术效率。为了弥补这一限制，巴特斯和科伊里

（Battese & Coelli，1992）在随机前沿模型中引入了时间序列数据和截面数据，选取印度水稻种植数据为测试数据，进一步改进了基于面板数据的随机前沿模型。

非参数方法中使用最为广泛的方法是数据包络分析法（Data Envelopment Analysis，DEA），目前是效率评价问题应用最普遍的方法。DEA 的主要原理是运筹学中线性规划模块原理的应用。研究一个系统的产出效率对提高企业、社会的发展水平至关重要，在 DEA 被提出之前，学者主要针对单投入单产系统对其效能的高低进行评价，DEA 提出之后，打开了多投入多产出的问题的研究之路。

DEA 方法的优势是，当决策单元（Decision Making Units，DUM）存在多个评价指标，尤其指标之间存在复杂关系并且涉及未知的权衡时，评价多个决策单元生产效率的高低存在很大的困难，但 DEA 可以很好地解决这个问题。这些绩效指标在 DEA 中被分为"输入"和"输出"。但是，DEA 中的"投入"和"产出"并不一定代表生产过程的投入和产出。DEA 的原理简要概括就是利用数学规划的原理，通过一系列的数学不等式，求满足"产出尽量大，投入尽量少"的原理，在这个限制条件下将决策单元进行组合构造最佳前沿面，再根据决策单元与前沿面的距离来评估决策单元的相对效率。

传统的 DEA 模型最初包括由查恩斯等（Charnes et al.，1978）创立的 CCR（Charnes Cooper Rhodes model）模型和由班克等（Banker et al.，1984）提出的 BCC（Banker Charnes Cooper model）模型。传统的 DEA 属于径向和角度的测度方法，对于无效 DMU（Decision Making Unit）的改进方式是将所有投入（产出）要素进行等比例缩减（增加），但无效 DMU 与强有效目标值之间差距除了可以等比例改进的部分之外，还存在可以松弛改进的部分，因此径向 DEA 的方法无法充分考虑投入或产出要素的松弛问题，从而对非期望产出的处理方式也

只能使其等比例的增加而不能减少，这违背了绿色经济增长在提高经济产出的同时降低污染物排放的初衷，与此同时，角度的 DEA 方法无法兼顾投入角度和产出角度两个方面，也会使估计结果有偏（Song et al.，2013）。

鉴于传统 DEA 模型存在的缺陷，托恩（2001）提出可以用各项投入（产出）要素等比例缩减（增加）的平均比例改进无效率的 SBM（Slacks-based Measure，SBM）模型。假设有 n 个 DMU 的技术效率，记为 $DMU_j(j=1,2,\cdots,n)$，各个决策单元拥有 m 种投入要素和 q 种产出要素，分别记为 $x_i(i=1,2,\cdots,m)$ 和 $y_r(r=1,2,\cdots,q)$。则最早的 SBM 模型的表达式如下式所示：

$$\rho^* = \min \frac{1 - \frac{1}{m}\sum_{i=1}^{m}\frac{s_i^-}{x_{ik}}}{1 + \frac{1}{q}\sum_{r=1}^{q}\frac{s_r^+}{y_{rk}}}$$

$$\text{s. t.}\begin{cases}\sum_{j=1}^{n} x_{ij}\lambda_j + s_i^- = x_k \\ \sum_{j=1}^{n} y_{rj}\lambda_j - s_r^+ = y_k \\ \lambda_j, s_i^-, s_r^+ \geqslant 0 \\ j=1,2,\cdots,n;\ i=1,2,\cdots,m;\ r=1,2,\cdots,q\end{cases} \tag{3-1}$$

其中，ρ^* 为被评价 DMU 的效率值，该效率值同时从投入和产出两个角度对无效率的状况进行测度，因此不同于传统 DEA 只能从投入或产出一个角度对无效率进行测度，从而称之为非导向（Non-oriented）模型；s_i^- 和 s_r^+ 分别为投入和产出的松弛变量；λ_j 为第 j 个 DMU 投入产出的权重。

上述 SBM 模型将投入和产出松弛变量直接放入目标函数中，同时能够从投入和产出两个角度对无效率状况进行测度，解决了径向模型对无效率的测量没有包含松弛变量的缺陷。但是上述模型没有考虑期望产出，能源转型效率的测量过程中不可避免需要考虑非期望产出，例如CO_2、工业废水等环境污染物的排放量。结合托恩（2002）提出的SBM超效率模型和库珀等（Cooper et al.，2007）给出的包含非期望产出的SBM模型，定义包含非期望产出的SBM超效率模型，则规模报酬可变（Variable Return to Scale，VRS）假设下的SBM超效率模型的表达式如下所示：

$$\rho^* = \min \frac{1 + \frac{1}{m}\sum_{i=1}^{m}\frac{s_i^-}{x_{ik}}}{1 - \frac{1}{q}\sum_{r=1}^{q}\frac{s_r^+}{y_{rk}}}$$

$$\text{s. t.} \begin{cases} \sum_{j=1, j\neq k}^{n} x_{ij}\lambda_j - s_i^- \leqslant x_{ik} \\ \sum_{j=1, j\neq k}^{n} y_{rj}\lambda_j + s_r^+ \geqslant y_{rk} \\ \sum_{j=1, j\neq k}^{n} \lambda_j = 1 \\ \lambda_j, s_i^-, s_r^+ \geqslant 0 \\ j = 1, 2, \cdots, n(j \neq k) \\ i = 1, 2, \cdots, m; r = 1, 2, \cdots, q \end{cases} \tag{3-2}$$

在VRS假设下包含m种投入，q_1种期望产出和q_2种非期望产出的SBM模型如下式所示：

$$\rho^* = \min \frac{1 - \frac{1}{m}\sum_{i=1}^{m}\frac{s_i^-}{x_{ik}}}{1 + \frac{1}{q_1 + q_2}\left(\sum_{r=1}^{q_1}\frac{s_r^+}{y_{rk}} + \sum_{r=1}^{q_2}\frac{s_r^{u-}}{u_{rk}}\right)}$$

$$
\text{s. t.}\begin{cases}\sum\limits_{j=1,j\neq k}^{n} x_{ij}\lambda_j + s_i^- = x_{ik} \\ \sum\limits_{j=1,j\neq k}^{n} y_{rj}\lambda_j - s_r^+ = y_{rk} \\ \sum\limits_{j=1,j\neq k}^{n} u_{rj}\lambda_j + s_r^- = u_{rk} \\ \sum\limits_{j=1,j\neq k}^{n} \lambda_j = 1 \\ \lambda_j,\ s_i^-,\ s_r^+ \geqslant 0 \\ j = 1,2,\cdots,n(j\neq k);\ i = 1,2,\cdots,m;\ r = 1,2,\cdots,q \end{cases} \tag{3-3}
$$

第二节　中国能源低碳转型的测度

一、Super - EBM - GML 模型

（一）处理非期望产出 Super - EBM 超效率模型

在 Super - SBM - DEA 模型的基础上，本文采用 EBM（Epsilon - Based Measure）模型，该模型由托恩等在 2010 年提出。EBM 模型的特点是使用混合距离函数，包含径向和非径向的距离函数。模型中的混合比例是根据具体数据，按一定的计算规则算得，EBM 模型的约束条件能够综合考虑理想效果与实际效果的径向比例，同时很好应对投入产出之间的径向、非径向两类不同松弛变动，以达到增加决策单元的相对可比性目标。

然而，当评价单元是多投入、多产出的情况时，有效单元的数量也随之增加。由于EBM模型测度的有效单元效率值同为1，这时，对于同为有效单元的决策单元，如何评价其中的最优单元，在实际问题中将存在问题。因此，安德森（Andersen）提出了超效率EBM模型，对有效单元的有效程度进行区分。其数学表达式如（3-4）所示，这里需要注意，为增加能源低碳转型效率的测度效果，对投入产出指标x，期望产出指标y，作自然对数处理：

$$\nu = \min\theta - \varepsilon_x \sum_{i=1}^{m} \frac{w_i^- s_i^-}{\ln(x_{ik})}$$

$$\text{s.t} \sum_{j=1}^{n} \ln(x_{ij})\lambda_j - \theta\ln(x_{ik}) + s_i^- = 0,\ i = 1,\ 2,\ \cdots,\ m$$

$$\sum_{j=i}^{n} \ln(y_{ij})\lambda_j \geqslant \ln(y_{rk}),\ r = 1,\ 2,\ \cdots,\ s$$

$$\lambda_j \geqslant 0,\ s_i^- \geqslant 0. \tag{3-4}$$

通过引入超效率EBM模型，可以更好地分析评价单元之间的效率差异，进一步提高模型的可解释性和应用性。

假设需要测算的决策单元为DMU（Decision Making Unit），将决策单元j记为DMU_j，其中ν为表示最优效率。根据DEA模型的基本原理，这里引入松弛变量的概念，j表示决策单元的索引，n表示决策单元的总数，w_i^-表示投入指标i的重要程度，x_{ij}和y_{rj}表示DMU_j的第i个投入和第r个产出指标，x_{ik}和y_{rk}表示DMU_k的第i类投入和第r类产出，m为投入指标数，s为产出指标数。为了进行规划，我们引入了径向部分的规划参数、线性组合系数和关键参数，且满足一定条件。s_i^-为投入指标i的松弛变量；w_i^-为投入指标的重要程度；n为DMU总数。

x_{ij}和y_{rj}分别为DMU_j的投入和产出指标，值得注意的是，在这个模型中的产出衡量标准为越多越好，不考虑非期望产出的情况，在计算能源低碳转型效率时对原始数据作自然对数处理；θ为径向部分的

规划参数；λ_j 为线性组合的具体系数；ε_x 为关键参数，取值范围为 $0 \leqslant \varepsilon_x \leqslant 1$。

针对实际情况，需要考虑非期望产出的情况，要达到兼顾测算非期望产出的效率测度模型，本研究将超效率 EBM 模型扩展成基于非期望产出的、非导向的 EBM 模型。具体扩展的模型如下所示：

$$\gamma^* = \min \frac{1 - \varepsilon_x \sum_{i=1}^{m} \frac{w_i^- s_i^-}{\ln(x_{ik})}}{\varphi + \varepsilon_y \sum_{r=1}^{s} \frac{w_r^+ s_r^+}{\ln(y_{rk})} + \varepsilon_b \sum_{r=1}^{q} \frac{w_p^{b-} s_p^{b-}}{\ln(b_{pk})}}$$

$$\text{s. t.} \sum_{j=1}^{n} \lambda_j \ln(x_{ij}) + s_i^- = \theta \ln(x_0),\ i = 1, 2, \cdots, m \tag{3-5}$$

$$\sum_{j=1,}^{n} \lambda_j \ln(y_{rj}) - s_r^+ = \varphi \ln(y_{rk}),\ r = 1, 2, \cdots, s$$

$$\sum_{p=1}^{n} \lambda_j \ln(b_{pj}) + s_p^{b-} = \varphi \ln(b_{pk}),\ p = 1, 2, \cdots, q$$

$$\lambda_j,\ s_i^-,\ s_r^+,\ s_p^{b-} \geqslant 0$$

式中，w_r^+、w_p^{u-} 为指标的权重系数；ε_y 和 ε_u 为关键参数，定义 φ 为产出的扩大比例程度；s 为松弛变量，s_r^+ 表示第 r 个期望产出，s_p^{u-} 表示第 p 类非期望产出；q 为超效率 EBM 模型中非期望产出的个数；u_{pj}、u_{pk}分别为 DMU_j、DMU_k 的第 p 个非期望产出指标。

通过扩展后的基于非期望产出的、非导向的 EBM 模型，我们能够更全面地评估决策单元的效率，并考虑非期望产出的影响。这样的扩展提供了更准确的效率测算结果，帮助我们更好地分析和优化决策单元的绩效。

（二）Global – Malmquis 指数及其分解

1. Malmquist 指数

谢波特（Shephard，1953）提出了 Malmquist 指数，用于分析不同时期的效率的变化程度和趋势，下文中称为 M 指数。后来，罗尔夫－法尔（Rolf Fare，1994）在谢波特的基础上对 M 指数进行了改进，同样基于线性规划的数学原理，但是基于非参数的概念，构建了 M 生产率指数，用 M 生产率指数来测度效率增长的变化情况。M 生产率指数基于 Shephard 线性产出距离函数，并可以进一步分解为技术进步变化（TC）和技术效率变化（EC）。Shephard 线性产出距离函数的表达式如下所示：

$$D_0(x,\ y,\ u;\ g) = \inf\{\theta:\ (y,\ u) + \beta g \in P(x)\} \qquad (3-6)$$

2. Malmquist－Luengerber 指数

Shephard 矩阵产出距离函数存在不足，即对预期和非预期产出的增加未区分正负效应，与实际情况不符。在实际生产中，生产者更愿同时增加预期产出，减少非预期产出。钟（Chung，1997）等提出了方向性距离函数（DDF）以解决此类问题，并将其和 M 指数结合，进而推导出了 Malmquist－Luenberger（ML）指数。相较于 Shephard 的线性产出距离函数，DDF 有三个优点：第一，它不仅强调减少非期望产出，还追求增加期望产出；第二，它不用考虑输出效率计算的问题；第三，它避免了混合周期距离函数的计算。虽然 ML 指数并没有明确定义，但它可以被理解为运用方向性距离函数来改进 M 指数，并产生了全新的指标。

$$\vec{D}_0(x,\ y,\ u;\ g) = \sup\{\beta:\ (y,\ u) + \beta g \in P(x)\} \qquad (3-7)$$

式（3－7）中，g 表示设定特定方向的方向向量以产生缩放效应。方向的选择应基于预期和非预期输出值：$g(x,\ -u)$ 其中后者为负值，可减少。x 是输入，y 是预期输出，u 是非预期输出。$P(y)$ 描绘生产技术。

$$P(x) = \{(y,\ u):\ xcanbeproduce(y,\ u)\} \qquad (3-8)$$

计算距离函数的公式如下：

$$
\text{s.t.}\begin{cases}\sum_{n=1}^{N} z_n x_{in} \leqslant x_{i0};\ i = 1,2,\cdots,I \\ \sum_{n=1}^{N} z_n y_{jn} \geqslant y_{j0} + \theta y_{j0};\ j = 1,2,\cdots,J \\ \sum_{n=1}^{N} z_n u_{kn} \geqslant u_{k0} - \theta u_{k0};\ k = 1,2,\cdots,K \\ z_n \geqslant 0;\ \theta \geqslant 0;\ n = 1,2,\cdots,N \end{cases} \tag{3-9}
$$

利用距离函数计算 *ML* 指数，其中采用非负的强度变量 z_n。t 至 $t+1$ 年的 *ML* 指数计算如下：

$$
ML_t^{t+1} = \left[\frac{(1+\vec{D}_0^{t+1}(x^t, y^t, u^t; y^t, -u^t))}{(1+\vec{D}_0^{t+1}(x^{t+1}, y^{t+1}, u^{t+1}; y^{t+1}, -u^{t+1}))} \times \frac{(1+\vec{D}_0^{t}(x^t, y^t, u^t; y^t, -u^t))}{(1+\vec{D}_0^{t}(x^{t+1}, y^{t+1}, u^{t+1}; y^{t+1}, -u^{t+1}))}\right]^{\frac{1}{2}} \tag{3-10}
$$

$$
ML = MLTC \times MLEC \tag{3-11}
$$

$$
ML_t^{t+1} = \left[\frac{(1+\vec{D}_0^{t+1}(x^t, y^t, u^t; y^t, -u^t))}{(1+\vec{D}_0^{t+1}(x^{t+1}, y^{t+1}, u^{t+1}; y^{t+1}, -u^{t+1}))} \times \frac{(1+\vec{D}_0^{t}(x^t, y^t, u^t; y^t, -u^t))}{(1+\vec{D}_0^{t}(x^{t+1}, y^{t+1}, u^{t+1}; y^{t+1}, -u^{t+1}))}\right]^{\frac{1}{2}} \tag{3-12}
$$

$$
MLEC_t^{t+1} = \frac{1+\vec{D}_0^{t+1}(x^t, y^t, u^t; y^t, -u^t)}{1+\vec{D}_0^{t+1}(x^{t+1}, y^{t+1}, u^{t+1}; y^{t+1}, -u^{t+1})} \tag{3-13}
$$

$ML_t^{t+1}=1$ 表示效率没有变化。$ML_t^{t+1}>1$ 表示效率提高，$ML_t^{t+1}<1$ 表示效率下降。*ECI*、*TCI* 分别为技术效率指数、技术进步指数。*ECI*>1 表示技术效率上升，*TCI*>1 表示技术进步，反之成立。

3. Global Malmquist – Luengerber 指数

GML 指数模型由 *Oh* 于 2010 年提出，该模型以 *ML* 指数为基础，

借助构建全局生产可能性集和全局方向距离函数（GDDF）得到。与 *ML* 索引相比，*GML* 索引具备以下优点：第一，它克服了 *ML* 索引中可能存在的线性规划无可行解的问题；第二，解决了“技术倒退”问题；第三，*GML* 指标通过具备递归（即累加乘法）和循环累加等特点。*GML* 指数的计算公式如下：

$$GML_t^{t+1} = \frac{1 + \vec{D}_0^G(x^t,\ y^t,\ u^t;\ g)}{1 + \vec{D}_0^G(x^{t+1},\ y^{t+1},\ u^{t+1};\ g)} \tag{3-14}$$

$$GML_t^{t+1} = GMLEC_t^{t+1} \times GMLTC_t^{t+1} \tag{3-15}$$

$$GMLEC_t^{t+1} = \frac{1 + \vec{D}_0^t(x^t,\ y^t,\ u^t;\ g)}{1 + \vec{D}_0^{t+1}(x^{t+1},\ y^{t+1},\ u^{t+1};\ g)} \tag{3-16}$$

$$GMLTC_t^{t+1} = \frac{1 + \vec{D}_0^t(x^t,\ y^t,\ u^t;\ g)}{1 + \vec{D}_0^t(x^t,\ y^t,\ u^t;\ g)} \times \frac{1 + \vec{D}_0^{t+1}(x^{t+1},\ y^{t+1},\ u^{t+1};\ g)}{1 + \vec{D}_0^G(x^{t+1},\ y^{t+1},\ u^{t+1};\ g)} \tag{3-17}$$

$\vec{D}_0^G$ 代表了 GDDF 模型中的概念，其中 $g=(y,\ -b)$。这表示在确保得到最大期望产出的同时，可以使非期望产出最小，以提高效率。当效率没有变化时，可以说效率保持稳定。$GML_t^{t+1}=1$ 表示效率没有变化，$GML_t^{t+1}>1$ 表示效率提高，$GML_t^{t+1}<1$ 表示效率下降。当效率提高时，表示产出能力增强，资源利用更有效。而当效率下降时，表示产出能力减弱，资源利用效率降低。

EC 反映了 *DMU*（数据包络分析中的决策单元）的追赶效应，即通过改进管理技术、改革政策制度等方式来提升资源配置效率，使实际生产状况得到改善，以达到最佳实践者的水平。

TC 则反映了前沿面的移动，表示 DMU 通过创新技术、引进先进的生产技术和经验等方式来扩展生产潜力的边界。*TC* 可以表示生产前沿面移动对效率变化的影响程度。GDDF 模型中的概念包括 GDDF、*g*、效率变化、*EC* 和 *TC* 等。其中，*g* 代表产出的最大期望和非期望

产出的最小化，效率变化可以表示效率的提高或下降，*EC* 表示追赶效应，*TC* 表示前沿面的移动。这些概念在分析资源配置和效率改进方面起到重要的作用。

二、数据来源及指标说明

本章研究的对象为中国（香港、澳门、台湾地区除外）共计 280 个地级市，这些地级市来自全国 30 个省（自治区、直辖市）。按东部、中部、西部、东北地区划分为四个区域：其中东部地区有 99 个地级市，共涉及 11 个省（自治区、直辖市），分别为北京市、福建省、广东省、广西壮族自治区、海南省、河北省、江苏省、山东省、上海市、天津市、浙江省；中部地区有 88 个地级市，共涉及 7 个省（自治区、直辖市），分别为安徽省、河南省、湖北省、湖南省、江西省、内蒙古自治区、山西省；西部地区有 60 个地级市，共涉及 9 个省（自治区、直辖市），分别为甘肃省、贵州省、宁夏回族自治区、青海省、陕西省、四川省、新疆维吾尔自治区、云南省、重庆市；东北地区有 33 个地级市，共涉及 3 个省（自治区、直辖市），分别为黑龙江省、吉林省、辽宁省。具体城市及省份分类见表 3－1。

表 3－1　　本书能源低碳转型效率研究范围

地域分类	对应省份	对应地级市	地级市数量
东部	北京市	北京市	1
	福建省	福州市、龙岩市、南平市、宁德市、莆田市、泉州市、三明市、厦门市、漳州市	9
	广东省	潮州市、东莞市、佛山市、广州市、河源市、惠州市、江门市、揭阳市、茂名市、梅州市、清远市、汕尾市、韶关市、深圳市、阳江市、云浮市、湛江市、肇庆市、中山市、珠海市	20

续表

地域分类	对应省份	对应地级市	地级市数量
东部	广西壮族自治区	百色市、北海市、崇左市、防城港市、贵港市、桂林市、河池市、贺州市、来宾市、柳州市、南宁市、钦州市、梧州市、玉林市	14
	海南省	海口市、三亚市	2
	河北省	保定市、沧州市、承德市、邯郸市、衡水市、廊坊市、秦皇岛市、石家庄市、唐山市、邢台市、张家口市	11
	江苏省	常州市、淮安市、连云港市、南京市、南通市、苏州市、宿迁市、泰州市、无锡市、徐州市、盐城市、扬州市、镇江市	13
	山东省	滨州市、德州市、东营市、菏泽市、济南市、济宁市、聊城市、临沂市、青岛市、日照市、泰安市、威海市、潍坊市、烟台市、枣庄市、淄博市	16
	上海市	上海市	1
	天津市	天津市	1
	浙江省	杭州市、湖州市、嘉兴市、金华市、丽水市、宁波市、衢州市、绍兴市、台州市、温州市、舟山市	11
中部	安徽省	安庆市、蚌埠市、亳州市、池州市、滁州市、阜阳市、合肥市、淮北市、淮南市、黄山市、六安市、马鞍山市、宿州市、铜陵市、芜湖市、宣城市	16
	河南省	安阳市、鹤壁市、焦作市、开封市、洛阳市、漯河市、南阳市、平顶山市、濮阳市、三门峡市、商丘市、新乡市、信阳市、许昌市、郑州市、周口市、驻马店市	17
	湖北省	鄂州市、黄冈市、黄石市、荆门市、荆州市、十堰市、随州市、武汉市、咸宁市、襄阳市、孝感市、宜昌市	12
	湖南省	常德市、郴州市、衡阳市、怀化市、娄底市、邵阳市、湘潭市、益阳市、永州市、岳阳市、张家界市、长沙市、株洲市	13
	江西省	抚州市、赣州市、吉安市、景德镇市、九江市、南昌市、萍乡市、上饶市、新余市、宜春市、鹰潭市	11

续表

地域分类	对应省份	对应地级市	地级市数量
中部	内蒙古自治区	巴彦淖市、包头市、赤峰市、鄂尔多斯市、呼和浩特市、呼伦贝尔市、通辽市、乌海市、乌兰察布市	9
	山西省	大同市、晋城市、晋中市、临汾市、朔州市、太原市、忻州市、阳泉市、运城市、长治市	10
西部	甘肃省	白银市、定西市、嘉峪关市、金昌市、酒泉市、兰州市、陇南市、平凉市、庆阳市、天水市、武威市、张掖市	12
	贵州省	安顺市、贵阳市、六盘水市、遵义市	4
	宁夏回族自治区	固原市、石嘴山市、吴忠市、银川市、中卫市	5
	青海省	西宁市	1
	陕西省	安康市、宝鸡市、汉中市、商洛市、铜川市、渭南市、西安市、咸阳市、延安市、榆林市	10
	四川省	巴中市、成都市、达州市、德阳市、广安市、广元市、乐山市、泸州市、眉山市、绵阳市、南充市、内江市、攀枝花市、遂宁市、雅安市、宜宾市、资阳市、自贡市	18
	新疆维吾尔自治区	克拉玛依市、乌鲁木齐市	2
	云南省	保山市、昆明市、丽江市、临沧市、曲靖市、玉溪市、昭通市	7
	重庆市	重庆市	1
东北地区	黑龙江省	大庆市、哈尔滨市、鹤岗市、黑河市、鸡西市、佳木斯市、牡丹江市、齐齐哈尔市、双鸭山市、绥化市、伊春市	11
	吉林省	白城市、白山市、吉林市、辽源市、四平市、松原市、通化市、长春市	8
	辽宁省	鞍山市、本溪市、朝阳市、大连市、丹东市、抚顺市、阜新市、葫芦岛市、锦州市、辽阳市、盘锦市、沈阳市、铁岭市、营口市	14

确定本章的研究范围之后，接下来对能源低碳转型效率测度的指标进行确定。这里在选择构建能源低碳转型指标体系时，考虑到指标体系应能反映能源结构是否利于可持续发展的理念，不仅需要包含能反映能源消费、能源生产排放物的指标，还应该针对能源与社会经济发展紧密联系的特性，包含社会生产中涉及的经济、人力等投入要素。以前的学者在省级层面上对能源低碳转型的测度已经初见成果，本章针对城市层面的能源低碳转型效率进行研究。

城市层面的能源低碳转型涉及城市经济、社会、资源、环境保护等方面，由于是对城市能源低碳转型进行评价，所以要特别突出“能源低碳”的重点，在建立评价指标体系时要把“低碳”放在特殊的位置上，同时低碳技术是低碳转型的重大驱动性力量，对低碳转型的进度和转型的层次具有不可小觑的影响。

因此，在使用DEA方法对能源低碳转型效率进行测度时，其投入产出指标体系应从多个角度进行构建，由于能源低碳转型系统的复杂性和系统性，利用单一指标方法对能源低碳转型效率进行衡量的手段与真实情况可能存在较大出入。这里我们利用表3－2进行分类，首先是投入指标，参照生产率测度的方法，再结合能源低碳转型的特质，将投入指标分为三类：能源投入、资金投入和人力投入。将期望产出指标进一步划分为经济收益，将非期望产出指标进一步划分为能源排放。最终选取的衡量指标如表3－2所示。

表3－2　GTEP投入产出指标构成

指标维度	要素	指标	单位
投入指标	能源投入	市辖区全年用电量	万千瓦时
		市辖区液化石油气供气总量	吨
		市辖区供气总量（人工/天然气）	万立方米

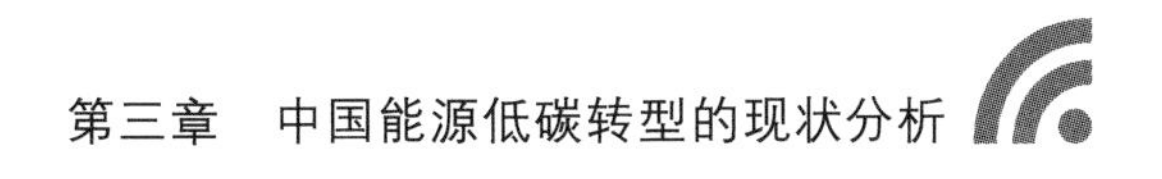

续表

指标维度	要素	指标	单位
投入指标	资金投入	2000 年基期固定资本存量	万元
	人力投入	劳动力投入	人
期望产出指标	经济收益	以 2000 年为基期价格平减后的 GDP	万元
非期望产出指标	能源排放	基于 CEADs 计算的城市 CO_2 排放量	万吨
		工业废水排放量	万吨
		工业二氧化硫排放量	吨
		工业烟（粉）尘标准排放量	吨

下面进一步对指标进行说明：

（1）投入指标。

①市辖区全年用电量。

这里选取 280 个市辖区地域范围内全年用电量作为能源投入指标，构建能源低碳转型时，考虑到衡量能源低碳转型的最重要特点就是能源消耗量低，尤其是非清洁能源消费量低，综合考虑数据可得性，最终选择了市辖区全年用电量作为电能消耗量指标。

②市辖区液化石油气供气总量。

这里选取 280 个市辖区地域范围市辖区液化石油气供气总量作为能源投入指标，构建能源低碳转型时，考虑到衡量能源低碳转型的最重要特点就是能源消耗量低，尤其是非清洁能源消费低，综合考虑数据可得性，最终选择了市辖区液化石油气供气总量作为电能消耗量指标。

③市辖区供气总量（人工/天然气）。

这里选取 280 个市辖区地域范围内市辖区供气总量（人工/天然气）作为能源投入指标，构建能源低碳转型时，考虑到衡量能源低碳转型的最重要特点就是能源消耗量低，尤其是非清洁能源消费量低，综合考虑数据可得性，最终选择了市辖区供气总量（人工/天然气）作为人工、天然气供气量消耗量指标。

④2000 年基期固定资本存量。

根据张军（2004）关于资本存量的估算方法，基于 2007 年的资本存量，可以使用以下公式计算 2000 年的基期固定资本存量：

2000 年的固定资本形成总额指数（2000 = 1）= [2007 年的固定资本形成总额(当年价格) ÷ 2007 年的投资隐含平减指数（2000 年 = 1)] ÷ 2000 年的固定资本形成总额（当年价格）

在这个公式中，需要使用 2007 年的固定资本形成总额（当年价格）和投资隐含平减指数（2000 年 = 1）

这里以 2000 年为基期进行计算。

⑤劳动力投入。

这里使用复合型指标作为人员投入指标，因为是使用数据包络分析的方法，所以需要寻找一个劳动力投入指标，本书选取当年年末的就业人数作为劳动力投入的表征指标（当年年末就业人数 = 年末城镇单位从业人员数 + 城镇私营和个体从业人员数）。

（2）期望产出指标。

以 2000 年价格平减后的 GDP 作为期望产出指标，计算方法为：设定 2000 年为基期，则以 2000 年 GDP 连乘之后直到所计算年份每年的 GDP 指数，所得即是以 2000 年为不变价的实际 GDP。

（3）非期望产出指标。

①基于 CEADs 计算的城市 CO_2 排放量。

参考 Shan 等（2018）的方法计算城市 CO_2 排放量，具体计算过程如下：

$$CO_2 = CE_{energy} + CE_{process} \tag{3-18}$$

其中CE_{energy}为能源燃烧的碳排放量，$CE_{process}$为能源燃烧过程中产生的

碳排放量。CE_{energy}不能直接得到，需要通过相关生产数据计算得到，计算方法如下：

$$CE_{energy} = \sum_i \sum_j CE_{ij} = \sum_i \sum_j AD_{ij} \times NCV_i \times CC_i \times O_{ij} \tag{3-19}$$

AD_{ij}是活动数据，表示燃烧的化石能源量；NCV_i 指净热值，即每物理单位燃烧化石燃料所产生的热值（单位：J/吨）；CC_i（碳含量）是指某一类化石燃料产生的每净热值的二氧化碳排放量（单位：公吨 CO_2/J）；O_{ij}为氧化效率，指化石燃料燃烧时的氧化率（单位:%）。$CE_{process}$计算方法如下：

$$CE_{process} = \sum_t CE_t = \sum_t AD_t \times EF_t \tag{3-20}$$

化石燃料相关排放是根据 46 个行业的能源消耗计算的；因此，按照 46 个社会经济部门（$j \in [1, 46]$）构建城市排放清单，与国家质量监督检验检疫总局确定的全国行业分类相对应，AD_t 此处为工业生产量。

②工业三废的排放量。

分别选取该地级市区域中工业废水排放量、工业二氧化硫排放量、工业烟（粉）尘标准排放量作为非期望产出指标，衡量能源结构中污染物排放的程度，以及我国污染物治理的效果。

第三节　能源低碳转型的测度结果

一、按地理位置分类对能源低碳转型效率结果分析

运用超效率 EBM－GML 的方法对中国 280 个地级市的能源低碳

转型测度结果如表3－3所示，将地级市按表3－1中的东部、西部、中部、东北地区区域分类，可以从时间、空间上简要分析能源低碳转型效率的变化趋势。

表3－3　　2006～2019年全国及分区域GTEP年平均值

项目	全国	东部	中部	西部	东北地区
2006	0.9251	0.9329	0.9149	0.9276	0.9245
2007	0.9123	0.9198	0.9028	0.9156	0.9093
2008	0.9128	0.9210	0.9016	0.9177	0.9088
2009	0.8997	0.9081	0.8932	0.8990	0.8934
2010	0.8942	0.8995	0.8876	0.8973	0.8901
2011	0.8882	0.8908	0.8847	0.8908	0.8848
2012	0.8830	0.8880	0.8794	0.8814	0.8806
2013	0.8761	0.8822	0.8708	0.8742	0.8753
2014	0.8729	0.8799	0.8672	0.8728	0.8674
2015	0.8696	0.8783	0.8629	0.8676	0.8650
2016	0.8736	0.8806	0.8692	0.8724	0.8664
2017	0.8137	0.8182	0.8069	0.8187	0.8093
2018	0.8712	0.8784	0.8677	0.8692	0.8627
2019	0.8637	0.8695	0.8650	0.8601	0.8491
平均值	0.8826	0.8891	0.8767	0.8832	0.8776

注：表内能源低碳转型效率为算数平均值，原始数据由前文指标体系使用MaxDEA Ultra 9.1软件计算得到，将所研究地级市按地理位置处于东部、中部、西部、东北地区进行分类，计算该类别内地级市的能源低碳转型系列的算术平均值得到。

根据表3－3中的数据，绘制图3－1，可以得到：（1）**整体趋势**：全国能源低碳转型效率从2006年的0.9251到2019年的0.8637，十四年的平均值为0.8826。在时间上，整体GTEP呈现下降的趋势，尤其是在2017年出现了明显的降低。这是由于在过去很长一段时间

内我国经济发展处于高速发展时期，一定程度上牺牲了对环境保护、能源低碳方面的重视，这对能源低碳转型的水平产生了一定的影响，导致十几年间我国能源低碳转型效率一直逐年降低。

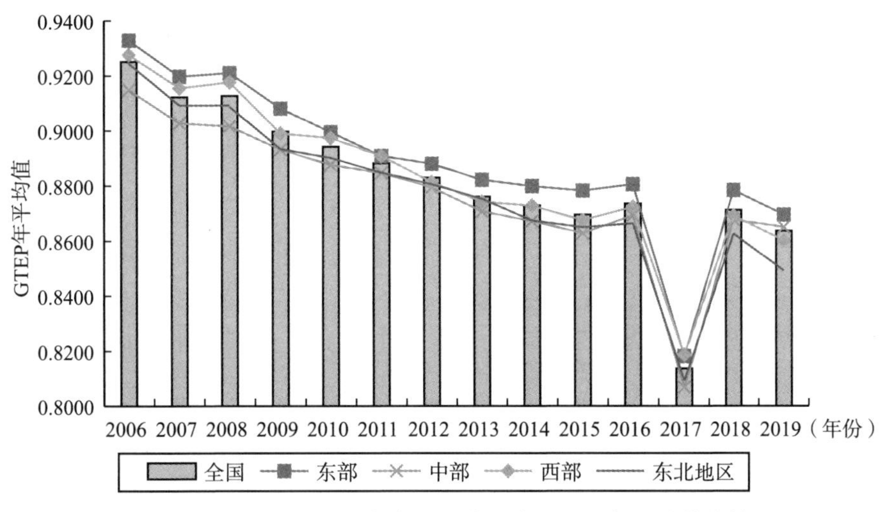

图 3-1　2006~2019 年全国及分区域 GTEP 年平均值趋势

实际上，在 2011~2015 年间，我国能源低碳转型效率下降趋势较 2006~2010 年间，下降趋势已经出现减缓，说明我国已经初步采取措施。从 2016 年开始，整体效率再次出现波动，是由于政策调整、经济发展和能源结构变化的影响。2017 年，国家能源局发布实施面向 2030 年的能源革命战略和 4 个行动计划，系统部署了 2030 年前推进能源革命的战略目标和主要任务，国家针对性地整体政策调控导致当年全国的能源低碳转型效率产生了显著波动，2017 年后，我国能源低碳转型效率的下降趋势明显减缓，说明我国对能源低碳转型的措施取得成效。

（2）**区域差异：**从地区分类来看，东部地区的能源低碳转型效率整体上高于其他地区，而西部地区的效率相对较低。中部地区和东北地区的效率与全国平均值相当，但中部地区在2013～2015年之间出现了较大幅度的下降。能源低碳转型效率的变化受到多种因素的影响，包括政策支持、技术创新、经济结构、能源结构等。在东部地区，经济发达、技术创新能力较强，能源低碳转型相对顺利，因此效率相对较高。而在西部地区，经济发展相对滞后，能源低碳转型面临较大挑战，因此效率较低。中部地区和东北部地区的效率相对稳定，可能受到政策和市场的双重影响。

二、按城市规模分类对能源低碳转型效率结果分析

运用超效率EBM－GML的方法对中国280个地级市的能源低碳转型测度结果如表3－4所示，将地级市按大、中、小、微型城市分类，分析不同城市规模能源低碳转型效率的趋势变化不同。将表3－4中数据绘制成图3－2。

表3－4　　2006～2019年全国城市规模分类GTEP年平均值

年份	全国	大型城市	中型城市	小型城市	微型城市
2006	0.9251	0.9298	0.9303	0.9203	0.9184
2007	0.9123	0.9119	0.9190	0.9047	0.9079
2008	0.9128	0.9146	0.9189	0.9057	0.9084
2009	0.8997	0.9023	0.9057	0.8946	0.8920
2010	0.8942	0.8962	0.9005	0.8881	0.8874
2011	0.8882	0.8943	0.8944	0.8843	0.8765
2012	0.8830	0.8891	0.8892	0.8797	0.8703
2013	0.8761	0.8851	0.8817	0.8729	0.8642
2014	0.8729	0.8950	0.8752	0.8709	0.8641
2015	0.8696	0.8844	0.8727	0.8674	0.8611

续表

年份	全国	大型城市	中型城市	小型城市	微型城市
2016	0.8736	0.8887	0.8779	0.8699	0.8643
2017	0.8137	0.8522	0.8190	0.8086	0.7980
2018	0.8712	0.8931	0.8738	0.8707	0.8592
2019	0.8637	0.8915	0.8650	0.8612	0.8573
平均值	0.8826	0.8949	0.8874	0.8785	0.8735

注：表内能源低碳转型效率为算数平均值，原始数据由前文指标体系使用MaxDEA Ultra 9.1软件计算得到，将所研究地级市按大型城市、中型城市、小型城市、微型城市分类，计算该类别内地级市的能源低碳转型系列的算术平均值得到。

根据表3－4，我们可以看出在过去几年，全国的能源低碳转型的GTEP指数呈现下降的趋势，特别是在2017年出现了明显下降，但在之后几年的趋势有所好转。同时，从表格数据可以看出，大型城市的GTEP值普遍高于其他类型的城市，而微型城市的GTEP值最低，这与不同城市规模的经济发展水平和能源使用方式有关。大型城市经济水平通常较高，能源方面的支出能力更强，有足够的资金、技术和人员对能源低碳水平的提升进行投入，从图3－2中可以看出，随着城市规模的减小，城市的能源低碳转型水平也依次降低。大型城市的能源低碳转型水平最高，中型城市次之，小型城市再次之，微型城市最末。微型城市往往经济水平较低，人员、资金和技术资源都不充分，且目前的生产现状是，污染较大的企业往往不会选址在大城市中，而是选址在小城市乃至乡镇中居多，这进一步导致了小型城市能源低碳转型水平的降低。

此外，需要注意的是，从图3－2中可以看出，城市规模大小改变并不影响能源低碳转型效率的整体变化趋势，可以看出大型、中型、小型、微型城市的GTEP变化趋势相同，在2017年左右，均出现了大幅降低，2018年回升至正常水平，2019年出现再次下降，后续下降趋势如何变化，需要未来观测更多数据，进一步分析。

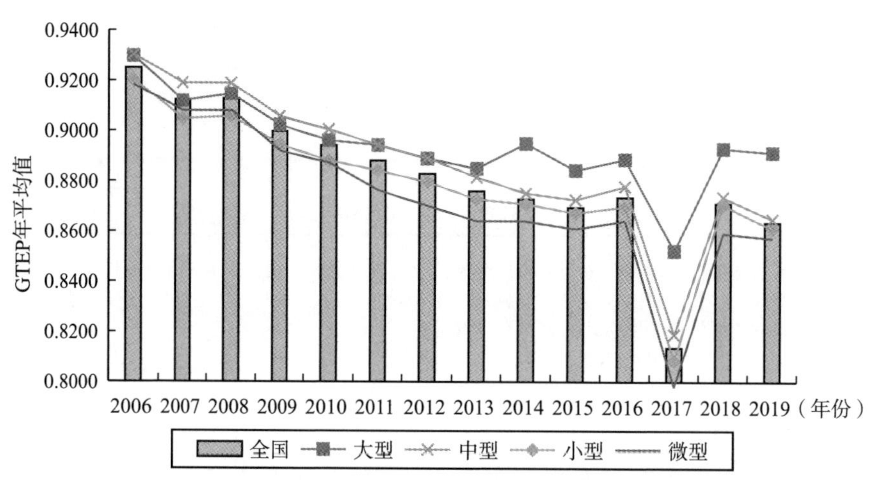

图3－2　2006～2019年全国大中小微型城市GTEP年平均值趋势

三、按资源型城市及胡焕庸线分类对能源低碳转型效率结果分析

运用超效率EBM－GML的方法对中国280个地级市的能源低碳转型测度结果如表3－5所示，将地级市按资源型城市、非资源型城市和胡焕庸线进行划分，可以从时间、空间上简要分析能源低碳转型效率的趋势变化。

表3－5　2006～2019年全国资源型城市、非资源型城市、胡焕庸线分类GTEP年平均值

年份	全国	资源型城市	非资源型城市	胡焕庸线以东	胡焕庸线以西
2006	0. 9251	0. 9211	0. 9277	0. 9270	0. 9049
2007	0. 9123	0. 9094	0. 9142	0. 9140	0. 8945

续表

年份	全国	资源型城市	非资源型城市	胡焕庸线以东	胡焕庸线以西
2008	0.9128	0.9108	0.9140	0.9143	0.8964
2009	0.8997	0.8973	0.9013	0.9011	0.8847
2010	0.8942	0.8933	0.8947	0.8957	0.8784
2011	0.8882	0.8862	0.8894	0.8903	0.8656
2012	0.8830	0.8806	0.8846	0.8848	0.8634
2013	0.8761	0.8709	0.8794	0.8777	0.8592
2014	0.8729	0.8672	0.8766	0.8744	0.8571
2015	0.8696	0.8643	0.8730	0.8712	0.8517
2016	0.8736	0.8672	0.8777	0.8756	0.8519
2017	0.8137	0.8054	0.8191	0.8140	0.8106
2018	0.8712	0.8663	0.8745	0.8738	0.8439
2019	0.8637	0.8582	0.8673	0.8655	0.8448
平均值	0.8826	0.8784	0.8853	0.8842	0.8648

注：表内能源低碳转型效率为算数平均值，原始数据由前文指标体系使用 MaxDEA Ultra 9.1 软件计算得到，将所研究地级市按资源型城市、非资源型城市进行分类，并按胡焕庸线划分东、西部地区，计算该类别内地级市的能源低碳转型系列的算术平均值得到。

需要注意的是，资源型城市是指依赖自然资源开发和利用为主要经济支柱的城市。胡焕庸线（Hu's Line）是中国地理上的一条分界线，由中国经济学家胡焕庸提出，用于区分中国的东部地区和西部地区。它是根据国内生产总值（GDP）的人均收入水平进行划分的。胡焕庸线通过计算每个地区的人均 GDP，即将该地区的 GDP 总量除以人口总数，对所有地区的人均 GDP 进行排序，从高到低排列，找到排序后位于中间的地区，该地区的人均 GDP 即为胡焕庸线。

胡焕庸线是基于中位数的概念确定的，一般来说，胡焕庸线以东的地区被认为经济发展较好，而胡焕庸线以西的地区则发展相对滞后。

中国东部地区相对发达，经济发展水平和基础设施较好，而中西部地区相对落后。胡焕庸线作为一种分界线，将中国的城市分为两个区域，有助于理解和研究中国不同地区的经济发展差异。胡焕庸线的划分也对宏观经济政策制定具有一定指导意义。中国政府通常将中、西部地区作为重点扶持和发展的区域，以促进区域均衡发展，缩小地区间的差距。

根据胡焕庸线进行城市分类的目的是更好地了解和比较胡焕庸线以东和胡焕庸线以西地区的经济、社会和环境状况。这种分类可以帮助政府、研究机构和学者深入研究不同地区的发展模式、资源利用情况、产业结构等，以制定相应的政策和措施，促进中西部地区的经济发展和可持续发展。胡焕庸线并不能完全涵盖所有的地区特点和发展差异，但可以进行一定程度的反映。

根据表3－5作图得到图3－3和图3－4。

从资源型城市和非资源型城市的角度来看：

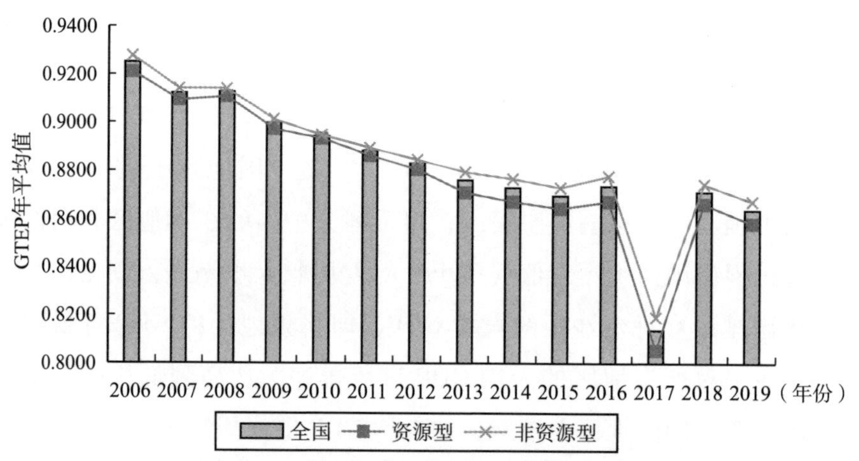

图3－3　2006～2019年全国资源型、非资源型城市GTEP年平均值趋势图

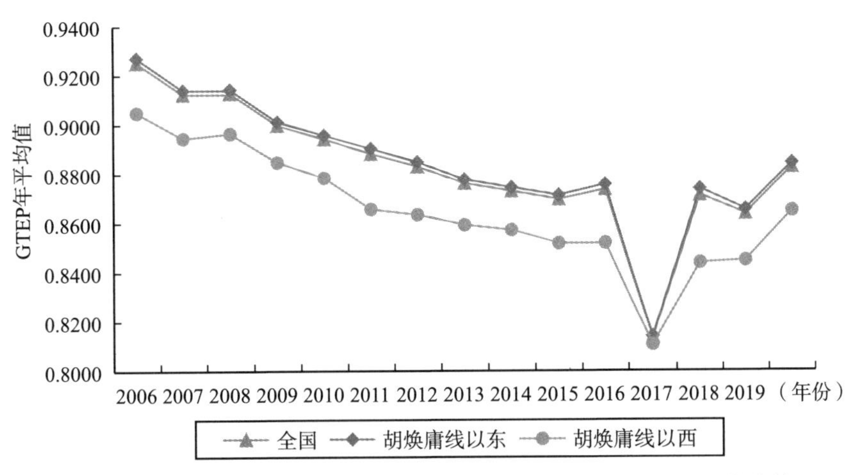

图3－4　2006～2019年全国胡焕庸线东、西城市GTEP年平均值趋势

在全国范围内，资源型城市的能源低碳转型效率略低于非资源型城市，平均值分别为0.8784和0.8853。从时间趋势来看，2006年到2019年，资源型城市和非资源型城市的能源低碳转型效率呈现相似的波动趋势，整体保持稳定。说明资源型城市受到政策影响的波动趋势是相同的，同时也说明在这研究期间我国对资源型城市和非资源型城市的能源低碳转型政策并没有形成明显区分。总体来说，资源型城市的能源低碳转型效率从2006年的0.9211逐步降低到2019年的0.8582整体呈下降趋势，平均值为0.8784，且下降的幅度逐步减小，除2017年出现明显波动外，整体趋势较为平缓。非资源型城市的能源低碳转型效率从2006年的0.9277，逐步降低到2019年的0.8673，平均值为0.8853，变化趋势与资源型城市相同，并且与全国能源低碳转型效率的变化趋势相同。

从胡焕庸线以东和以西的角度来看：

在全国范围内，胡焕庸线以东地区的能源低碳转型效率略高于胡焕庸线以西地区，平均值分别为0.8842和0.8648。从时间趋势来看，胡焕庸线以东和以西地区的能源低碳转型效率整体呈现稳定的趋势，但在2017年出现了明显的下降。

资源型城市和非资源型城市的能源低碳转型效率差异受到产业结构的影响。资源型城市依赖于自然资源开发，其产业结构可能导致能源消耗较高，低碳转型相对困难。非资源型城市则更有可能采用清洁能源和低碳技术，因此效率相对较高。

胡焕庸线以东地区的能源低碳转型效率较高，受到经济发展水平、技术创新和政府政策支持等因素的影响。这些因素在东部地区更为发达和成熟，有利于推动能源低碳转型。

2017年，国家能源局发布实施面向2030年的能源革命战略和4个行动计划，系统部署了2030年前推进能源革命的战略目标和主要任务，国家针对性地整体政策调控导致当年全国的能源低碳转型效率产生了显著波动，2017年后，我国能源低碳转型效率的下降趋势明显减缓，说明我国对能源低碳转型的措施取得成效。2017年的政策影响对全国范围内的地级市能源低碳转型效率产生的波动影响相似。

四、按地理位置分类对能源低碳转型效率分解项分析

为剖析中国城市能源低碳转型的内在驱动因素，根据前文所介绍的GML指数及其分解为EC（技术变动效率）以及TC（技术进步程度），下面对各东部、中部、西部、东北地区四大区域的技术效率变动和TC技术进步进行详细分析和解释。

如表3-6，从东、中、西、东北四大区域的能源低碳转型效率的分解项看，EC、TC的增减趋势和能源低碳转型的增减趋势是不同的，其中EC表示技术变动效率，TC表示技术进步程度，在能源低碳转型效率大趋势逐年降低的情况下，EC（技术变动效率）的变化幅度不大，大趋势上有微弱上升，能源低碳转型技术进步不够高效，另一方面，社会经济发展对能源的消耗需求却不断上升，这正是能源低碳转

型效率逐年下降的原因。TC 技术进步程度的变化趋势与 EC 基本相同，值得注意的是，无论能源低碳转型效率本身或是其两个分解项，从具体年份看，均表现出“有增有减”的波动状态，而 2007～2008 年，三大区域的能源低碳转型效率均处在研究期间的最低值，但是其分解项却不是如此。这与之前对能源低碳转型效率的分析结论一致，能源低碳转型效率是不断降低的，重要原因是其能源技术进步跟不上能源消耗的增加，无法以此抵消经济发展带来的能源碳排放及污染物排放的增多。

表 3－6　　　　全国及分区域 GTEP 及其分解项

区域	年份	全局 Malmquist－Luenberger 指数	技术效率变动	技术进步	能源低碳转型效率
全国	2006～2007	0.9865	0.9933	0.9935	0.9123
	2007～2008	1.0006	0.9997	1.0011	0.9128
	2008～2009	0.9862	0.9970	0.9894	0.8997
	2009～2010	0.9940	0.9958	0.9985	0.8942
	2010～2011	0.9937	1.0137	0.9833	0.8882
	2011～2012	0.9943	0.9971	0.9976	0.8830
	2012～2013	0.9925	1.0019	0.9924	0.8761
	2013～2014	0.9966	1.0047	0.9922	0.8729
	2014～2015	0.9964	1.0035	0.9943	0.8696
	2015～2016	1.0047	0.9940	1.0112	0.8736
	2016～2017	0.9316	0.9524	0.9789	0.8137
	2017～2018	1.0729	1.0427	1.0295	0.8712
	2018～2019	0.9918	1.0030	0.9901	0.8637
	全国均值	0.0144	0.0108	0.0087	0.8793
东部地区	2006～2007	0.9862	0.9953	0.9910	0.9198
	2007～2008	1.0015	0.9997	1.0020	0.9210

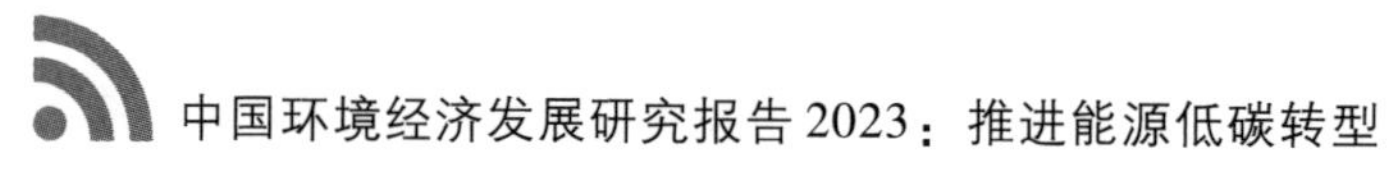

续表

区域	年份	全局 Malmquist - Luenberger 指数	技术效率变动	技术进步	能源低碳转型效率
东部地区	2008 ~ 2009	0.9864	0.9971	0.9894	0.9081
	2009 ~ 2010	0.9908	0.9932	0.9978	0.8995
	2010 ~ 2011	0.9908	1.0044	0.9867	0.8908
	2011 ~ 2012	0.9970	0.9995	0.9976	0.8880
	2012 ~ 2013	0.9938	1.0062	0.9879	0.8822
	2013 ~ 2014	0.9975	1.0042	0.9937	0.8799
	2014 ~ 2015	0.9985	1.0061	0.9928	0.8783
	2015 ~ 2016	1.0028	0.9935	1.0099	0.8806
	2016 ~ 2017	0.9291	0.9498	0.9791	0.8182
	2017 ~ 2018	1.0759	1.0443	1.0310	0.8784
	2018 ~ 2019	0.9900	0.9991	0.9922	0.8695
	东部均值	0.0155	0.0105	0.0088	0.8857
中部地区	2006 ~ 2007	0.9870	0.9902	0.9970	0.9028
	2007 ~ 2008	0.9990	0.9990	1.0001	0.9016
	2008 ~ 2009	0.9908	1.0000	0.9911	0.8932
	2009 ~ 2010	0.9938	0.9945	0.9995	0.8876
	2010 ~ 2011	0.9972	1.0161	0.9819	0.8847
	2011 ~ 2012	0.9941	0.9961	0.9984	0.8794
	2012 ~ 2013	0.9906	0.9997	0.9911	0.8708
	2013 ~ 2014	0.9960	1.0052	0.9910	0.8672
	2014 ~ 2015	0.9953	1.0026	0.9929	0.8629
	2015 ~ 2016	1.0072	0.9964	1.0114	0.8692
	2016 ~ 2017	0.9285	0.9500	0.9779	0.8069
	2017 ~ 2018	1.0784	1.0476	1.0297	0.8677
	2018 ~ 2019	0.9976	1.0140	0.9850	0.8650
	中部均值	0.0148	0.0125	0.0093	0.8738

续表

区域	年份	全局 Malmquist - Luenberger 指数	技术效率变动	技术进步	能源低碳转型效率
西部地区	2006 ~ 2007	0.9875	0.9950	0.9928	0.9156
	2007 ~ 2008	1.0021	1.0019	1.0009	0.9177
	2008 ~ 2009	0.9806	0.9945	0.9861	0.8990
	2009 ~ 2010	0.9981	0.9972	1.0011	0.8973
	2010 ~ 2011	0.9930	1.0297	0.9767	0.8908
	2011 ~ 2012	0.9898	0.9937	0.9968	0.8814
	2012 ~ 2013	0.9924	0.9988	1.0008	0.8742
	2013 ~ 2014	0.9987	1.0085	0.9906	0.8728
	2014 ~ 2015	0.9941	0.9960	1.0037	0.8676
	2015 ~ 2016	1.0056	0.9957	1.0103	0.8724
	2016 ~ 2017	0.9388	0.9618	0.9768	0.8187
	2017 ~ 2018	1.0631	1.0296	1.0331	0.8692
	2018 ~ 2019	0.9902	0.9981	0.9934	0.8601
	西部均值	0.0143	0.0107	0.0103	0.8798
东北地区	2006 ~ 2007	0.9844	0.9920	0.9925	0.9093
	2007 ~ 2008	0.9995	0.9980	1.0016	0.9088
	2008 ~ 2009	0.9837	0.9931	0.9906	0.8934
	2009 ~ 2010	0.9965	1.0047	0.9930	0.8901
	2010 ~ 2011	0.9943	1.0060	0.9887	0.8848
	2011 ~ 2012	0.9951	0.9987	0.9967	0.8806
	2012 ~ 2013	0.9943	1.0010	0.9937	0.8753
	2013 ~ 2014	0.9917	0.9981	0.9936	0.8674
	2014 ~ 2015	0.9973	1.0120	0.9858	0.8650
	2015 ~ 2016	1.0017	0.9862	1.0159	0.8664
	2016 ~ 2017	0.9343	0.9491	0.9849	0.8093
	2017 ~ 2018	1.0669	1.0486	1.0181	0.8627
	2018 ~ 2019	0.9844	0.9945	0.9918	0.8491
	东北地区均值	0.9942	0.9986	0.9959	0.8740

注：表内能源低碳转型效率及其分解项为算数平均值，原始数据由前文指标体系使用 MaxDEA Ultra 9.1 软件计算得到，将所研究地级市按地理位置处于东部、中部、西部、东北地区进行分类，计算该类别内地级市的能源低碳转型系列的算术平均值得到。

第四节　中国能源低碳转型的时空趋势分析

一、能源低碳转型效率空间基尼系数分析

（一）Dagum 空间基尼系数及其分解方法

本章最主要的分析方法是达古姆（Dagum，1997）提出的基尼系数分解方法，将研究对象按一定标准分为几个子群，以此来探究中国280个地级市能源低碳转型效率的增长的空间分异程度，Dagum 基尼系数主要反映 GTEP 增长在子群内部及子群之间的空间分异程度，空间基尼系数的公式如式（3-21）所示。其中 e_{ji} 是 $i(j)$ 个群组中某一城市的能源低碳转型效率 GTEP。

$$G = \sum_{j=1}^{k}\sum_{h=1}^{k}\sum_{i=1}^{n_j}\sum_{r=1}^{n_k}\frac{|e_{ji}-e_{hr}|}{2n^2\bar{e}} \tag{3-21}$$

$$\bar{E}_h \leqslant \cdots \bar{E}_j \leqslant \cdots \bar{E}_k \tag{3-22}$$

$$G_{jj} = \frac{1}{2\bar{E}_j}\sum_{i=1}^{n_j}\sum_{r=1}^{n_i}|e_{ji}-e_{hr}| \Big/ n_j^2 \tag{3-23}$$

$$G_w = \sum_{j=1}^{k} G_{jj} p_j s_j \tag{3-24}$$

其中，G_{jj}和 G_w 分别表示 j 地区的基尼系数，和地区内的基尼系数差异，如下所示：

$$G_{jh} = \sum_{j=1}^{n_j}\sum_{r=1}^{n_h}|e_{ij}-e_{hr}| \Big/ n_j n_h(\bar{E}_j + E\bar{E}_h) \tag{3-25}$$

$$G_{nb} = \sum_{j=2}^{k}\sum_{h=1}^{j-1} G_{jh}(p_j s_h + p_h s_j) I_{jh} \tag{3-26}$$

$$G_t = \sum_{j=2}^{k} \sum_{h=1}^{j-1} G_{jh}(p_j s_h + p_h s_j) 1 - (I_{jh}) \tag{3-27}$$

其中 $p_j = n_j / \bar{E}$，$s_j = n_j \bar{E}_j / n\bar{E}$，$(i = 1, 2\cdots, k)$。本章将 j、h 地区之间的能源低碳转型 GTEP 增长相对影响记作 I_{jh}。

$$I_{jh} = \frac{q_{jh} - p_{jh}}{q_{jh} + p_{jh}} \tag{3-28}$$

$$q_{jh} = \int_0^{\infty} dF_j(e) \int_0^{e} (e - x) dF_h(x) \tag{3-29}$$

$$p_{jh} = \int_0^{\infty} dF_h(e) \int_0^{e} (e - x) dF_j(e) \tag{3-30}$$

其中，地区 j、h 的累积密度分布函数记为 F_j、F_h，地区间能源低碳转型 GTEP 增长的差值为 q_{jh}。

（二）地区能源低碳转型效率的 Dagum 空间基尼系数分析

根据表 3－7，可以对我国的能源低碳转型效率的 Dagum 空间基尼系数进行分析。空间基尼系数是用于衡量地理区域内不均衡现象的指标，越接近 0 表示区域内的均衡性越好，越接近 1 表示区域内的不均衡性越大。

根据表 3－7 中的区域间空间基尼系数，可以得出以下结论：

能源低碳转型效率是对当前使用的能源结构进行转变，衡量的是当前区域尽可能以清洁、可再生能源代替原有的高污染、不可再生能源的使用的能力。在 2006～2019 年，东、中、西、东北四个区域空间基尼系数都维持在 0.02～0.04 的范围之内，这说明不同地区内部的能源低碳转型效率存在一定的差距和不均衡性。

我国区域之间存在较强的经济发展不平衡性，经济发展水平存在较大差异，地理环境、能源资源背景也差距巨大，经济发展水平的不同将直接影响该区域对能源使用的能力，经济较为发达的地区拥有更

表3－7　　2006～2019年分区域GTEP空间基尼系数结果表

年份	G	G_w				G_{nb}						G_x（%）		
		东部	中部	西部	东北地区	东—中	东—西	东—东北	中—西	中—东北	西—东北	区域内	区域间	超变密度
2006	0.0322	0.0302	0.0353	0.0321	0.0306	0.0331	0.0316	0.0317	0.0340	0.0337	0.0318	27.5713	13.5509	58.8777
2007	0.0302	0.0293	0.0321	0.0257	0.0299	0.0309	0.0282	0.0309	0.0295	0.0318	0.0283	27.9408	14.1543	57.9049
2008	0.0306	0.0297	0.0348	0.0262	0.0281	0.0326	0.0288	0.0306	0.0311	0.0325	0.0276	27.6664	16.0771	56.2565
2009	0.0288	0.0297	0.0302	0.0217	0.0280	0.0303	0.0268	0.0299	0.0266	0.0294	0.0254	28.3556	13.5442	58.1002
2010	0.0288	0.0280	0.0323	0.0212	0.0285	0.0305	0.0252	0.0292	0.0280	0.0310	0.0257	28.1141	10.8911	60.9947
2011	0.0268	0.0253	0.0328	0.0197	0.0260	0.0297	0.0229	0.0261	0.0273	0.0297	0.0232	27.9854	6.3003	65.7143
2012	0.0266	0.0249	0.0305	0.0215	0.0264	0.0285	0.0236	0.0263	0.0267	0.0286	0.0243	27.9675	8.3503	63.6822
2013	0.0238	0.0225	0.0192	0.0275	0.0233	0.0213	0.0256	0.0237	0.0240	0.0216	0.0257	27.8814	12.3906	59.7280
2014	0.0239	0.0234	0.0263	0.0164	0.0242	0.0253	0.0208	0.0247	0.0220	0.0255	0.0207	28.2966	14.3697	57.3337
2015	0.0230	0.0212	0.0264	0.0161	0.0231	0.0249	0.0197	0.0236	0.0221	0.0251	0.0200	27.7080	17.6624	54.6296
2016	0.0244	0.0220	0.0274	0.0260	0.0171	0.0253	0.0250	0.0208	0.0269	0.0232	0.0221	27.9994	13.8383	58.1623
2017	0.0348	0.0322	0.0349	0.0238	0.0388	0.0338	0.0287	0.0370	0.0299	0.0376	0.0327	28.7155	9.7939	61.4905
2018	0.0257	0.0250	0.0276	0.0258	0.0191	0.0271	0.0264	0.0237	0.0269	0.0241	0.0228	28.1413	13.3930	58.4657
2019	0.0278	0.0290	0.0252	0.0293	0.0252	0.0273	0.0295	0.0288	0.0275	0.0262	0.0279	28.1345	13.5424	58.3231
均值	0.0277	0.0266	0.0296	0.0238	0.0263	0.0286	0.0259	0.0276	0.0273	0.0286	0.0256	28.0341	12.7042	59.2617

多的资金和人力资源，地区清洁、可再生能源的使用能力越高。不同地区对能源的利用效率必然不同。其中东部地区经济发展水平较高，有更多的资金、人力和物力，对经济发展所带来的环境污染进行处理，同时对绿色清洁技术投入更多的资金进行发展。区域之间的空间基尼系数维持在一定水平，符合常理。

2006～2019 年四大区域的空间基尼系数均值排序从大到小依次为中部、东部、东北部、西部，依次为 0.0296、0.0266、0.0263、0.0238，在不同地区之间，西部地区的空间基尼系数均值最低，而东部地区的空间基尼系数均值最高，说明东部的能源低碳转型效率相对较为不均衡，西部较为均衡，东部和东北地区能源低碳转型效率的均衡程度相差不大。西部经济发展水平较低，能源资源较为丰富，西部内部区域之间的经济、能源背景相同，导致最终西部区域内的能源低碳转型效率的空间差异性较小。东部虽然经济发展水平总体较高，但城市之间的经济发展水平差距较大，清洁能源技术和污染物处理技术水平也参差不齐，最终导致东部区域内的能源低碳转型效率的空间差异性较大。

对区域之间的空间差异性进行分析，中部与东部、中部与东北地区的空间基尼系数 14 年间均值最大，说明中部与东部、中部与东北地区的空间分异程度最大，为 0.0286，除中部与东部、中部与东北地区之外空间分异程度从大到小排列，分别是东部与东北、中部与西部、东部与西部、西部与东北地区，分别为 0.0276、0.0273、0.0259、0.0256，说明西部与东北地区之间能源低碳转型效率的空间差异性最小。其中，值得注意的是，中部和其他三个区域之间的空间基尼系数都相对较高，这说明中部与其他地区之间的能源低碳转型效率根据实证分析的基准回归以及异质性分析，可得出以下结论：

能源低碳转型效率差距较大，东部经济水平较高，能源资源较为贫乏，人口密集，对能源资源的消费能力较强，所以必然投入较多的

资金和人员进行清洁能源的开发和利用，同时对能源污染物的排放处理技术也较为成熟。西部和东北地区，虽然经济水平较为落后，但是能源资源较为丰富，其中清洁能源的资源也较为丰富，例如水力发电、风力发电等清洁能源发电的资源更为丰富，所以相应产生的能源污染物较少，随之产生的温室气体的排放量较少，工业三废产生量也较少。

从变动趋势来看，全国大多数地区的地级市之间的空间差异度随时间变化显现减小趋势，其中“东—中”的年均减小率为0.0296，“东—西”的年均减小率为0.0017，“东—东北”的年均减小率为0.0112，“中—西”的年均减小率为0.021，其中东北与中部间基尼系数的降低幅度最大，东部与东北间、西部与东部间的基尼系数降低幅度较小。区域之间的空间基尼系数的差异程度总体上降低，并无增加。

总体来说，从区域间的空间基尼系数来看，中国的能源低碳转型效率在不同地区之间存在一定的不均衡性，这要求有关部门针对区域发展特性，采取相应的政策和措施来促进能源低碳转型的均衡发展。

图3－5、图3－6根据表3－7中的我国四大区域空间基尼系数绘

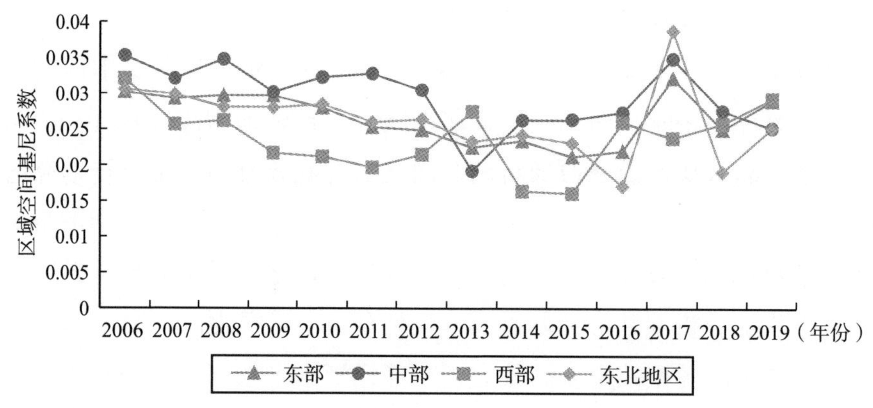

图3－5　2006～2019年全国城市GTEP区域空间基尼系数变化趋势

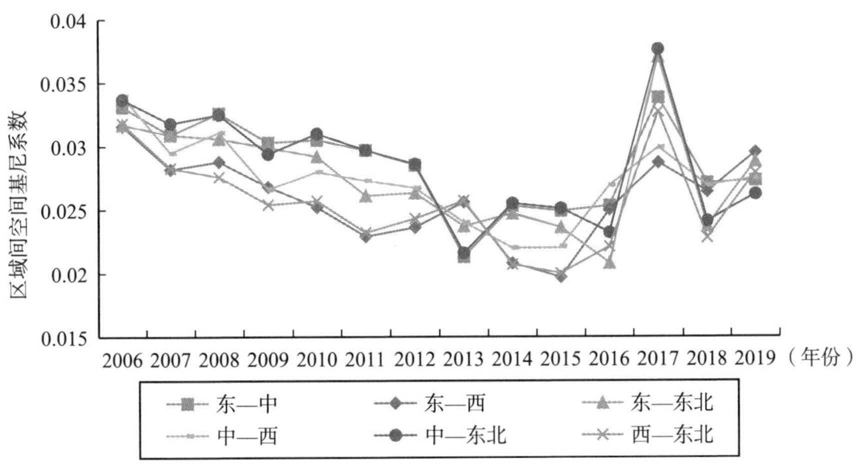

图 3-6　2006~2019 年全国城市 GTEP 区域间空间基尼系数

制，用以观察我国区域空间基尼系数的时间变化趋势，从年份的变化趋势来看，区域间的空间基尼系数在不同年份之间有所波动，但整体趋势较为平稳。说明这十几年间东、中、西、东北部四大区域之间的能源低碳转型利用效率的差距一直存在，并且变化不大。

图 3-7 绘制了 2006~2019 年间，空间基尼系数各分解项对总体基尼系数的贡献率及随时间变动情况，这里结合前文理论知识，将空间基尼系数分解为区域内空间基尼系数、区域间空间基尼系数和超变密度三项。

将贡献率从大到小排序，依次是超变密度对总体空间基尼系数即空间差异性的贡献率、地区内总体空间基尼系数即空间差异性的贡献率、地区间总体空间基尼系数即空间差异性的贡献率，由于区域间空间基尼系数和超变密度和固定，所以从变化趋势上来说，区域间空间基尼系数和超变密度的变化趋势相反。

以上结果表明，超变密度的贡献率最大，即对总体能源低碳转型效率 GTEP 空间分异性的影响最大，是其主要来源，说明能源低碳转型效率在不同地区之间的交叉重叠程度、地区间能源低碳转型效率的分异程度对总体的空间分异性的贡献率最低。

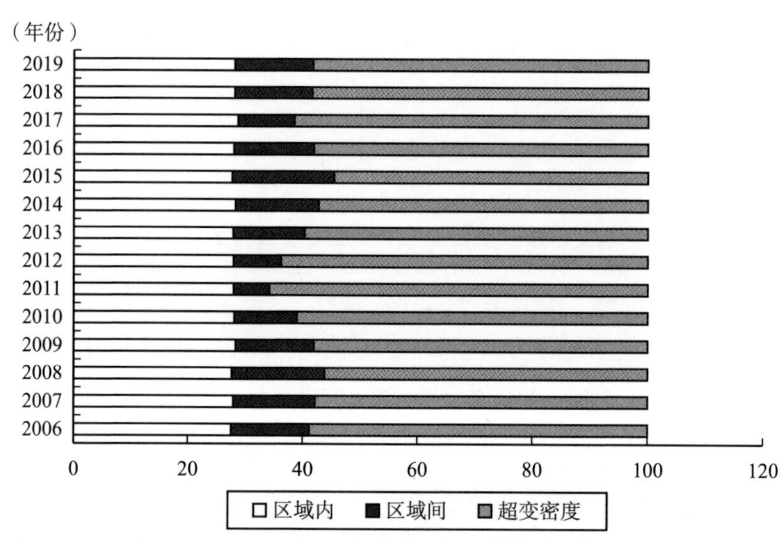

图3－7　2006～2019年城市GTEP基尼系数分解项

二、能源低碳转型效率泰尔指数分析

泰尔指数是一种分析某种数据指标在区域之间的差距及区域内部差距的重要数学方法，与前文的基尼系数有相类似的用法，因为其从信息熵的概念演变而来，所以泰尔指数又称为泰尔熵标准。本章使用泰尔指数分析我国东部、中部、西部、东北地区能源低碳转型效率在区域内部和之间的差异性变化。其中，泰尔指数的计算公式为：

$$T = \frac{1}{l}\sum_{c=1}^{l}\left(\frac{E_c}{\bar{E}} \times \ln\frac{E_c}{\bar{E}}\right) \qquad (3-31)$$

$$T_s = \frac{1}{l_s}\sum_{c=1}^{l_s}\left(\frac{E_{sc}}{\bar{E}_s} \times \ln\frac{E_{sc}}{\bar{E}_s}\right) \qquad (3-32)$$

$$T = T_w + T_b = \sum_{c=1}^{4}\left(\frac{l_s}{l} \times \ln\frac{E_s}{\bar{E}} \times T_s\right) + \sum_{c=1}^{4}\left(\frac{l_s}{l} \times \ln\frac{E_s}{\bar{E}} \times n\frac{E_s}{\bar{E}}\right) \tag{3-33}$$

式（3－31）中的 T 表示全国能源低碳转型效率的总体差异泰尔指数，取值位于［0，1］之间，泰尔指数的数值越小，说明能源低碳转型效率的总体差异越小，反之则说明总体差异越大。c 表示城市，l 表示省份数量，E_c 表示城市 c 的能源低碳转型效率水平，$\bar{E}$ 表示全国能源低碳转型效率水平的均值。式（3－32）中，T_s 表示区域 s 的总体差异泰尔指数，l_s 表示区域 s 的城市数量，E_{sc} 表示区域 S 城市 c 的能源低碳转型效率水平，$\bar{E}_s$ 表示区域 s 的能源低碳转型效率均值。式（3－33）中，能源低碳转型效率的总体差异泰尔指数被进一步分解为区域内差异泰尔指数 T_w 和区域间差异泰尔指数 T_b。另外，定义 T_w/T 和 T_b/T 分别为区域内差异和区域间差异对总体差异的贡献率，$(E_s/E) \times (T_s/T)$ 为各区域对区域内总体差异的贡献率，E_s 表示区域 s 内所有城市的能源低碳转型效率之和，E 表示全国区域内所有城市的能源低碳转型效率之和。

计算被研究的地级市能源低碳转型的泰尔指数得到表 3－8，分析表 3－8 中数据可以得到，东部、中部、西部、东北地区四大区域能源低碳转型效率的泰尔指数及贡献率。泰尔指数（Theil Index）衡量了不平等程度，数值越小表示能源低碳转型效率越均衡。从全国范围看，中国能源低碳转型效率水平的泰尔指数由 2006 年的 0.0016 下降至 2019 年的 0.0013，中间存在波动，但整体仍然呈现下降趋势，下降幅度较小，说明中国能源低碳转型效率的总体差异在多数年份呈缩小趋势，但缩小程度较弱。全国及东部、中部、西部、东北地区的能源低碳转型效率的变化趋势一致，均呈波动下降趋势，并在 2017 年出现加大的回弹波峰值，表 3－8 中的泰尔指数数据按照不同区域和时间进行了分类，包括全国、东部、中部、西部和东北地区。平均来看，全国的能源低碳

表3－8　　泰尔指数表

年份	泰尔指数							泰尔指数贡献率（%）					
	全国	东部	中部	西部	东北地区	区域内	区域间	东部	中部	西部	东北地区	区域内	区域间
2006	0.0016	0.0014	0.0015	0.0020	0.0016	0.0016	0.000032	31.62	28.39	26.22	11.76	97.99	2.01
2007	0.0014	0.0013	0.0014	0.0016	0.0011	0.0014	0.000031	33.76	31.23	23.93	8.90	97.82	2.18
2008	0.0015	0.0014	0.0013	0.0020	0.0011	0.0014	0.000042	33.39	26.48	28.64	8.63	97.14	2.86
2009	0.0013	0.0014	0.0013	0.0014	0.0007	0.0013	0.000027	37.79	30.42	23.11	6.65	97.96	2.04
2010	0.0013	0.0013	0.0014	0.0017	0.0007	0.0013	0.000017	33.43	31.98	26.78	6.52	98.71	1.29
2011	0.0012	0.0011	0.0012	0.0018	0.0007	0.0012	0.000006	30.79	29.94	32.33	6.47	99.53	0.47
2012	0.0012	0.0010	0.0012	0.0015	0.0008	0.0011	0.000009	31.65	31.61	28.07	7.88	99.21	0.79
2013	0.0010	0.0009	0.0010	0.0012	0.0007	0.0010	0.000015	31.82	30.94	27.38	8.33	98.46	1.54
2014	0.0010	0.0009	0.0010	0.0011	0.0004	0.0009	0.000020	35.00	32.63	25.02	5.22	97.86	2.14
2015	0.0009	0.0008	0.0009	0.0011	0.0004	0.0008	0.000029	31.57	32.79	26.80	5.47	96.62	3.38
2016	0.0010	0.0008	0.0011	0.0012	0.0005	0.0009	0.000019	28.79	36.64	26.70	5.86	97.99	2.01
2017	0.0020	0.0021	0.0026	0.0017	0.0009	0.0020	0.000022	36.66	39.35	17.83	5.07	98.92	1.08
2018	0.0011	0.0011	0.0011	0.0012	0.0006	0.0011	0.000021	35.40	33.01	23.46	6.20	98.07	1.93
2019	0.0013	0.0014	0.0010	0.0014	0.0010	0.0012	0.000027	40.35	24.93	23.21	9.34	97.84	2.16
均值	0.0013	0.0012	0.0013	0.0015	0.0008	0.0012	0.000023	33.7154	31.4528	25.6773	7.3057	98.1512	1.8488

转型效率相对较高，东部和中部地区的效率泰尔指数较大，东北地区的能源低碳转型效率泰尔指数较小。观察每个区域的年增长率：

整体区域的年增长率为［-0.125，0.071，-0.133，0.000，-0.077，0.000，-0.167，0.000，-0.100，0.111，1.000，-0.450，0.182］；

东部区域的年增长率为［-0.071，0.077，0.000，-0.071，-0.154，-0.091，-0.100，0.000，-0.111，0.000，1.625，-0.476，0.273］；

中部区域的年增长率为［-0.067，-0.071，0.000，0.077，-0.143，0.000，-0.167，0.000，-0.100，0.222，1.364，-0.577，-0.091］；

西部区域的年增长率为［-0.200，0.250，-0.300，0.214，0.059，-0.167，-0.200，-0.083，0.000，0.091，0.417，-0.294，0.167］。

可以看出我国的年增长率大部分为负值，说明能源低碳转型效率的泰尔指数在大部分年份呈下降趋势，东、中、西、东北地区变化趋势相同。全国东部、中部、西部、东北地区的能源低碳转型效率的泰尔指数年均增长率分别为0.024、-0.069、0.034、-0.004，除东北部地区外，全国及其他地区因为低碳转型效率泰尔指数年均增长率均为负值，其中西部地区的下降幅度最大。

从均值上来看，东部，中部，西部，东北部的泰尔指数分别为0.0012、0.0013、0.0015、0.0008。东北地区的能源低碳转型效率的泰尔指数最低，并且呈现较大的波动趋势。中部和西部地区的能源低碳转型效率的泰尔指数相对较高，波动趋势也较小，除东部地区2017年出现能源低碳转型效率的泰尔指数明显增高的情况外，其他年份的泰尔指数变化率不大，有增有减。在不同年份中，东部的能源低碳转型效率泰尔指数普遍高于东北地区，西部和东北地区的能源低碳转型效率泰尔指数出现较大增长，但整体上仍然低于东部和中部地区（见图3-8）。

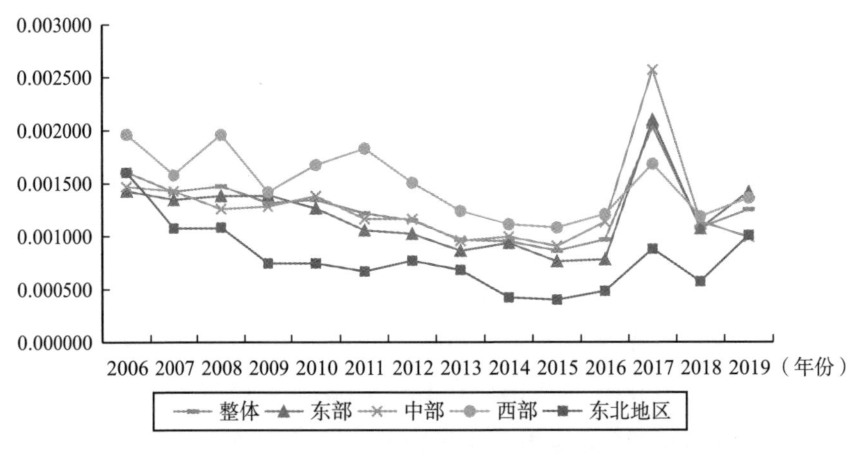

图3-8　2006～2019年全国区域GTEP泰尔指数变化趋势

需要注意的是，2019年全国及各区域的泰尔指数出现明显的"翘尾"特点，要分析其原理，需要进一步关注其未来变化趋势。从分解结果上看，2006～2019年区域内泰尔指数贡献率均超过95%，接近100%，即区域内泰尔指数贡献率远远大于区域间泰尔指数贡献率，说明中国能源低碳转型效率的总体差异主要来源于区域内差异，这是由于同一区域内，物理距离相差不远的地级市之间，能源资源丰富程度相近，但是经济发展水平却参差不齐，存在较大差异，这要求有关部门在制定能源低碳转型效率的相关政策时，对经济发展水平不同的城市制定相应的针对性措施。从变化趋势来看，2006～2019年区域间泰尔指数贡献率整体上维持稳定，也一直持续在较高水平，说明当下区域间差异问题一直非常突出，是能源低碳转型效率空间差异性的主要来源。从区域内差异的进一步分解结果看，2006～2019年我国东部、中部、西部和东北区域能源低碳转型效率的泰尔指数平均值分别为0.0012、0.0015、0.0008、0.0013，泰尔指数贡献率平均值分别为33.72%、31.45%、25.68%、7.31%，表明中国东部地区差异及泰尔指数贡献率最大，其次是中部，而西部和东北地区泰尔指数贡献

率最小。究其原因，各地区能源低碳转型效率水平和所处发展阶段皆不相同，东部和中部区域差异较大主要是因为区域内部各城市的发展不平衡，同时能源资源相对比较匮乏，人口密集，能源消费量较高，但由于经济水平不同，对污染物的处理及清洁能源技术参差不齐，导致区域内部的能源低碳转型效率空间差异性较大。

第五节　本章小结

本章的主要内容为测度我国280个地级市2006～2019年能源低碳转型效率。主要是通过超效率EBM（Epsilon－Based Measure）模型测度中国280个地级市的能源低碳转型效率，利用GML（Global－Malmquist－Luenberger）指数分析能源低碳转型效率（Green-oriented Transition of Energy Performance，GTEP）的变化情况。选取投入指标为市辖区全年用电量、市辖区液化石油气供气总量、市辖区供气总量（人工/天然气）、2000年基期固定资本存量、劳动力投入；期望产出指标为以2000年价格平减后的GDP；非期望产出指标CO_2排放量、工业三废排放量，并对能源低碳转型效率测度结果进行分析。

本章第一节对中国能源低碳转型的现状和能源低碳转型的测度方法原理进行介绍，常用数据包络分析的相关方法参照计算生产效率的方法计算能源低碳转型效率，可以考虑温室气体如CO_2、工业废物如SO_2、烟粉尘、废水这些非期望产出值的衡量。第二节对中国能源低碳转型的测度过程进行介绍，具体为超效率EBM的数学原理的详细阐述和计算，及其全局Malmquist－Luenberger指数的计算及分解项的计算，以及数据的来源和指标的构建过程进行阐述。

第三节和第四节是对能源低碳转型效率的结果进行分析，第三节简单对能源低碳转型测度结果按地理位置、城市类型进行分类分析，不同城市的能源低碳转型效率不同，在时间上，整体 GTEP 呈现出下降的趋势，尤其是在 2017 年出现了明显的降低。这是由于在过去很长一段时间内我国经济发展处于高速发展时期，一定程度上忽略了对环境保护、能源低碳方面的重视，这对能源低碳转型的水平产生了一定的影响，导致十几年间我国能源低碳转型效率逐年降低。实际上，在 2011 年到 2015 年期间，我国能源低碳转型效率下降趋势较 2006 年到 2010 年已经出现减缓，说明我国已经初步采取措施。从 2016 年开始，整体效率再次出现波动，是由于政策调整、经济发展和能源结构变化的影响。2017 年，国家能源局发布实施面向 2030 年的能源革命战略和 4 个行动计划，系统部署了 2030 年前推进能源革命的战略目标和主要任务，国家针对性地整体政策调控导致当年全国的能源低碳转型效率产生了显著波动，2017 年后，我国能源低碳转型效率的下降趋势明显减缓，说明我国对能源低碳转型的措施取得成效。区域之间的比较中，东部地区 GTEP 整体上高于其余地区，而西部地区的效率相对较低。不同规模的城市能源低碳转型效率变化趋势相同，胡焕庸线东西两侧的能源低碳转型效率变化趋势也相同。从 GTEP 的分解项来看，TC 技术进步程度的变化趋势与 EC 基本相同，值得注意的是，无论能源低碳转型效率本身或是其两个分解项，从具体年份看，均是表现出“有增有减”的波动状态，而 2007 ~ 2008 年，三大区域的能源低碳转型效率均处在研究期间的最低值，但是其分解项却不是如此。这与之前对于能源低碳转型效率的分析结论一致，能源低碳转型效率是不断降低的，重要原因是其能源技术进步跟不上能源消耗的增加，无法以此抵消经济发展带来的能源碳排放及污染物排放的增多。

第四节为中国能源低碳转型的时空趋势分析，包含空间基尼系数、泰尔指数的分析。我国区域之间存在较强的经济发展不平衡性，经济发展水平存在较大差异，地理环境、能源资源背景也差距巨大，经济发展水平的不同将直接影响该区域对能源使用的能力，经济较为发达的地区拥有更多的资金和人力资源，其以清洁、可再生能源使用的能力越高。不同地区对能源的利用效率有所不同。其中东部地区经济发展水平较高，有更多的资金，人力和物力，对经济发展所带来的环境污染进行处理，同时对绿色清洁技术投入更多的资金进行发展。十几年间东、中、西、东北四大区域之间的能源低碳转型利用效率的差距一直存在，并且变化不大。其中，中部和其他三个区域之间的空间基尼系数都相对较高，这说明中部与其他地区之间的能源低碳转型较好。东部经济水平较高，能源资源较为贫乏，人口密集，对能源资源的消费能力较强，所以必然投入较多的资金和人员进行清洁能源的开发和利用，同时对能源污染物的排放处理技术也较为成熟。西部和东北部，虽然经济水平较为落后，但是能源资源较为丰富，其中清洁能源的资源也较为丰富，例如水力发电、风力发电等清洁能源发电的资源更为丰富，所以相应产生的能源污染物较少，随之产生温室气体的排放量较少，工业三废产生量也较少。全国的能源低碳转型效率泰尔指数均值相对较高，西部和中部地区的能源低碳转型效率泰尔指数较高，东部和东北地区的能源低碳转型效率泰尔指数较小。东北地区的能源低碳转型效率的泰尔指数最低，并且呈现较大的波动趋势。中部和西部地区的能源低碳转型效率的泰尔指数相对较高，波动趋势也较小，除东部地区 2017 年出现能源低碳转型效率的泰尔指数明显增高的情况外，其他年份的泰尔指数变化率不大，有增有减。

第四章

中国能源低碳转型的驱动因素研究

第一节　环境规制对能源低碳转型的影响

一、研究背景

能源转型指的是从传统化石燃料能源向可再生能源转变的过程，其目的是降低对化石燃料的依赖，并改善环境状况。能源转型的目标是使能源生产更为可持续，同时提高能源效率，减少碳排放，降低对环境的影响。因此，能源转型的重要性越来越受到人们的重视。然而，随着全球经济和人口的增长，化石燃料的需求也不断增加，化石燃料的使用带来的环境和气候问题也越来越严重。其中，中国是世界上最大的能源消费国之一，其能源现状受到全球关注。中国人口越来越多，经济越来越发达，对能源的要求也越来越高。传统的化石燃料能源已经无法满足这种增长需求，同时化石燃料的使用也带来了环境和气候问题。同时，中国对石油和天然气的需求也在不断增加。可再生能源（包括水力、风能和太阳能）在中国的发展也得到了政府的重视。中国已成为全球最大的可再生能源发展国之一。中国政府

一直在推动能源转型，力图减少对化石燃料的依赖，提高能源的清洁化和可持续性。然而，中国的能源消费量仍然非常庞大，其碳排放量也是全球最高的。当前，中国正处于转型升级的重要时期，如何有效地提升能源利用率，是我国在推动经济高速增长时所面临的重要课题。

自2020年末起，中国多次在重大会议和政策文件中提到碳达峰和碳中和。实现碳达峰是一个长期而复杂的过程，需要在政策、技术、经济等多个领域进行协调和推进。为此，中国政府已经出台了一系列政策措施，推动能源结构转型、加强节能减排、发展低碳经济等方面的工作。由于能源消耗大，能源资源的开采和利用带来了环境污染和资源枯竭的风险。因此，需要由环境政策和适当的激励措施来引导（Popp，2019）。环境规制、低碳技术进步和能源效率是相互关联、相互作用的，它们之间存在密切的联系。近年来，中国政府在各行各业都实施了大量的环境规制政策，特别是在能源转型方面，依次发布了《大气污染防治法》《可再生能源法》《节能减排综合性工作方案》等环境规制政策，环境规制力度不断完善，但环境污染和生态破坏等问题依然严峻。

波特假说（Porter Hypothesis）是由迈克尔·波特（Michael Porter）在1990年提出的一个理论。其中，环境规制可以刺激企业创新的发展，企业在受到环境规制的压力时，为了遵守规定或降低污染排放，会被迫寻求新的技术和生产方式。除此之外，创新也可以提高企业相互竞争力，在环境规制的视域之下，企业在产品品质、生产效率、环保方面受到技术创新带来的更大优势，提高其在市场上的竞争力。适当的环境规制会带来许多的优势。因此，本部分将基于全国274个城市的面板数据，研究环境规制对能源低碳转型效率的影响，并在此基础上提出相对的政策建议以供参考。

本部分从中国274个城市工业部门视角下系统地识别了环境规制

对能源低碳转型的影响，细致地回答了中国应该如何提高能源转型绩效，以及如何因地制宜地制定环境规制政策等。本部分的研究贡献主要体现在以下三个方面：一是准确识别了环境规制与能源低碳转型的因果关系，对两者之间可能存在的非线性效应等进行了深入的理论分析和实证检验，为环境规制和能源转型绩效间的研究提供了参考；二是从能源利用层面测度了能源低碳转型绩效增长，利用超效率EMB（Explainable Boosting Machine）模型考虑非期望产出和技术集合，更为准确地测度出城市能源低碳转型绩效，这为能源低碳转型绩效的测度提供了一种科学的思路和方法，也强化了识别环境规制对能源低碳转型影响的精准性；三是利用面板数据，构建静态面板回归及动态面板回归模型，通过对比研究环境规制对能源低碳转型的影响，分析其中存在的异质性，并引入调节变量，利用了调节效应进行更加深入的探究。

本部分余下的结构安排如下：第二部分对本研究进行理论解释；第三部分对模型进行了设置及指标计算，对数据进行了描述；第四部分对提出的模型进行了初步的验证，做出稳健性检验；第五部分，对本研究内容进行总结，并提出了相关的政策建议。

二、理论机制与研究假说

环境规制政策最早在发达国家制定并实施，政府实施的环境规制政策，吸引国外学者开始研究环境规制对能源、经济等一系列问题的影响。环境规制的本意是由政府弥补市场机制在环境问题上的不足，以经济与环境协同发展为出发点，通过颁布行政规定等来利用市场机制及公众监督来约束经济发展导致的环境问题。有效的环境规制可以使企业优化生产设备，倒逼企业发展绿色低污染的生产方式，实现经济市场与环境治理协同发展。

当前，国内学界对“环境规制”一词的界定尚无一致意见，而在国外，由于研究上的差别很小，“环境规制”与“环保政策”“污染治理”等名词往往是相互重叠的，因此，这三个名词之间存在一定的联系。而在我国，环境规制在一定程度上是一种强制性的特征。对政府来说，既要对环境规制的具体实施细则进行深入的设计，也要对各个地区的环境规制的执行情况进行严格的监督，从而有效地将环境规制运用到实际中。企业、居民等产生污染物的行为都是环境规制的主要规范对象，而这些污染物中的大多数都是企业产生的废气、废水等，所以企业才是环境规制的主要对象。结合国内外学者的视角，将环境规制对能源绩效的影响分为微观、中观和宏观三个层面。

总的来说，环境规制就是为了保护环境和公众利益，政府或其他机构制定的各种规则措施，通过各种方法对环境污染和资源消耗进行规制和管理的过程。本部分研究将“三废”作为非期望产出，以此来衡量能源环境绩效，以及相应的环境规制指标。实现能源低碳转型绩效和资源节约的关键在于充分利用自然资源，并优化生产过程。同时，为了保护环境，我们需要采取措施，减少生产过程中不可避免的污染物排放。这些举措是实现资源节约和环境保护的重要手段。与此同时，技术的创新是提高能源转型绩效离不开的手段，随着环保设施的广泛应用，伴随着污染排放的降低，将大幅提升我国能源转型和资源利用水平。环境规制的力度越大，污染治理的成本就会越高，企业节约能源、减少排放的积极性就会更高。但从长远来看，不同的环境管制强度会对企业的产出产生不同的影响，因此，企业节能减排的效果并不是简单的线性关系。

综上所述，提出研究假说4－1：

假说H4－1：当其他条件恒定时，环境规制对我国能源低碳转型的作用呈现出明显的“U”型特征。

对于各市的市场化来说，市场化导致经济增长成为城市政府最主要的目标，环保目标容易被忽视。在这种情况下，城市政府可能不愿意设置严格的环境规制，以避免因此而影响当地企业的竞争力和经济增长。并且，市场化机制使资源配置实现了自动化，各类活动的开展都需要资金支持，缺少资金支持的企业很难完成低碳转型，这就影响了环境规制下能源低碳转型的发展。市场化程度越高，企业的自主性和市场适应性越强，同时也更愿意接受更高的环境规制。因此，在市场化程度较高的城市，环境规制强度对于能源低碳转型绩效的影响可能会逐渐减弱。而在市场化程度较低的城市，环境规制强度对于能源低碳转型绩效的影响则可能更加明显。综合来看，市场化指数可以在环境规制和能源转型之间发挥调节作用。

综上所述，提出研究假说4－2：

城市市场化水平会抑制环境规制下能源低碳转型的发展，即市场化水平是环境规制强度影响能源低碳转型绩效的调节变量。

就各市金融深化水平而言，一方面，资金倾向于传统产业和高污染行业，而非低碳产业。城市金融深化水平的提高会吸引更多的资金流向传统产业和高污染行业，而非低碳产业，从而限制了低碳转型的发展。另一方面，资金流动性不足，会限制低碳项目的发展。金融深化水平的提高可能会导致资金流动性不足，使低碳项目难以获得资金支持，从而限制了低碳转型的发展。并且，金融机构可能会对低碳项目风险评估不足，从而限制了低碳项目获得融资机会，进而限制了低碳转型的发展。综合来看，金融深化指数可以在环境规制和能源转型之间发挥调节作用。

综上所述，提出研究假说4－3：

城市金融深化水平会抑制环境规制下能源低碳转型的发展，即金融深化水平是环境规制强度影响能源低碳转型绩效的调节变量。

三、研究设计

（一）模型设定

1. **静态面板模型**

根据前文的理论分析和研究假说，在实证部分首先考察环境规制强度大小对能源低碳转型绩效影响的基本方向。由于环境规制强度的变化会对能源低碳转型绩效产生更为复杂的影响，因此，本研究加入环境规制的二次项来进行假说4－1的检验，即本研究将重点识别环境规制对能源低碳转型的非线性影响。构建的计量方程如下所示：

$$EE_{it} = \alpha_0 + \beta_{01} er_{it} + \beta_i X_{it} + u_i + v_t + \varepsilon_{it} \tag{4-1}$$

$$EE_{it} = \beta_0 + \beta_{01} er_{it} + \beta_{02} er2_{it} + \beta_i X_{it} + u_i + v_t + \varepsilon_{it} \tag{4-2}$$

其中，i 和 t 分别代表城市和年份，且 $i = 1, 2, 3, \cdots, 274$；$t = 2007, 2008, \cdots, 2019$。*EE* 为被解释变量，代表城市的能源低碳转型绩效。*er* 为核心解释变量，代表城市所面临的环境规制水平，*er*2 为环境规制的二次项。*X* 为控制变量，分别为对外开放（*FDI*）、要素结构（*FS*）和资本存量水平（*FIX*）、市场化指数（*SCH*）、金融深化指数（*JR*）。

2. **随机面板模型**

接下来使用随机面板模型对环境规制影响能源低碳转型效率建模，与静态面板对照考察环境规制在控制变量下对能源低碳转型效率的影响是否为“U”型或者倒“U”型，随机面板模型如下所示：

$$EE_{it} = \beta_0 + \alpha er_{it-1} + \beta_{01} er_{it} + \beta_{02} er2_{it} + \beta_i X_{it} + u_i + v_t + \varepsilon_{it} \tag{4-3}$$

3. **动态面板模型**

动态面板模型的最大特点是将被解释变量的滞后项添加到控制变

量中，在本研究中引入了能源低碳转型绩效的滞后项，这里仅研究环境规制对能源低碳转型的非线性影响。本研究利用动态 GMM 面板模型检验内生性问题，构建的计量方程如下所示：

$$EE_{it} = \beta_0 + \alpha EE_{it-1} + \beta_{01} er_{it} + \beta_{02} er2_{it} + \beta_i X_{it} + u_i + v_t + \varepsilon_{it} \quad (4-4)$$

4. **调节效应模型**

为更全面地考察“环境规制—市场化水平—能源低碳转型”“环境规制—金融深化—能源低碳转型”两种影响机制，本研究进一步使用调节效应模型来探究环境规制对能源低碳转型效率的影响。因此，构建以产业结构、技术创新为调节变量的环境规制影响能源低碳转型效率的调节效应模型：

$$EE_{it} = \alpha_0 + \beta_{01} er_{it} + \beta_{i1} er_{it} \times X_{1t} + \beta_{i2} X_{jt} + u_i + v_t + \varepsilon_{it} \quad (4-5)$$

$$EE_{it} = \alpha_0 + \beta_{01} er_{it} + \beta_{i1} er_{it} \times X_{2t} + \beta_{i2} X_{jt} + u_i + v_t + \varepsilon_{it} \quad (4-6)$$

其中，式（4-4）、式（4-5）表示市场化水平、金融深化的调节效应模型。X_{1t}、X_{2t}代表调节变量，即市场化水平和金融深化，X_{jt}代表其他控制变量。u_i、v_t、ε_{it}分别代表个体效应、时期效应和随机扰动项，α和β为待估参数。

（二）指标说明

1. **环境规制**

环境规制在一定程度上依赖当地政府的重视程度，一个国家可以颁布相应的政策法规，但是不同地区由于当地的经济发展、产业类型、环境污染程度等对政策的执行力度也有所不同。所以环境规制成为难以度量的一个变量。环境规制最早由达斯古普塔和哈尔（Dasgupta & Heal）提出，他们把环境规制看作是一种为了使经济发展与环境协调一致而采取的一种政策。随着调控手段的发展，人们从不同的角度对其作了分类。根据目标划分为两种：端点规制，以环境质量

指标为目标，如空气质量标准、水质标准等；过程规制，以生产过程中的污染物排放控制为目标，如废气排放标准、废水排放标准等。按方式划分为三种：管理型规制，通过行政手段来实现环境保护，如排污许可证制度、环境影响评价等；经济型规制，通过价格、税收、财政等手段对污染和环境问题进行管制，如污染物排放权交易制度、资源税、环保补贴等；技术型规制，通过鼓励技术创新和使用环保技术来实现环境保护，如技术标准、技术指南、技术创新基金等。

测度环境规制的方法主要有三种：规制数量指标，反映政府对污染物排放的直接管制力度，如废气、废水、固体废弃物等的排放标准；规制质量指标，反映政府对环境问题的整体管理水平和成效，如环境质量改善情况、环保法规执行情况等；规制效率指标，反映政府规制措施的效果和经济成本，如减排成本、环境治理效率等。除此之外，还可以采用定量分析方法来评估环境规制的效果和影响，如影响评价、环境成本效益分析、环境风险评估等。相关学者对其也有相应测度，如刘荣增和何春（2021）以工业污染治理完成投资占第二产业增加值的比重来衡量环境规制，以此研究了中国2001～2018年30个省份环境规制对城镇居民收入不平等的影响因素；李梦洁和杜威剑（2014）将三类污染物质归一化，获得各污染物质的权值，将权值与归一化相乘，得到环境规制的综合指数，并以此来对比中国各省份的环境规制对就业的影响与替代作用，从而避免了目前国内各省份的环境规制数量很难量化的缺陷，能够更加全面的反映我国的环境规制情况。除此之外，也有对环境规制的相应划分。其中，李怡娜等（2011）把环境管理划分为两类：强制管理和激励管理；吴磊等把环境管制分为“命令管制”“市场激励”和“公共资源管制”三种类型。环境规制作为政府提升能源利用效率和环境效益的重要手段，手段繁多、内容丰富，傅京燕等（2010）使用废气、废水、废渣三个指标，根据不同污染物的权重测出综合指标来衡量环境规制，本研究利用杨丽和孙之淳（2015）改进后的面板熵值法，测算出中国274个地级市的环境规制指数。其基本原理如下：

（1）指标选取：

指标选取 n 个市区，m 个指标，则 X_{ijk} 表示第 i 年，第 j 个省份，第 k 个指标的值。

（2）原始数据归一化处理：

$$正向指标：X'_{ijk}=(X_{ijk}-X_{\min k})/(X_{\max k}-X_{\min k}) \quad (4-7)$$

$$负向指标：X'_{ijk}=(X_{\min k}-X_{ijk})/(X_{\min k}-X_{\max k}) \quad (4-8)$$

其中，$x_{\min k}$，$x_{\max k}$ 分别表示最小值和最大值。指标标准化处理之后，X'_{ijk} 的取值范围为［0，1］，其含义为 X_{ijk} 在 n 个市区 r 个年份中的相对大小。

由于标准化后往往会出现零值，所以通常会对标准化后的数据进行平移来去0化，正常向右平移0.01单位：$X''_{ijk}=X''_{ijk}+10^{-3}$。

（3）计算第 j 个省份，第 i 年占 k 指标的比重 P_{ijk}：

$$p_{ijk}=X''_{ijk}\Big/\sum_{i=1}^{r}\sum_{j=1}^{n}X''_{ijk}(i=1,2,\cdots,r;j=1,2,\cdots,n,k=1,2,\cdots,m) \quad (4-9)$$

其中，r 为年份，n 为市区，m 为指标个数。

（4）计算第 k 个指标的熵值 S_k：

$$S_k=-\frac{1}{\ln(rn)}\sum_{i=1}^{r}\sum_{j=1}^{n}p_{ijk}\ln(p_{ijk}) \quad (4-10)$$

（5）计算第 k 个指标的差异系数（判断离散程度，从而确定权重）：

$$g_k=1-S_k \quad (4-11)$$

（6）对差异系数归一化，计算第 k 项的权重 w_k：

$$w_k=g_k\Big/\sum_{k=1}^{m}g_k(j=1,2,\cdots,m) \quad (4-12)$$

（7）计算综合得分：

$$h_{ij} = \sum_{k=1}^{m} w_k X''_{ijk} \tag{4-13}$$

本研究测度的环境规制指数通过工业烟尘去除率、工业二氧化硫去除率、生活污水处理率、工业固体废物综合利用率、生活垃圾无害化处理率这 5 个指标进行衡量。因此，环境规制指标值越大，代表城市的环境规制水平越高。

2. 能源低碳转型绩效

在能源向低碳化转变的进程中，EBM 度量方法可以被用来分析低碳转型与经济增长的关系。在经济高速发展和能源消费不断增加的大背景下，能源低碳转型是实现能源高效利用、发展清洁能源和减少环境污染的有效途径。节能减排已成为我国能源发展的一条重要路径。在经济增长达到一定水平之后，能源的低碳转型能够逐步降低环境污染，这与 EBM 模型的基本假设相吻合。这种方法不仅可以考虑目标和真实数据在径向上所占的比重，而且可以同时考虑输入和输出因素在径向和非径向上所占比重的变化，从而提高了决策单位间的可比性。但若评估单位中同时包含多个输入、输出指标，则会使评估单位中的有效单位数增多。所以，本书使用安德森（Andersen）等提出的一个超效率 EBM 模型。

本书选取的投入指标包括市辖区全年用电量、市辖区供气总量、市辖区液化石油气供气总量（吨）、劳动力投入、固定资产资本存量；期望产出为人均 GDP；非期望产出包括碳排放量及“三废”。

3. 控制变量

产业结构（*IS*）。用第二产业生产总值与第三产业生产总值之比表示。由产业类型可知，第三产业所消耗的能源少且排放的污染物少，而第二产业是我国能源消耗主要产业也是烟尘、二氧化碳等污染物的主要来源产业。我国各地区发展水平、资源类型不同，所以中部、西部地区仍注重第二产业的发展。

对外开放程度（*FDI*）。用外商投资额占实际地区生产总值的比重表示。我国自改革开放以来逐步成为世界工厂，吸引外商对华投资，可以吸取经验、获得技术改进，学习先进的管理经验等，逐步提高对能源的利用效率。

技术创新（*TI*）。用万人专利申请授权数来表示。技术创新是决定能源低碳转型效率的关键因素之一，相关研究越多的地区能源低碳转型效率也就越高。技术创新是产业创新和商业模式创新的基础和保障，可以促进产业升级，从而促进能源低碳转型。

物质资本投资（*FIX*）。用实际固定资产投资比实际地区生产总值表示。其中，企业实际固定资产投资包括一定时期内的机械、运输工具、更新改造等固定的投资，是衡量地区产业经济持续健康发展的一项重要标准。

要素结构（*FS*）。用单位能源的就业人数表示。单位能源的就业人数越多表示第二产业占比重越大，对能源消耗量越多，不利于能源低碳转型效率。

4. **调节变量**

市场化指数水平（*SCH*）。衡量一个国家或地区经济市场化程度的指标。它通常是由政府或国际组织编制，旨在反映市场经济体制下资源配置的效率和市场机制的发展水平。本研究利用了政府与市场关系、非国有经济发展、产业市场的发育程度、法律制度环境等七个指标，采用熵值法对它们进行综合指标的组合表达，可以更加准确的反映各地区市场化进程的各个方面。

金融发展水平（*JR*）。一种衡量一国或一区域金融市场发达水平的指标，它通常涉及金融机构的规模、金融产品的创新、金融市场的国际化水平等多个方面。本研究使用金融机构贷款余额占生产总值的

比重来衡量金融深化。金融发展水平在一定程度上可以表示第三产业的发展水平，可以衡量每个地区的经济发展水平。

（三）描述性统计

本部分研究的数据来源于历年《中国统计年鉴》以及各地区统计年鉴。研究区域选择中国 274 个地级市 2007～2019 年数据，其中不包含台湾、香港等地区。以 2007 年为基数，对价格指标进行平减。并利用前后插补法，对缺失的数据进行了补足。所有指标的描述性统计结果如表 4－1 所示。

表 4－1　　　描述性统计结果

变量	*N*	均值	标准差	最小值	最大值	变量定义
EE	3562	0.8795	0.0504	0.6809	1.1080	能源低碳转型绩效
ER	3562	0.5346	0.2267	0.0000	1.8148	环境规制
FDI	3562	15.1279	75.5477	0.0000	1221.2500	实际外商投资占实际 GDP 比重
FS	3562	0.6834	0.9992	0.0000	30.8102	单位能源的就业人数/（人·tce^{-1}）
FIX	3562	13.1452	14.9857	1.9742	182.7570	实际固定资产投资比实际 GDP
SCH	3562	10.6237	2.5939	3.3390	19.1635	地区市场化发展水平及强度
JR	3562	1.0141	0.8133	0.0753	9.6221	广义货币（M2）比国内生产总值（GDP）
IS	3562	0.8995	0.4615	0.0000	4.9322	第三产业产值比第二产业产值
TI	3562	11.6272	26.0858	0.0000	309.1320	万人专利申请授权数/个

四、实证结果与分析

（一）环境规制的测度结果

表 4－2 列出了我国 274 座城市的环境规制强度的总体年平均水平。从中可以看到，环境规制强度总体呈上升趋势，2007 年环境规制

水平最低（0.3727），2018年环境规制水平最高（0.6967）。这种逐年上升趋势反映出现阶段我国对环境规制的重视程度日益增强，在重视经济增长的同时，制定相关环境保护政策，对生态环境的保护力度也在不断加强，使环境规制水平日益提高。

表4-2　　2007~2019年环境规制测度结果

年份		2007年	2008年	2009年	2010年	2011年	2012年
总体均值		0.3727	0.4982	0.4005	0.4234	0.4926	0.4524
年份	2013年	2014年	2015年	2016年	2017年	2018年	2019年
总体均值	0.5232	0.5757	0.5693	0.6770	0.6367	0.6967	0.6308

注：表中环境规制强度数据由改进后的熵值法进行衡量，利用Matlab软件计算、Excel整理获得。

（二）中国整体能源低碳转型的测度结果

根据本研究提出的超效率EBM测度方法，首先对投入产出指标取对数处理，其次利用MaxDEA进行计算。通过对数据的整理，本研究将能源低碳转型绩效分东部、中部、西部三个区域进行分析，并对年度整体平均值进行整理分析。如表4-3所示，我们可以观察到总体能源低碳转型绩效的发展态势。表中数据显示，2007~2019年全国层面下的能源低碳转型绩效平均值为0.8795，东部、中部和西部地区分别为0.8861、0.8802、0.8721。可以看出，东部地区的能源低碳转型绩效效果最好，能源转型最具优势。能源转型绩效测度的不只是经济增长的一个维度，更多地考虑了资源、环境与经济增长的双重影响。尽管西部地区的经济发展程度较低，但是由于其生态环境条件优越，所以在能源转型方面表现得比较中庸。东部地区由于经济发展水平相对较高，且有足够的资源进行生态环境保护，其能源低碳转型表现也相对较好。中部地区有充足的金融支撑，但环境相对恶劣，所以

处在最后一位。

表4-3　2007~2019年全国及分区域能源低碳转型绩效年平均值

年份	东部	西部	中部	全国
2007	0.9216	0.9008	0.9154	0.9125
2008	0.9218	0.8999	0.9179	0.9130
2009	0.9063	0.8914	0.9016	0.8997
2010	0.9006	0.8868	0.8965	0.8946
2011	0.8925	0.8839	0.8889	0.8884
2012	0.8887	0.8792	0.8813	0.8832
2013	0.8836	0.8703	0.8743	0.8762
2014	0.8802	0.8648	0.8740	0.8730
2015	0.8783	0.8609	0.8697	0.8697
2016	0.8806	0.8670	0.8735	0.8738
2017	0.8184	0.8048	0.8178	0.8136
2018	0.8776	0.8667	0.8699	0.8715
2019	0.8687	0.8613	0.8618	0.8641
总平均值	0.8861	0.8721	0.8802	0.8795

（三）基准回归结果分析

基准回归结果如表4-4所示，考察了环境规制水平对能源低碳转型绩效的影响。被解释变量为能源低碳转型效率（EE），解释变量为城市环境规制水平（ER）。模型（1）和模型（2）中加入了环境规制水平，考察了环境规制水平对能源低碳转型效率的影响因素，分别进行了固定效率和随机效应分析，模型均在1%的水平显著，且系数始终为负，即环境规制水平不利于能源低碳转型效率的提升。并且，Hausman检验系数为11.34，说明固定效应模型更加合理。模型（3）与模型（4）中加入了环境规制水平平方项和控制变量进行回归，对非线性影响做了检验。可以看出，环境规制一次项系数为负，二次项系数为正，说明环境规制水平与能源低碳转型绩效之间呈“U”型关系，在环境规制水平发展初期阶段，由于政策具有滞后性，此时不利于能源低碳转型效率的提升；在环境规制水平发展成熟后，环保政策的实施会促使企业采取节约、集约、高效的生产模型，从而有利于能源低碳转型效率的提升。Hausman检验中，P值为0.000 < 0.005，显著拒绝原假设，即以模型（3）作为基准回归结果更具有现实意义。

表4－4　　基准回归结果

变量	(1) 固定效应 EE	(2) 随机效应 EE	(3) 固定效应 EE	(4) 随机效应 EE
ER	-0.0445*** (0.003)	-0.0428*** (0.003)	-0.0956*** (0.010)	-0.0954*** (0.010)
ER2			0.0401*** (0.008)	0.0412*** (0.007)
SCH			0.0051*** (0.001)	0.0050*** (0.001)
FDI			0.0000 (0.000)	0.0000 (0.000)
JR			-0.0000 (0.000)	-0.0000 (0.000)
FS			-0.0005 (0.001)	-0.0005 (0.001)

续表

变量	(1) 固定效应 EE	(2) 随机效应 EE	(3) 固定效应 EE	(4) 随机效应 EE
FIX			-0.0001 (0.000)	-0.0001 (0.000)
Constant	0.9033*** (0.002)	0.9024*** (0.003)	0.9136*** (0.003)	0.9132*** (0.004)
Hausman test	11.34		18.89	
P value	0.000		0.008	
Observations	3562	3562	3562	3562
R-squared	0.060		0.072	
Number of id	274	274	274	274

注：小括号内为标准误，*** p<0.01，** p<0.05，* p<0.1。

基于上述模型（3）的非线性影响，表4-5分别显示了混合效应模型、个体固定效应模型、双向固定效应模型、随机效应模型的回归结果。依据面板数据的各检验结果：首先，Hausman检验结果中，P值<0.05，拒绝原假设，即不接受随机效应模型；其次，个体固定效应与混合固定效应模型中，F检验的P值<0.01，说明拒绝原假设，不接受混合效应模型；最后，双向固定效应与混合效应模型中，F检验的P值<0.01，拒绝原假设，接受双向固定效应模型。综合而言，双向固定效应模型更好。同时，第（3）列的拟合优度值（0.499）高于其他三列模型的拟合优度，更加证实了选择双向固定效应模型更好。

表4-5　　　　环境规制与绿色经济增长的基准回归结果

变量	(1) 混合效应 EE	(2) 个体固定 EE	(3) 双向固定 EE	(4) 随机效应 EE
ER	-0.0945 *** (0.019)	-0.0956 *** (0.010)	-0.0221 ** (0.010)	-0.0954 *** (0.010)
ER2	0.0524 *** (0.015)	0.0401 *** (0.008)	0.0200 ** (0.008)	0.0412 *** (0.007)
IS	0.0041 ** (0.002)	0.0051 *** (0.001)	-0.0021 ** (0.001)	0.0050 *** (0.001)
FDI	0.0000 (0.000)	0.0000 (0.000)	0.0000 (0.000)	0.0000 (0.000)
TI	-0.0000 (0.000)	-0.0000 (0.000)	-0.0000 ** (0.000)	-0.0000 (0.000)
FS	-0.0006 (0.001)	-0.0005 (0.001)	0.0005 (0.000)	-0.0005 (0.001)
FIX	-0.0001 (0.000)	-0.0001 (0.000)	0.0000 (0.000)	-0.0001 (0.000)
Constant	0.9104 *** (0.007)	0.9136 *** (0.003)	0.9191 *** (0.003)	0.9132 *** (0.004)
Hausman				15.61 [0.0483]
F_1 检验			55.13 [0.0000]	
F_2 检验		28.23 [0.0000]		
Observations	3562	3562	3562	3562
R-squared	0.025	0.072	0.499	
Number of id		274	274	274

注：小括号内为标准误，*** $p<0.01$，** $p<0.05$，* $p<0.1$。

在双向固定效应模型中，环境规制一次项系数为负，二次项系数为正，即环境规制水平与能源低碳转型绩效之间呈“U”型关系，说明环境规制对能源低碳转型效率的影响确实表现为“U”型非线性关系，假说4－1得到验证。除此以外，当环境规制强度小于0.5525［－0.0221/(－2×0.02)］时，环境规制水平越高，能源低碳转型效率会逐渐降低，从而产生抑制作用；在短时间内，由于企业利润空间压缩，环境规制水平会导致企业无法有效的运转，从而对能源转型具有一定的抑制作用。当环境规制强度大于0.5525时，环境规制水平越高，能源低碳转型效率也会逐渐提升，呈现显著的促进作用，这说明“创新补偿”效应更为显著。在较大力度的环境规制政策之下，严格的环境规制能够督促企业的快速运转，促进能源转型。

除此之外，控制变量的回归结果如下。首先是市场化指数，可以观察到，产业结构对能源低碳转型效率具有抑制作用。这说明，一方面，能源转型需要巨大的资金投入，而传统能源行业具有较高的资金密集度和技术门槛，这就意味着，在传统能源产业中，大公司拥有雄厚的资金和技术优势，并在市场中占有绝对的支配地位，能够通过自身的优势来抑制新能源产业的发展，限制能源转型的效率。另一方面，传统能源行业的龙头企业在政治和经济领域具有强大的影响力和议程设置能力，他们往往拥有与政府和其他有关方面的利益关系，可以通过各种方式来推迟或阻碍新能源政策的实施和能源转型的进程，这也会对能源转型的效率产生抑制作用。其次，技术创新对能源低碳转型效率也具有显著的抑制作用。这说明，技术创新需要时间和资金的支持，而新技术的开发与应用也是一个漫长的过程，这会导致能源转型的进程变慢。在这个过程中，新技术的研发和应用可能会面临很多困难和挑战，这都会对能源转型的效率产生抑制作用。相反，对外开放程度对能源低碳转型效率具有促进作用，这是由于对外开放可以扩大能源市场，增加国内外能源供求的有效对接，并且，对外开放可以促进新能源产品的出口和国际市场拓展，增加新能源的销售量和市场份额，从而促进能源转型的发展。物质资本投资及要素结构同样对能源低碳转型效率具有促进作用。这说明，物质资本投资可以降低新能源生产的成本和运营成本，提高新能源的市场竞争力和应用价值，并且可以优化能源结构，促进新能源的比重提高，减少传统能源对环境的影响，提高能源利用效率和环保效益。另外，企业为了节约成本而更多的使用人力资本，会造成能源就业人数更多，使得能源消费数量减少，因而有利于能源转型绩效的提高。

（四）稳健性检验

本研究首先通过引入解释变量的一阶滞后项对回归模型的稳健性进行检验。其次，通过删除特殊城市，即四大直辖市和省会城市，对回归模型的稳健性进行检验，这是因为特殊城市可能会受到特殊政策的照顾，导致估计结果异常。除此之外，本研究还将被解释变量能源低碳转型效率进行替换，利用规模报酬可变（VRS）模型计算出来的能源转型效率结果替换利用 EBM 超效率计算出来的能源转型效率结果，以此对回归模型进行稳健性检验，其中 VRS 计算出来的效率结果由 EE2 表示。在前面检验的基础之上，在回归模型中加入一个三次项（ER3），以此可以检验这种关系是否可能是“S”型的而不是“U”型的。如果发现三次项没有改善模型的拟合，则为二次关系提供了更有力的支持。表 4－6 中列出了具体的稳健性检验结果。其中，第（1）列为解释变量一阶滞后的稳健性检验结果，第（2）列为删除特殊城市之后的回归结果，第（3）列为利用 VRS 计算的能源转型效率进行的回归结果，第（4）列为引入环境规制三次项后的回归结果。

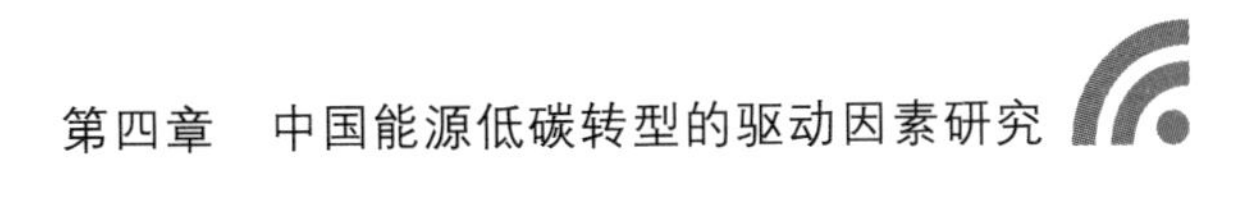

表4-6　稳健性检验回归结果

变量	(1) EE	(2) EE	(3) EE2	(4) EE
L. er	-0.0164* (0.009)			
L. er2	0.0161** (0.007)			
ER		-0.0301*** (0.011)	-0.1268** (0.060)	-0.0291 (0.022)
ER2		0.0267*** (0.009)	0.0837* (0.044)	0.0305 (0.031)
ER3				-0.0046 (0.013)
IS	-0.0023** (0.001)	-0.0020** (0.001)	-0.0058 (0.004)	-0.0021** (0.001)
FDI	-0.0000 (0.000)	0.0000 (0.000)	-0.0000 (0.000)	0.0000 (0.000)
TI	-0.0000* (0.000)	-0.0000 (0.000)	-0.0001 (0.000)	-0.0000** (0.000)
FS	0.0004 (0.000)	0.0003 (0.000)	0.0026 (0.002)	0.0005 (0.000)
FIX	0.0000 -0.0164*	0.0000 (0.000)	0.0001 (0.000)	0.0000 (0.000)
Constant	0.9545*** (0.003)	0.9551*** (0.003)	1.0219*** (0.019)	0.9203*** (0.005)
Observations	3288	3172	3562	3562
Number of id	274	244	274	274

注：小括号内为标准误，*** p<0.01，** p<0.05，* p<0.1。

从表4－6中可以发现，引入一阶滞后项后，所得到的结果与最初的回归结果是一致的，且达到了规定的显著水平。其中，环境规制一次项系数为负，二次项系数为正，说明环境规制水平对不同区域城市能源低碳转型效率之间仍然呈“U”型关系，假说4－1依然成立。删除特殊城市之后，所得结果也与最初的回归结果一致，达到了1%的显著水平，环境规制强度与不同区域城市能源低碳转型效率依然成“U”型关系。除此之外，将被解释变量能源低碳转型效率进行替换之后，所得结果与最初回归结果一致，在5%水平下显著。再者，解释变量中引入环境规制的三次项之后，发现回归结果不再显著，且环境规制水平和能源低碳转型效率之间不再呈“U”型关系，说明三次项并没有改善模型的拟合程度，二次关系更好。最后，产业结构、技术创新对能源效率的影响与前文一致。综上所述，四种方法均通过了稳健性检验，说明基准回归结果具有稳健性。

（五）内生性检验

在此基础上，本研究又引入了GMM动态面板回归模型，以此处理内生性问题。其中，在AR自相关检验中，扰动项差分项存在一阶自相关与二阶自相关，但不存在三阶自相关。Sargen、Hansen检验中，由于Hansen检验P>0.05，接受原假设，说明工具变量有效，内生性得以处理。具体估计结果如表4－7所示，可以发现动态与静态两种模型的估计结果基本一致。第（5）列显示了环境规制强度对能源低碳转型绩效的影响方向，同样支持假说4－1中两者之间符合“U”型的非线性关系，其中GMM动态面板回归的拐点（0.6615）大于静态面板的估计结果。控制变量的估计也获得了较好的稳健性结果，其中技术创新通过了1%的显著性检验。

表 4-7　　GMM 动态面板回归模型

变量	(1) 混合效应 EE	(2) 个体固定 EE	(3) 双向固定 EE	(4) 随机效应 EE	(5) GMM 动态面板 EE
ER	-0.0945*** (0.019)	-0.0956*** (0.010)	-0.0221** (0.010)	-0.0954*** (0.010)	-0.0217** (0.010)
ER2	0.0524*** (0.015)	0.0401*** (0.008)	0.0200** (0.008)	0.0412*** (0.007)	0.0164** (0.008)
IS	0.0041** (0.002)	0.0051*** (0.001)	-0.0021** (0.001)	0.0050*** (0.001)	-0.0008 (0.001)
FDI	0.0000 (0.000)	0.0000 (0.000)	0.0000 (0.000)	0.0000 (0.000)	0.0000 (0.000)
TI	-0.0000 (0.000)	-0.0000 (0.000)	-0.0000** (0.000)	-0.0000 (0.000)	-0.0000*** (0.000)
FS	-0.0006 (0.001)	-0.0005 (0.001)	0.0005 (0.000)	-0.0005 (0.001)	0.0005 (0.000)
FIX	-0.0001 (0.000)	-0.0001 (0.000)	0.0000 (0.000)	-0.0001 (0.000)	-0.0000 (0.000)
Constant	0.9104*** (0.007)	0.9136*** (0.003)	0.9191*** (0.003)	0.9132*** (0.004)	0.3392*** (0.020)
Observations	3562	3562	3562	3562	3288
R-squared	0.025	0.072	0.499		
Number of id		274	274	274	274

注：小括号内为标准误，*** p<0.01，** p<0.05，* p<0.1。

（六）城市类型异质性分析

因为不同地区的城市在环境规制和能源转型发展上都有很大的差别，所以对城市样本进行的回归分析中，很有可能会忽略地区之间的差别。因此，本研究将 274 个城市分为东部、中部、西部三个部分，分别研究环境规制水平对不同区域城市能源低碳转型绩效的差异性影响，估计结果如表4-8所示。从表中可以看出，环境规制水平对不同区域城市能源低碳转型效率之间仍然呈“U”型关系，假说4-1依然成立。其中，东部地区和西部地区均为通过显著性水平检验，其中，中部地区环境规制水平系数与环境规制二次项系数均在1%的水平下显著。就中部地区而言，与全样本检验结果基本一致，这说明中部地区发展缓慢，环境相对恶劣，基础设施和城市发展水平较不完善，进行环境规制不利于市场结构调整和经济发展，最终不利于能源低碳转型效率的提升，影响其经济发展速度。不同的是，中部地区对外开放程度对能源低碳转型效率呈现抑制作用，这说明中部地区对外开放可能会带来经济增长和消费升级，进而增加能源需求，使能源消耗更加剧烈，难以有效控制能源的消耗和减少对环境的污染。并且，对外开放可能会导致能源政策的调整和变化，使得能源市场的投资环境和政策环境不确定，难以为新能源的发展提供稳定的政策支持和市场保障，从而抑制能源转型的发展。

表4-8　　中部、东部、西部实证检验结果

变量	(1) 东部 EE	(2) 中部 EE	(3) 西部 EE
ER	-0.0011 (0.014)	-0.0464*** (0.013)	-0.0170 (0.016)
ER2	0.0063 (0.010)	0.0341*** (0.009)	0.0186 (0.012)
SCH	-0.0001 (0.002)	-0.0033* (0.002)	-0.0042** (0.002)
FDI	0.0000 (0.000)	-0.0000 (0.000)	0.0000 (0.000)
JR	-0.0000 (0.000)	-0.0000 (0.000)	-0.0001 (0.000)

续表

变量	(1) 东部 EE	(2) 中部 EE	(3) 西部 EE
FS	0.0005 (0.001)	0.0014 (0.001)	0.0000 (0.001)
FIX	0.0000 (0.000)	0.0001 (0.000)	-0.0000 (0.000)
Constant	0.8839*** (0.005)	0.8867*** (0.005)	0.8878*** (0.005)
Observations	1261	1235	1066
R - squared	0.763	0.745	0.778

注：小括号内为标准误，*** $p<0.01$，** $p<0.05$，* $p<0.1$。

（七）机制分析—调节效应模型

为研究“环境规制—市场化水平—能源低碳转型”“环境规制—金融深化—能源低碳转型”两种影响机制，本研究构建调节效应模型，其中，市场化水平指数、金融深化指数为调节变量，检验是否存在调节效应。如表4-9所示，以市场化水平指数、金融深化指数为调节变量的调节效应通过显著性检验。首先，分析以市场化水平指数为调节变量的调节效应模型，第（1）列、第（2）列分别为无交互项和有交互项下的模型回归结果，报告了市场化水平在环境规制强度影响能源低碳转型绩效发展过程中起到调节效应。从第（2）列报告结果中可以看出，环境规制与市场化指数的交互项（*interaction*1）在1%的水平下显著且为正，主效应中环境规制系数显著为负，这说明调节变量削弱了环境规制强度对能源低碳转型绩效的负向影响关系，即各市市场化水平对环境规制与能源低碳转型效率间的影响关系具有显著的抑制作用。其中，城市市场化水平的系数显著为负，说明环境规制强度和城市市场化水平在影响能源低碳转型效率中具有明显的替代关系。在全国层面上，各市市场化水平在环境规制对能源低碳转型绩效上起到调节作用，城市市场化水平会抑制环境规制下能源低碳转型的发展，假说4－2得到验证。其中，可能的原因主要是城市市场化水平的提高通常会促进市场竞争和经济发展，进而吸引更多的投资和企业进入城市，但同时也会引发一系列环境问题，如能源消耗增加、污染排放等。这时，政府需要采取环境规制措施来限制这些不良影响。然而，由于市场机制的存在，环境规制往往会增加企业的成本，在市场竞争中处于劣势，使企业在低碳转型的要求下面临更大的挑战。如果城市市场化水平过高，政府环境规制强度过大，将使企业难以为继，进而抑制了能源低碳转型的发展。其次，分析以金融深化指数为调节变量的调节效应模型，第（3）列、第（4）列分别为无交互项和有交互项下的模型回归结果，报告了金融深化在环境规制强度影响能源低碳转型绩效发展过程中起到的调节效应。从第（4）列报告结果可以看出，环境规制与金融深化指数的交互项（*interaction*2）在5%的水平下显著且为正，主效应中环境规制系数显著为负，这说明调节变量削弱了环境规制强度对能源低碳转型绩效的负向影响关系，即各市金融深化水平对环境规制与能源低碳转型效率间的影响关系具有显著的抑制作用。其中，城市金融深化水平的系数显著为负，说明环境规制强度和城市金融深化水平在影响能源低碳转型效率中具有明显的替代关系。说明在全国层面上，各市金融深化水平在环境规制对能源低碳转型绩效上起到调节作用，城市金融深化水平会抑制环境规制下能源低碳转型的发展，假说4－3得到验证。这说明，城市金融深化水平的提高，会促使更多的资金流入城市经济领域，包括房地产、金融、零售等行业，这些行业通常是高碳排放的行业。为了追求更高的经济增长和盈利，这些行业可能会忽略环境规制，采取更多的高耗能、高排放的生产方式，会加剧环境污染和能源的消耗。另外，由于城市金融深化水平的

提高，大量资金流入这些传统行业，可能缺少对于环境友好行业的投资和支持，导致环保产业和可再生能源项目得不到足够的资金支持。

表4－9　　　　　　　　　　　　调节效应回归结果

变量	(1) 无交互项 EE	(2) 有交互项 EE	(3) 无交互项 EE	(4) 有交互项 EE
ER	−0.0133*** (0.004)	−0.0715*** (0.017)	−0.0162*** (0.004)	−0.0253*** (0.006)
IS	0.0020 (0.002)	0.0018 (0.002)	0.0013 (0.002)	0.0013 (0.002)
TI	−0.0000 (0.000)	−0.0000 (0.000)	−0.0000 (0.000)	−0.0000 (0.000)
SCH	−0.0044*** (0.000)	−0.0071*** (0.001)		
JR			−0.0171*** (0.001)	−0.0219*** (0.002)
*interaction*1		0.0052*** (0.002)		
*interaction*2				0.0082** (0.004)
Constant	0.9321*** (0.004)	0.9617*** (0.009)	0.9047*** (0.003)	0.9098*** (0.004)
Observations	3561	3561	3561	3561
R－squared	0.063	0.067	0.090	0.091

注：小括号内为标准误，*** $p<0.01$，** $p<0.05$，* $p<0.1$。

五、研究结论与政策建议

中国能源消费量仍然非常大，碳排放量也位居全球榜首。在进入转变经济发展方式的关键阶段，为实现节能减排、绿色发展等关键目标，中国更需要提高能源的使用效率。基于这一思考，本研究从能源利用视角切入，考察了环境规制对能源低碳转型绩效的影响。具体而言，本研究基于文献综述和经济理论提出了假说4－1～假说4－3，然后使用中国2007～2019年274个城市各指标，通过熵值法和超效率EBM模型衡量了环境规制强度和能源低碳转型效率，通过构建静态面板模型和动态面板模型识别了环境规制与能源低碳转型效率之间的“U”型关系，并且以市场化水平和金融深化作为调节变量，研究了“环境规制—市场化水平—能源低碳转型”“环境规制—金融深化—能源低碳转型”两种影响机制。研究结果表明：(1) 在静态与动态面板模型下，环境规制与能源低碳转型效率之间存在显著的“U”型非线性影响，假说4－1成立。且考虑GMM动态面板模型等一系列稳健性检验后，结论依然成立。(2) 研究结果还表明，环境规制水平对不同区域城市能源低碳转型绩效的影响具有显著差异，其中中部地区最为明显。(3) 进一步研究“环境规制—市场化水平—能源低碳转型”“环境规制—金融深化—能源低碳转型”两种影响机制，得出各市市场化水平和金融深化水平在环境规制对能源低碳转型绩效上起到调节作用，抑制环境规制下能源低碳转型的发展，假说4－2、假说4－3成立。

根据以上结论，本研究可以为环境规制政策制定、城市能源低碳转型效率发展提供依据。具体而言可以得到以下政策启示。

(1) 提高环境规制水平。短期内，提高环境规制强度对企业的生产具有较大的促进作用，并且对技术创新也具有一定的激励作用。因此，企业可以利用技术手段，实现清洁生产，这对能源节约、集约高效利用有好处，从而对能源低碳转型有好处。

(2) 实现经济均衡发展。基于大中城市与小城市的环境规制与能源低碳转型的异质性，各区域应携手发展经济，避免出现区域间产业结构不合理现象，从而不利于能源低碳转型，

（3）推进资源节约、集约高效利用。针对非资源型城市环境规制与能源低碳转型之间无显著关系这一结论，为避免出现“资源诅咒”现象，企业应从依靠资源大量投入转向提高利用效率上来，增加投入产出比，以较小资源成本创造更高经济效益。

（4）考虑市场经济的推进。政府应该综合运用各种政策工具，逐步放开市场准入门槛，降低市场准入门槛，打破行业壁垒，提升市场竞争力，激发市场经济的活力。

（5）考虑金融发展水平。针对金融发展水平较高时，会抑制环境规制下能源低碳转型的发展，应控制金融发展水平。一方面，限制金融机构的资产规模，避免过度扩张和过度杠杆化；另一方面，建立健全金融监管体系，加强对金融机构的监管力度。

本研究也存在某些方面的不足，例如数据的搜集没有达到最新的年份，目前只能搜集到2019年及之前的数据。在能够充分搜集到数据的前提下，2019年以后的各国能源转型绩效及环境规制水平还有待研究。由于新冠疫情的影响，目前世界各国的能源转型绩效受到了强烈的冲击，提高能源转型效率仍是目前世界各国的重中之重。

第二节　绿色技术创新对能源低碳转型的影响

一、研究背景

全球气候与生态环境恶化是人类面临的巨大挑战，温室效应、新冠疫情以及旱灾涝灾是大自然对人类发出的警告。环境危机问题将会给人类生产生活、经济发展等带来一系列负面影响，因此我国乃至全世界各国只有认识问题本源及推动人类与自然协调发展，才能实现可持续发展目标。中国作为世界上最大的碳排放国之一，经济发展正处于高速度向高质量发展转型的关键阶段，为实现能源转型与绿色经济可持续发展，主动适应全球低碳转型浪潮，制订了一系列工业低碳减排计划，提出在2030年我国碳排放达到峰值，2060年实现碳中和。党的二十大明确指出我国目前仍存在科技能力还不强、能源结构还不够优化、生态保护意识还有待提升等阻碍中国高质量发展的重大问题。需深入推进能源低碳转型，加快建设可持续新能源体系，积极助推实现碳达峰、碳中和，从而推动绿色可持续发展。为避免走先污染后治理发展之路，中国发展开始注重质与量并重的发展（王韶华等，2023）。对此，国家在“十四五”规划中进一步提出支持绿色技术创新，推进清洁生产，发展环保产业，推进重点行业和重要领域绿色化改造，降低碳排放强度。这为在新发展格局背景下培育新兴产业、加快产业结构优化、以绿色发展为主的经济高质量发展指明了方向。

绿色技术创新是驱动绿色发展的根本动力，能为可持续发展提供绿色技术支持，同时绿色发展又是绿色技术创新的最终目标。中国绿色创新近几年处于上升阶段，但与科技发达国家仍存在一定差距。《中国绿色专利统计报告（2014—2017）》指出，2017年中国绿色技术创新成果（有效绿色专利拥有量）前20名的持有人中，只有3家国内企业，绿色技术创新正成为全球新一轮科技革命和能源转型的重要新兴领域（张玉明等，2021）。我国能源活动所产生的碳排放量占全国的87%，推动能源革命与低碳转型，是有力抓住实现碳达峰、碳中和目标的“牛鼻子”关键所在（宋敏和龙勇，2022）。碳达峰、碳中和目标对我国以煤炭为主的能源结构提出了新的更高要求，能源绿色低碳转型需要发挥市场的决定性作用，同时也要有效发挥政府的作用。我国作为绿色低碳发展的倡导者和践行者之一，能源低碳转型是实现绿色低碳发展的关键因素与实现人与自然和谐共生现代化发展的重要抓手。在此背景下，本书从中国278个城市2006年到2019年视

角下系统识别绿色技术创新对能源低碳转型的影响效应，回答了不同路径下如何提高能源转型效率，以及如何因地制宜地发挥城市自身优势加速能源转型等。研究贡献如下：一是深度剖析了绿色技术创新对能源低碳转型的因果关系，对两者之间可能存在的非线性特征进行理论梳理与实证检验，以绿色技术创新与能源低碳转型视角为提高能源效率扩宽研究视野，提供理论参考；二是为城市层面寻找切实可行的能源转型路径提供思路借鉴，有助于拓展城市的能源革命与绿色发展路线，驱动城市技术创新与环保意识提高，最终形成面向社会整体的绿色经济溢出效应。

本节内容安排如下：第二部分进行理论梳理并提出研究假说；第三部分为研究设计，设置合适模型与变量介绍；第四部分为基于模型与研究框架，对假设进行验证，并探讨稳健性与异质性研究；第五部分为进一步分析，对绿色技术创新对能源低碳转型影响的具体路径进一步探究；第六部分结论与政策启示，根据研究内容与研究结果整理出研究结论并提出相应政策建议。

二、理论机制与研究假说

绿色科技作为产业结构高级化与能源结构优化的重要推动力，是实现“双碳”目标的关键突破口。“波特假说”提出加大环境规制力度可以迫使企业进行技术创新、采用新的工艺与材料实现生产方式改革从而提高生产效率，实现绿色发展。针对我国碳排放总量大、“双碳”目标周期短、能源结构复杂等问题，应加强低碳、零碳技术创新的战略性部署，分区域、有针对性地开展节能减排技术的研发与升级工作（张贤等，2021）。但对于企业来说，首先，技术创新投入与推广是处于不断增加的投资过程；其次，绿色产品存在公共产品属性，绿色技术创新表现出明显的外部性。所以绿色创新技术具有产品融合周期与技术迭代，融入产品企业经营管理体系与工艺流程体系使得技术创新存在滞后期与周期性，对于能源低碳转型可能存在抑制过程（卿玲丽等，2022）。而从长期来看，绿色技术创新将实现“经济效益”与“环境效应”双赢的局面（Adebayo et al.，2023），绿色技术创新与能源低碳转型效率提升之间可能表现为显著的正“U”型非线性关系，基于上述梳理，本章提出假说4-4：

假说H4-4：当其他条件不变时，绿色技术创新对我国能源低碳转型的作用呈现出明显的正“U”型特征，即随着绿色技术创新水平的提高，能源低碳转型绩效会呈现先下降后上升的变化趋势。

低碳全球化背景下，绿色环保可持续发展已成为全球发展共识，也是新时期我国发展的重要导向。环保注意力是指政府、企业与民众对于环境保护和能源有效利用的一种认知与意识，政府和企业也越发重视低碳环保生产与生活。能源低碳转型正是在这种背景下成为全球热点话题，且研究发现环保注意力的提高能够推动能源低碳转型的进展（张哲华和钟若愚，2023）。经过多年的探索和实践，一些发达国家和地区已经在低碳转型方面取得了不俗的成绩，但在环境污染严重与气候变化日益严重的时代，传统的政策法规和标准体系亟待升级与更新。环保注意力的提升带动环境监管的加强，地方政府通过规制效应与遵从效应引导企业绿色生产，从而提高环境治理绩效，从根本意识上增强企业与个体环保意识与资源保护理念，进一步降低非期望碳排放产出（杜江和龚新蜀，2023）。除此之外，产出结构与就业结构合理化一方面提高资源禀赋利用效率，加速能源低碳转型；另一方面，对于加快经济增长，实现共同富裕与现代化发挥重要作用（付子昊和景普秋，2022）。基于上述梳理，本章提出假说4-5：

假说H4-5：当其他条件不变时，环保注意力在技术创新与能源低碳转型中起到中介作用。

目前，高耗能、高污染的产业是二氧化碳排放的最主要来源，而

产业结构高级化可以培育以清洁能源为代表的新兴产业，促进能源低碳转型。这主要是由于产业结构能够替换原有高耗能、高排放的生产设备和更新生产技术，加快地方之间新技术的交流、融合以及推广，进一步完善劳动力市场，加强产业间的分工协作，形成区域能源间闭合的物质流，从而有效提高地方能源使用效率与能源转型进程（Xu & Dong，2023）。随着产业结构合理化因素的加强，政府与企业制定产业定位政策时，根据地区差异有针对性制定绿色转型发展战略与创新要素定位，通过绿色产品、先进技术创新扩散与地域间的绿色知识溢出，集中地区绿色创新活动，这样不仅能够降低绿色创新活动的不确定性与缩短绿色技术更新的周期性，而且降低绿色技术研发与成果转化的成本，最终产业结构升级协同绿色技术创新活动共同推动区域绿色能源转型效率。基于上述梳理，本章提出假说4－6：

假说H4－6：当其他条件不变时，产业结构优化会促进绿色技术创新下能源低碳转型的发展，即产业结构优化对绿色技术创新影响能源低碳转型中起到正向调节作用。

三、研究设计

（一）模型设定

本研究选取中国278个地级市2006～2019年的数据为研究样本，探讨绿色技术创新与绿色能源低碳转型的关系，构建普通面板回归模型如下：

$$EE_{it} = \alpha_0 + \beta_1 GTI_{it} + \lambda_i + \lambda_t + \mu_{it} \tag{4-14}$$

$$EE_{it} = \alpha_0 + \beta_1 GTI_{it} + \beta_2 control_{it} + \lambda_i + \lambda_t + \mu_{it} \tag{4-15}$$

$$EE_{it} = \alpha_0 + \beta_1 GTI_{it} + \beta_2 GTI_{it}^2 + \lambda_i + \lambda_t + \mu_{it} \tag{4-16}$$

$$EE_{it} = \alpha_0 + \beta_1 GTI_{it} + \beta_2 GTI_{it}^2 + \beta_3 control_{it} + \lambda_i + \lambda_t + \mu_{it} \quad (4-17)$$

其中，EE 是本书的被解释变量能源低碳转型，GTI 为核心解释变量绿色技术创新，$control_{it}$是一系列控制变量，包括金融发展水平（JR）、外资强度（FDI）、人力资本水平（HCI）以及城镇化水平（Urb），λ_i是城市固定效应，λ_t是年份固定效应，μ_{it}是随机误差项。本书主要关注的系数是 β_1 和 β_2，若 β_2 为正，则能源低碳转型与绿色技术创新呈现正“U”型关系，反之则呈现倒“U”型关系。

为了解决潜在的内生性问题，本书基于两阶段最小二乘方法（2SLS）构造如下模型：

$$GTI_{it} = \alpha_0 + \beta_1 GE_{it} + \beta_2 control_{it} + \lambda_i + \lambda_t + \mu_{it} \quad (4-18)$$

$$EE_{it} = \alpha_0 + \beta_1 GTI'_{it} + \beta_2 control'_{it} + \lambda'_i + \lambda'_t + \mu'_{it} \quad (4-19)$$

式（4－18）和式（4－19）展示了第一阶段和第二阶段的回归过程，GE 是政府科学支出，作为绿色技术创新的工具变量，GTI'_{it}是绿色技术创新在第一阶段回归结果的拟合值。

此外，本书认为绿色技术创新会影响城市的环保注意力与产业结构合理性，从而达到能源转型效率的提升。因此，为检验环保注意力和产业结构合理化在绿色技术创新促进能源转型效率的过程中起到的中介作用，借鉴 Liang 和 Renneboog（2017）的两阶段模型进行研究。

$$CV_{it} = \alpha_0 + \alpha_1 GTI_{it} + \alpha_2 control_{it} + \lambda_i + \lambda_t + \mu_{it} \quad (4-20)$$

$$EE_{it} = \beta_0 + \beta_1 p\_CV_{it} + \beta_2 control_{it} + \lambda_i + \lambda_t + \mu_{it} \quad (4-21)$$

式（4－20）和式（4－21）中，CV_{it}表示机制变量：环保注意力、产业结构合理化，p_CV_{it}表示机制变量预测值。为更全面地考察“绿色技术创新—产业结构优化—能源低碳转型”的具体影响机制，本研究进一步使用调节效应模型来探究绿色技术创新对能源低碳转型效率的影响。因此，构建以产业结构优化为调节变量的调节效应模型：

$$EE_{it} = \alpha_0 + \beta_1 GTI_{it} + \beta_2 GTI_{it}^2 + \beta_3 GTI_{it} \times AIS_{it} + \beta_4 GTI_{it}^2 \times AIS_{it} + \beta_5 AIS_{it} + \beta_6 control_{it} + \lambda_i + \lambda_t + \mu_{it} \quad (4-22)$$

其中，AIS_{it}表示调节变量产业结构优化，$GTI_{it} \times AIS_{it}$为解释变量绿色技术创新一次项与产业结构优化交互项，$GTI_{it}^2 \times AIS_{it}$为解释变量绿色技术创新二次项与产业结构优化交互项。

（二）指标说明

1. 被解释变量

能源低碳转型绩效（*EE*）。超效率EBM模型能够处理目标值与实际值的径向比例，增强决策单元相对可比性，所以本书参考林丽梅等（2022）的研究，利用托恩提出的超效率EBM模型，以资本、劳动和能源作为投入，以实际GDP平减处理后作为期望产出，以二氧化碳、工业二氧化硫、工业烟尘排放以及废水排放作为非期望产出，采用数据包络分析方法中的超效率EBM测算了能源低碳转型效率作为能源低碳转型绩效的代理变量。

2. 解释变量

绿色技术创新（*GTI*）。参照蔡等（Cai et al.，2020）及韩先锋等（2023）的研究，选择绿色发明型专利和绿色实用新型专利的申请总数量之和的对数值衡量绿色技术创新。具体参照2010年世界知识产权组织推出的“国际专利分类绿色清单”。该清单分为七大类：替代能源生产、交通运输、能源节约、废弃物管理、农林、行政监管与设计与核电，通过中国国家知识产权局专利检索与数据分析网站收集并整理城市的绿色专利数据资源，用来衡量城市绿色技术创新水平。

3. 控制变量

金融发展水平（*JR*）。采用城市当年银行存款和贷款总额之和与GDP的比值衡量。可以衡量地区经济水平，金融发展水平的提高可以促进产业结构转型与高级化，对环保能源技术提供支持与鼓励，是加快能源转型效率与低碳减排进程的重要手段。

外资强度（*FDI*）。采用当年实际使用外资金额与GDP的比值衡量。外资强度也在一定程度上体现我国开放水平，开放水平的提高有利于增加外资数量与技术创新要素聚集，获得先进管理经验与创新型技术，从而逐步提高对能源资源的利用效率与转型质量。

人力资本水平（*HCI*）。采用高等学校在校学生数与年末总人口的比重衡量。人才引进与培养一直是我国重点关注项目，数字时代对于教育型与技能型人才的需求较高，人力资本结构高级化有利于提高科技创新效率，正面激励财政金融技术与能源产业协调发展，双向稳妥促进能源绿色低碳转型。

城镇化水平（*Urb*）。采用城镇常住人口与城市常住总人口比重衡量。城镇化水平能够体现城市发展水平，而能源转型具有周期性特点就需要城市具有一定发展水平作为良好基础支撑。

4. **中介变量**

环保注意力（*EP*）。采用地级市层面"环境保护""环保""污染处理""低碳减排""环境质量""二氧化碳"等城市关键词频占整个词频总量的比重测度环保注意力。环保理念高度与城市环境质量、低碳减排转型息息相关，一个好的城市环保理念能够提高企业与市民环境保护意识与能源使用效率。

产业结构合理化（*RIS*）。借鉴阳结南和陈垚彤（2023）采用泰尔指数进行度量。产业结构合理化是反映产业结构间比例关系优化和资源利用效率的指标，具体计算公式为：

$$RIS = \sum_{i=1}^{n}\left(\frac{Y_i}{Y}\right)\ln\left(\frac{Y_i/L_i}{Y/L}\right) \quad (4-23)$$

其中，RIS 为产业结构合理化，Y 表示产业 GDP，L 为就业人数，i 表示各个产业，Y_i/Y 表示产业结构。泰尔指数为逆向指数，越接近0说

明产业结构越合理。实现能源结构低碳转型，提高区域产业间聚合质量与资源禀赋利用率较为关键。

5. 调节变量

产业结构高级化（*AIS*）。根据干春晖等（2011）的研究，产业结构优化仅产业结构合理化还不够，经济需向“服务化”方向发展的高度化攀升。使用第三产业生产总值与第二产业生产总值之比表示。在优化能源配置过程中，地方政府和企业会倾向于生产性服务业的大量聚集，以促进能源行业与服务业融合，跨越产业高级化瓶颈。同时，产业高级化协调绿色技术创新推动能源低碳转型效率的提高。

6. 描述性统计

基于数据的可得性，本书采用2006～2019年278个城市数据，数据来源于《中国统计年鉴》《中国城市统计年鉴》《中国能源统计年鉴》以及《中国环境统计年鉴》。表4－10报告了各变量的描述性统计结果。

表4－10　　　　各变量描述性统计

变量	变量定义	*N*	均值	标准差	最大值	最小值
EE	能源低碳转型绩效	3892	0.9266	0.0582	1.0363	0.6456
GTI	绿色技术创新	3892	4.5562	1.8160	10.4537	0.6931
JR	当年银行存、贷款总额与国内生产总值（GDP）的比值	3892	2.2292	1.1679	21.3015	0.5879
FDI	实际使用外资金额与国内生产总值（GDP）比值	3892	0.0184	0.0193	0.2116	1.00E－10
HCI	高校在校学生数比总人口数	3892	0.0168	0.0227	0.1311	1.00E－15
Urb	城镇常住人口与城市常住总人口比重	3892	5.1869	0.7428	7.7028	2.9465
EP	城市绿色类词频比总词频	3892	0.2759	0.1057	0.8060	0.0000

续表

变量	变量定义	N	均值	标准差	最大值	最小值
RIS	泰尔指数	3892	0.2702	0.2032	1.7219	0.0001
AIS	第三产业产值比第二产业产值	3892	0.9180	0.5077	5.1683	0.0943

四、实证结果与分析

（一）基准回归结果分析

基准回归结果如表4－11所示，考察了绿色技术创新对能源低碳转型绩效的影响。被解释变量为能源低碳转型效率（*EE*），解释变量为绿色技术创新水平（*GTI*）。模型（1）加入能源低碳效率的绿色技术创新水平进行固定效应分析，为检验绿色技术创新水平对能源低碳转型效率的影响是否存在线性关系。结果显示，系数为负且在1%水平下显著，即绿色技术创新水平负向抑制能源低碳转型效率。模型（2）考虑到时间与城市的区间差异影响回归结果，加入时间与城市双固定效应，系数为0.001，正向促进能源低碳转型效率但不显著。因此，考虑绿色技术创新与能源低碳转型效率的非线性关系，模型（3）、模型（4）和模型（5）在模型（1）基础上加入绿色技术创新水平平方，模型（3）引入Hausman检验，检验结果显示P值为0.000<0.05，显然拒绝原假设，故绿色技术创新与能源低碳转型绩效之间呈现非线性关系，采用时间与城市双固定效应。从模型（4）可看出绿色技术创新水平一次项系数为负，二次项系数为正，说明技术创新与能源低碳转型绩效之间呈正“U”型关系。模型（5）在模型（4）基础上加入控制变量，消除其他变量的影响，调整后的拟合优度为0.678，高于模型（4）中的拟合优度（0.675），故选用模型（5）更符合实际。基准回归结果显示，绿色技术创新一次项系数为

-0.0045，二次项系数为0.0007，一次项系数在5%水平下显著，二次项在1%水平下显著，仍呈正"U"型关系，绿色技术创新对能源低碳转型绩效产生先抑后促作用，假说4-4得到验证。当绿色技术创新水平小于3.214时，绿色技术创新水平增加反而会使能源低碳转型效率降低，当绿色技术尚未成熟时，技术创新并没有完全融入产业经营管理体系与工艺流程体系，再加上技术自身迭代问题等在初期凸显，此时大力发展经济、推广绿色创新技术需要消耗能源燃料等资源，对环境产生负外部性，加重碳排放强度，抑制城市能源低碳转型效率。当绿色技术创新水平大于3.214，绿色技术完成与其他产业融合与产品推广，技术成熟，能够减少城市碳排放、提高能源利用效率的同时增加清洁型能源的使用，对能源低碳转型效率起到促进作用。

表4-11　　基准回归结果

变量	能源低碳转型效率				
	Model (1)	Model (2)	Model (3)	Model (4)	Model (5)
GTI	-0.0176*** (-30.20)	0.001 (0.80)	-0.0213*** (-11.67)	-0.0042** (-2.27)	-0.0045** (-2.47)
GTI^2			0.0007*** (3.40)	0.0007*** (3.49)	0.0007*** (3.61)
JR					-0.0033*** (-2.96)
FDI					0.0931** (2.26)
HCI					-0.1902* (-1.87)
Urb					0.00067 (0.92)

续表

变量	能源低碳转型效率				
	Model（1）	Model（2）	Model（3）	Model（4）	Model（5）
Constant	1.0067*** (369.91)	0.922*** (165.07)	1.0079*** (209.20)	0.9293*** (159.82)	0.9356*** (115.80)
Hausman			170.41		
p			0.000		
Year	NO	YES		YES	YES
city	NO	YES		YES	YES
Obs	3892	3892	3892	3892	3892
Adj R - squared				0.675	0.678

注：小括号内为t值，***代表 $p<0.01$，**代表 $p<0.05$，*代表 $p<0.1$。下同。

另外，从控制变量视角看，以模型（5）为例，金融发展水平系数为-0.0033***，显著为负，说明金融发展水平对能源低碳转型具有抑制作用。现有能源金融产品主要针对传统能源行业，对于新型能源转型业务的改进与研发存在定位不准确，放款流程存在周期性等信息不匹配问题，同时在互联网市场下金融机构与能源市场系统尚未完成网络化，现有金融产品并不能真正解决能源低碳转型现有问题，甚至存在负向抑制作用。外资强度系数为0.0931**，显著为正，表明外资强度对能源低碳转型存在正向促进作用，外商投资加速投资技术溢出效应，加大结构调整力度，提供能源转型资金支持，降低能源消耗并提高利用效率。人力资本负向抑制能源低碳转型，我国能源行业人力结构仍处于传统模式，关键环节与关键岗位缺失现象亟须解决，对能源转型没有起到促进作用，应针对当前数字化时代进行人力资本结构优化，适应能源转型需要。城镇化水平能够正向促进能源低碳转型但不显著，城镇化水平一定程度上能够显示地区发展水平，发展水平能够为能源转型提供良好的转型基础从而加快能源结构向清洁低碳加快转变。

（二）内生性检验

绿色技术创新与能源低碳转型之间可能存在互为因果而导致的内生性问题，本书为避免内生性问题采用时间与城市双固定效应，并控制一系列除绿色技术创新之外可能会影响能源低碳转型的干扰变量，还会存在遗漏变量问题。因此，本书采用政府科学工具变量并基于两阶段最小二乘（2SLS）方法对内生性进行处理，并利用动态面板GMM进一步解决内生性问题，并控制时间与城市固定效应。

将各城市政府科学支出的对数值（GE）作为工具变量，一方面，政府通过增加高新技术产业的财政支出能够加速新技术的开发与升级；另一方面，政府科学支出不会对能源低碳转型产生直接影响，满足工具变量选取要求。从表4-12可以看出，2SLS结果得出政府科技支出与绿色技术创新与绿色技术创新平方项均显著正相关，内生性问题得到解决；第二阶段回归结果表明绿色技术创新对能源低碳转型依然呈现出“U”型非线性关系，表明回归结果的稳健性，同时假说4-4得到进一步验证。动态面板GMM中绿色技术创新对能源低碳转型也呈现假说4-4中先抑制后促进的正“U”型非线性关系，考虑内生性问题后，核心结论进一步得到验证。

表4-12　内生性检验结果

变量	2SLS			动态GMM
	GTI	GTI^2	EE	EE
L. EE				0.5668*** (16.76)
L2. EE				0.3039*** (8.91)

续表

变量	2SLS			动态 GMM
	GTI	GTI^2	EE	EE
GE	0. 1363 *** (10. 62)	1. 5790 *** (11. 41)		
GTI			0. 0114 ** (2. 07)	-0. 0059 ** (-2. 52)
GTI^2			0. 00099 ** (2. 09)	0. 00053 ** (2. 49)
Constant	-0. 1818 (-0. 94)	-13. 4502 *** (-5. 54)	0. 9498 *** (84. 32)	
Underidentification test	143. 38 ***	176. 89 ***		
Weak identification test	168. 35	209. 36		
Stock - Yogo bias critical value	16. 38 (10%)	16. 38 (10%)		
AR (1)				0. 000
AR (2)				0. 617
Control variable	YES	YES	YES	YES
Year	YES	YES	YES	YES
city	YES	YES	YES	YES
Obs	3892	3892	3892	3339

（三）稳健性分析

为保证回归结果的稳定性，本部分分别从替换解释变量、替换被解释变量、剔除被解释变量异常值、引入解释变量三次项消除模型选择偶然性来进一步检验模型的稳定性。所有模型均控制了年份与城市固定效应。

结果如表4-13所示，首先，模型（1）与模型（2）利用绿色发明专利申请数量与绿色实用专利申请数替代核心解释变量并同样进行对数处理，结果表明绿色发明与实用专利申请数一次项系数均为负，

二次项系数均为正，除绿色发明申请的一次项在5%水平下显著，其余均在1%水平下显著，进一步确定绿色技术创新对能源低碳转型的影响呈"U"型先抑制后促进的关系。其次，模型（3）与模型（4）分别对被解释变量进行剔除特殊值与替换处理，模型（3）对城市转型效率进行1%分位和99%分位缩尾处理，结果与基准回归相同，一次项系数为负且在5%水平下显著，二次项系数为正，在1%水平下显著，模型稳健性进一步得到验证。模型（4）基于考虑非期望产出的EBM模型重新测算的城市能源低碳转型效率，结果显示回归结果仍呈现"U"型非线性关系，且在1%水平下显著。最后，参考饶会林等（2005）的做法，模型（5）中增加解释变量三次项验证关系是否存在是"S"型而不是"U"型的可能，结果显示加入三次项后绿色技术创新的各项均不显著，并没有改善模型的拟合，为二次项模型提供更有力支持，假说4－4再一次得到验证。

表4－13　　稳健性检验结果

变量	替换解释变量（GTI_1）	替换被解释变量（GTI_2）	EE缩尾（1%分位和99%分位）	替换核心解释变量（EE_1）	改变模型
	Model（1）	Model（2）	Model（3）	Mode（4）	Mode（5）
GTI			−0.0037** （−2.31）	−0.0360*** （−8.06）	−0.0023 （−0.61）
GTI^2			0.0006*** （3.40）	0.0050*** （11.19）	−0.0002 （−0.19）
GTI^3					0.0004 （0.63）
GTI_1	−0.0028* （−1.95）				
GTI_1^2	0.0007*** （4.06）				

续表

变量	替换解释变量（GTI_1）	替换被解释变量（GTI_2）	EE缩尾（1%分位和99%分位）	替换核心解释变量（EE_1）	改变模型
	Model（1）	Model（2）	Model（3）	Mode（4）	Mode（5）
GTI_2		-0.0049*** （-2.63）			
GTI_2^2		0.0007*** （3.12）			
JR	-0.0030*** （-2.87）	-0.0032** （-2.96）	-0.0026*** （-2.86）	-0.0094*** （-3.46）	-0.0031*** （-2.91）
FDI	0.0989** （2.39）	0.0891** （2.16）	0.0853** （2.24）	0.2085** （2.16）	0.0969** （2.34）
HCI	-0.1879* （-1.84）	-0.1919* （-1.88）	-0.1129 （-1.40）	-0.7013*** （-2.99）	-0.1843* （-1.79）
Urb	0.00067 （0.91）	0.0007 （0.91）	5.79*E*-06 （0.01）	0.0014 （0.92）	0.0007 （0.90）
Constant	0.9288*** （150.59）	0.9389*** （132.47）	0.9397*** （144.75）	0.7296*** （39.75）	0.9327*** （106.93）
Year	YES	YES	YES	YES	YES
city	YES	YES	YES	YES	YES
Obs	3863	3863	3863	3892	3863

注：GTI_1 表示绿色发明专利申请数；GTI_2 表示绿色实用专利申请数；EE_1 为超效率EBM模型测算的能源低碳转型效率。

（四）异质性分析

1. 城市规模异质性分析

由于城市规模大小不同会造成城市之间科技经费投入、人力资本、技术溢出以及创新凝聚等方面存在差异性，导致绿色技术创新对

能源低碳转型的影响可能存在城市异质性。故本书参考（汪玉叶，2023）做法，将常住人口小于300万人的城市定义为中小城市，大于300万人而小于500万人的为大城市，大于500万人常住人口定义为特大城市。结果如表4－14所示，模型（1）和模型（2）回归结果显示中小型城市的绿色技术创新水平对能源低碳转型效率仍呈现正“U”型关系，假说4－4依然成立，加入控制变量后系数均为正且在5%水平下显著，较基准回归显著性降低且“U”型转折点（3.80）右移，可能是因为小城市人力资本结构薄弱、能源利用效率较低、环境规制意识不强以及自身技术创新起点低等问题导致前期技术创新过程对能源转型起到抑制作用并需要更高水平的绿色创新技术支撑。特大城市同样呈“U”型关系并右移转折点（4.80），可能原因是特大城市人口众多，经济水平较高导致能源消耗较高且排放量大，故需要更高水平的绿色创新技术助推能源绿色、可持续转型。大城市最能体现绿色技术创新带来的“红利”，虽然绿色技术创新的一次项不显著但仍是“U”型关系，值得注意的是，与基准回归相比大城市中绿色技术创新对能源低碳转型产生影响的转折点（2.302）左移，这是由于大城市自身拥有能源优势，人力资本结构更加优化，集聚科创企业与绿色创新资源，并能够充分发挥绿色创新专利的应用效应，因而重视大城市技术创新能够加速对能源转型从抑制到正向促进的关键转折。

表4－14　　　　异质性回归结果：基于城市规模大小

变量	中小城市		大城市		特大城市	
	Model（1）	Model（2）	Model（3）	Mode（4）	Model（5）	Model（6）
GTI	−0.0054* （−1.89）	−0.0057** （−2.01）	−0.0026 （−0.83）	−0.0029 （−0.93）	−0.0078* （−1.92）	−0.0096** （−2.37）

续表

变量	中小城市		大城市		特大城市	
	Model（1）	Model（2）	Model（3）	Mode（4）	Model（5）	Model（6）
GTI^2	0.00071 ** (2.04)	0.00075 ** (2.16)	0.00061 * (1.90)	0.00063 * (1.95)	0.00085 ** (2.37)	0.0010 *** (2.82)
JR		-0.0040 ** (-2.26)		0.0011 (0.33)		-0.0040 * (-1.94)
FDI		0.0817 (0.98)		-0.0386 (-0.51)		0.2063 *** (2.72)
HCI		-0.3580 ** (-2.38)		0.1402 (0.68)		-0.1619 (-1.14)
Urb		0.00065 (0.55)		0.0027 * (1.93)		-0.0012 (-0.93)
Constant	0.9348 *** (112.04)	0.95465 *** (81.93)	0.9240 *** (90.87)	0.9072 *** (65.03)	0.9339 *** (73.29)	0.9586 *** (60.68)
Year	YES	YES	YES	YES	YES	YES
city	YES	YES	YES	YES	YES	YES
Obs	1523	1523	1165	1165	1198	1198

2. 经济水平异质性分析

能源低碳转型效率的高低会依赖城市经济高质量发展所带来的绿色创新及技术资源，城市经济发展水平所处阶段不同对于技术创新开发应用与技术升级能力不同，因而能源低碳转型所受绿色技术创新的影响可能具备经济水平差异性。为避免高估经济水平带来回归差异，采用城市人均 GDP 作为经济发展水平的代理变量，参考宋等（Song et al.，2022）将大于 2019 年人均 GDP 值的平均记为高经济发展水平，反之为低经济发展水平。结果显示（见表 4－15），高经济与低经济水平地区一次项均为负且在 5% 水平下显著，高经济水平地区系数为正，在 10% 水平下显著，低经济水平在 1% 水平下显著，绿色技术创

新对于能源低碳转型的影响均仍呈“U”型，与基准回归相同。不同的是，高经济发展水平地区的技术创新对于能源转型影响由负向阻碍到正向推动提出更高要求，技术创新水平需要达到5.262才能实现质的突破，而低经济发展水平地区绿色技术水平达到2.687便能实现抑制转为促进效应。可能的原因是高经济发展水平城市因过度发展经济而忽略环境保护与能源利用效率，需要通过绿色创新聚集不断强化能源效率，实现正向积累循环；而低发展水平城市绿色创新起点较低，能源剩余较为丰富，很容易实现循环积累中提高低碳排放式转型效率。所以，相关部门应重视经济发展水平较低城市的技术创新要素聚集，充分利用能源资源推动大城市创新技术溢出效应，鼓励大城市协同周边小城市，共同助推能源低碳转型进程。

表4－15　　异质性回归结果：基于经济发展水平、环境规制与资源型城市

变量	高经济发展水平	低经济发展水平	高环境规制水平	低环境规制水平	资源型城市	非资源型城市
	Model（1）	Model（2）	Model（3）	Mode（4）	Model（5）	Mode（6）
GTI	－0.01105** （－2.10）	－0.0036* （－1.72）	－0.0037 （－1.20）	－0.0014 （－0.56）	－0.0034 （－0.87）	－0.0039* （－2.34）
GTI^2	0.00105* （1.90）	0.00067*** （2.88）	0.0006* （1.85）	0.0004 （1.37）	0.00044 （0.98）	0.00062*** （2.72）
JR	－0.0108 （－1.59）	－0.0031*** （－2.70）	－0.0024 （－1.47）	－0.0029 （－2.18）	－0.0044** （－2.56）	－0.0027** （－2.02）
FDI	0.1306 （1.43）	0.1262*** （2.60）	0.0872 （1.38）	0.1081 （1.56）	0.1103 （1.06）	0.1106** （2.49）
HCI	－0.4023 （－0.99）	－0.1639 （－1.55）	－0.1773 （－1.09）	－0.2260 （－1.62）	－0.1273 （－0.33）	－0.1872* （－1.75）
Urb	0.0043** （2.26）	－0.00004 （－0.05）	0.0010 （0.93）	0.0010 （0.98）	0.0016 （1.34）	0.00009 （0.10）

续表

变量	高经济发展水平	低经济发展水平	高环境规制水平	低环境规制水平	资源型城市	非资源型城市
	Model（1）	Model（2）	Model（3）	Mode（4）	Model（5）	Mode（6）
Constant	0.9479 *** （39.54）	0.9372 *** （116.53）	0.9247 *** （66.29）	0.9322 *** （97.02）	0.9266 *** （83.78）	0.9394 *** （88.61）
Year	YES	YES	YES	YES	YES	YES
city	YES	YES	YES	YES	YES	YES
Obs	736	3137	1940	1936	1554	2338

3. 环境规制水平异质性分析

环境规制是政府通过颁布行政规定、利用市场机制约束经济发展导致的污染减排问题，倒逼企业绿色技术创新、发展绿色低污染的生产方式，不同环境规制水平下的城市绿色技术创新对于能源转型的影响不同。为了考察不同环境规制强度下，城市能源低碳减排影响效应是否存在异质性差异，本书以企业所在地区政府工作报告中环保词汇占报告总词数的比重作为环境规制强度的代理指标，并按其中位数分为环境规制强组和环境规制弱组进行分类考察，结果如表4-15模型（3）与模型（4）所示，环境规制水平较高城市二次项在10%水平下显著且转折点为3.083，显著低于基准回归中结果，仍呈“U”型关系，高环境规制水平协同绿色技术创新加速促进能源转型效率。环境规制水平较低城市虽是不显著的“U”型关系，但环境规制较低也能在一定程度上加速转折点出现，助推绿色技术创新促进低碳减排进程，从而实现低碳、零碳转型与绿色经济可持续发展目标。

4. 资源型城市异质性分析

资源型城市作为我国能源资源保障基地，对能源低碳转型实现与国民经济健康发展具有重要支撑意义，也是我国全面实现低碳转型发

展的必然选择。本书参照国务院印发的《全国资源型城市可持续发展规划（2013—2020 年）》，将全部 263 个样本城市划分为 111 个资源型城市和 167 个非资源型城市，对不同类型城市进行分类别回归，各个回归均采用时间与城市双固定效应。结果如表 4 - 15 所示，资源型城市与非资源型城市中绿色技术创新对于能源低碳转型效率的影响均呈“U”型，资源型城市系数反而不显著，原因可能是资源型城市对于能源投入较为依赖，且能源使用量较大，绿色创新生产要素综合技术效率较低，因而仅靠技术创新对于转型效率作用不大。非资源型城市系数在 1% 的水平下显著，且拐点（3. 15）较基准回归中左移，表明集中聚集技术创新要素，达到绿色技术成熟水平与创新要素融入产业升级，突破抑制效果为能源转型提供强有力的技术支撑达到碳排放降低。相关政府部门应重视资源城市中能源消耗结构合理化与科学性，更多依靠科技生产力而不是过度消耗能源资源。

五、进一步讨论

（一）中介检验

前文的实证结果表明绿色技术创新对于能源低碳转型呈现明显正“U”型关系，绿色技术先对能源转型产生抑制作用，当技术达到成熟与融入产业结构时，转而对能源转型起到促进作用，且经过一系列内生性与稳健性检验得到验证。但两者之间具体的传导“暗箱”尚未打开，揭开两者之间的具体传导路径，本书借助中介模型从环保注意力对其可能的影响机制进行梳理（见图 4 - 1）。对于非线性关系的中介检验思路，参考 Sui et al.（2015）的做法，绿色技术创新与环保注意力呈线性关系，而环保注意力与能源低碳转型之间出现非线性关系。

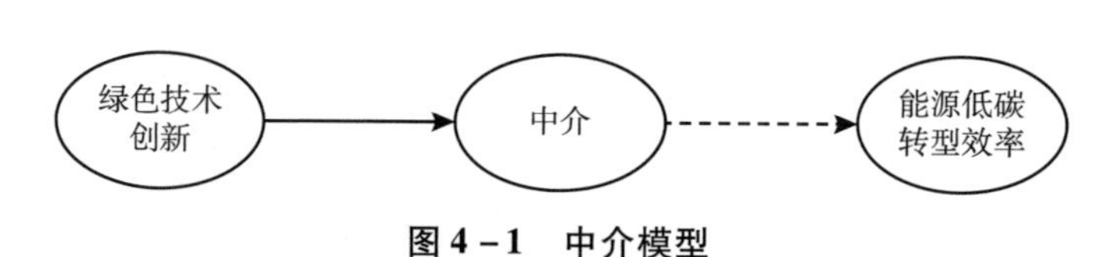

图4－1　中介模型

注：实线表示线性关系，虚线表示非线性关系。

基于环保注意力和产业结构合理化的中介效应。相关研究表明环保注意力和产业结构合理化与能源低碳减排是息息相关的，政府与企业会在技术创新带来的转型新视角下注意到环保注意力的关键地位，调节产业结构合理性，注重绿色技术创新赋能能源低碳转型。结果如表4－16所示，模型（1）和模型（2）检验绿色技术创新与环保注意力之间存在的关系，环保注意力在两者之间如何发挥影响机制作用。得出绿色技术创新显著正向促进地方环保注意力，且在此基础上得出的环保注意力预测值与能源低碳转型之间呈现正“U”型关系，环保注意力的中介作用得到验证。一方面，技术绿色创新过程使企业与政府意识到提高环保意识的必要性，正向促进环保注意力；另一方面，环保注意力的提高加速绿色创新要素聚集，但技术迭代与产品融合周期导致其对能源低碳转型先产生抑制作用，当技术与产业升级融合完成的同时环保注意力水平达到一定高度，技术创新的提高协同环保意识加强为能源低碳转型注入源源不断的动力，从而推动能源转型升级与使用效率提升。

表4－16　　中介机制检验结果

变量	环保注意力	能源低碳转型效率	产业结构合理化	能源低碳转型效率
	模型（1）	模型（2）	模型（3）	模型（4）
GTI	0.0090*** (2.83)		－0.0074** (－2.02)	

续表

变量	环保注意力	能源低碳转型效率	产业结构合理化	能源低碳转型效率
	模型（1）	模型（2）	模型（3）	模型（4）
p_EP		-4.0947*** (-4.20)		
p_EP^2		7.7241** (4.31)		
p_RIS				-3.5076*** (-4.36)
p_RIS^2				6.2300** (4.34)
Control variable	YES	YES	YES	YES
Constant	0.2415*** (12.71)	1.4753*** (10.87)	0.2840*** (11.85)	1.4308*** (12.14)
Year	YES	YES	YES	YES
city	YES	YES	YES	YES
Obs	3892	3892	3892	3892

模型（3）和模型（4）检验产业结构合理性在绿色技术创新与能源低碳转型之间发挥的中介作用，结果显示绿色技术创新与产业结构合理化产生负向抑制作用，系数为-0.0074**，产业结构合理化与能源低碳转型之间呈正“U”型关系，验证了产业结构合理性对于绿色技术创新与能源低碳转型之间的中介机制效应，假说4-5得到验证。绿色技术创新的提高需要人力结构技术化、产业生产智能化，短时间内技术创新会导致基础岗位被替代、生产结构紊乱等问题，产生抑制作用，这就要求人才培养向智能化与数字化转型。而产业结构合理化升级需要投入大量资本与资源，此时对能源低碳转型具有负向作

用，当产业结构合理化程度达到较高时，通过优化产业结构与提高资源使用效率，由抑制转为正向促进作用，助推能源低碳转型完成。

（二）调节效应研究

产业结构与碳排放存在重要关系。碳排放强度主要受行业的能源碳排放密度、能源强度与产业结构影响，第二产业是二氧化碳排放的主要来源，实现第二产业优化升级对统筹推进能源绿色低碳转型与产业绿色低碳调整升级具有战略支撑意义，保障中国能源安全与经济安全具有重要兜底作用。为研究“绿色技术创新—产业结构高级化—能源低碳转型”影响机制，本研究使用产业结构高级化为调节变量研究非线性调节模型，检验产业结构高级化能否协调绿色技术创新对能源低碳转型效率的影响。两模型均控制时间与城市效应（见表4－17），模型（2）在模型（1）基础上加入控制变量，结果显示，加入控制变量后，两模型中绿色技术创新对于能源低碳转型仍呈“U”型关系，与基准回归关系相同。产业结构高级化与绿色技术创新交互项系数和绿色技术创新系数同为负且在1%水平下显著，说明调节变量产业结构高级化强化了绿色技术创新对能源结构的负向影响关系；产业结构高级化与绿色技术创新平方交互项系数和绿色技术平方项系数同为正且在1%水平下显著，说明调节变量产业结构高级化强化了绿色技术创新平方项对能源结构的正向影响关系。总的来说，产业结构高级化强化了两者之间的“U”型关系，具有正向调节效应，使得原“U”型关系更加突显，加速绿色技术创新对于能源转型的转折点到来，并助力能源低碳转型效率达到更高水平，假说4－6得到验证。可能的原因是产业结构高级化在促使地方企业生产时采用更先进的技术替换原有高污染技术的同时，加强企业之间创新要素聚集与技术交流，促使地区企业间的联系越加紧密，推动技术创新升级对能源低碳转型的促进作用。

表 4-17　　调节机制检验结果

变量	能源低碳转型效率	
	模型（1）	模型（2）
GTI	-0.0038* (-1.87)	-0.0040* (-1.94)
GTI^2	0.00052** (2.45)	0.00055*** (2.58)
$GTI \times AIS$	-0.0073*** (-2.76)	-0.00648** (-2.41)
$GTI^2 \times AIS$	0.00075*** (3.19)	0.00067*** (2.83)
AIS	-0.0118*** (-3.59)	-0.0093*** (-2.67)
Control variable	NO	YES
Constant	0.9310*** (145.65)	0.9335*** (120.04)
Year	YES	YES
city	YES	YES
Obs	3863	3863

六、研究结论与政策建议

当前，中国能源强度依旧是世界平均水平的1.5倍，碳排放量也居前几位，能源转型存在较大提升空间，“双碳”目标更是倒逼中国立足资源禀赋、坚持先立后破，加速绿色科技创新赋能能源低碳转型。基于这一背景，本书采用中国2006～2019年278个地级市的面板数据，通过超效率EBM模型测度能源低碳转型效率。实证检验了绿色技术创新如何赋能能源低碳转型。主要研究结论如下。

（1）从基准的回归结果来看，绿色技术创新与能源低碳转型一次线性关系在仅固定效应时呈现负向显著，加入时间与城市双固定效应时关系不显著；绿色技术创新与能源低碳转型二次非线性关系Hausman检验通过，且加入控制变量后的二次项结果较好，最终得出绿色技术创新一次项系数显著为负，二次项系数显著为正，绿色技术创新对能源低碳转型呈现“U”型影响关系。通过政府科学支出工具变量检验解决内生性问题，并基于动态面板GMM模型进一步验证内生性问题。替换解释变量与被解释变量、剔除异常被解释变量以及加入绿色技术创新三次项进行稳健性检验均支持上述基准回归结论。

（2）从异质性分析结果来看，绿色技术创新的影响在大城市规模中更为明显，加速拐点的到来；中小城市与特大城市因自身发展阻碍因素，使拐点右移。针对较低经济发展水平而言，绿色技术创新对高经济发展水平城市能源转型的“U”型影响关系更为凸显。此外，在高环境规制水平城市与非资源型城市，绿色技术创新对能源转型绩效的影响更为明显。

（3）进一步研究表明，绿色技术创新对能源转型效率的“U”型关系影响机制可能是环保注意力，绿色技术创新与升级引起政府与企业环保意识水平的提升，环保意识与能源转型之间需要时间与成本。因此，绿色技术创新与环保注意力之间呈现正向促进的线性关系，环保注意力与能源低碳转型间呈先抑制后促进的显著“U”型非线性关系，环保注意力的中介效应得到验证。此外，调节效应检验得出，产业结构在绿色技术创新对能源低碳转型上起到调节作用，正向强化了绿色技术创新对能源转型效率的“U”型关系，加速由抑制到促进拐点的到来，突出创新对能源转型的促进效应。

但本研究还存在一定的不足：一方面，由于数据可得性的限制，数据收集没有到最新年份，目前只能收集到2019年的数据；另一方

面，能源低碳转型任务依然处于重要战略地位，仅靠本书研究还远远不够，下一步任务将就城市间可能存在的空间溢出效应与空间反馈效应、城市间是否存在互相影响效应进一步展开研究，为实现能源低碳转型与绿色可持续发展提供新视角。

根据以上结论，本研究可以为绿色技术创新要素聚集、城市能源转型实现先立后破提供依据。具体而言可以得到以下政策启示：

（1）优化城市绿色创新环境，打造以新能源为主的“技术创新”型能源结构。各地政府应加大对绿色技术创新的研发费用扶持，赋能绿色要素聚集与技术创新升级发展。一方面，各地政府应加强知识产权保护力度与绿色技术专利授权规范体系，激励企业加大绿色技术创新研发投入、人才培养与技术升级，加快促进企业向绿色减排转型。另一方面，降低绿色创新技术的高效产出与推广应用成本，减少技术融入产业与产品周期，避免技术迭代带来的滞后性，加强绿色技术创新对能源低碳转型的促进作用。

（2）提高环境规制水平，增强环保意识。能源转型的关键在于环保与节能减排意识的提高。企业层面加强企业节能减排文化与素养建设，建立环保监督细则与明确环保处罚与奖励政策，从思想和行动多重视角改变传统能源资源利用方式；消费方面应鼓励绿色消费，政策鼓励消费新能源产品，加强环保意识培养。环境规制水平一定程度上能够促进技术创新与提高能源利用效率。

（3）加快我国产业结构优化，充分发挥绿色技术创造效应。加快产业结构质量化调整，推进当前互联网与智能化技术与能源产业融合，通过绿色技术创新与可再生能源的开发与利用，实现第二产业高端化发展，提高能源行业中第三产业占比。明确产业结构优化在推进能源转型效率中所发挥的重要作用。

（4）推行因地制宜发展方案，基于时间与空间上合作发展。根据城市资源特点、规模大小与经济水平有针对性进行产业结构调整优化，及时准确发现城市所面临的技术约束与能源结构缺陷并提供整改方案。提升自身经济发展水平，积极推进能源转型试点政策，提高清洁型能源占比，重视技术人才培养，助力“双碳”目标的实现。

第三节　数字化对能源低碳转型的影响

一、数字化与能源低碳转型的研究背景

数字化发展浪潮蓬勃兴起，对中国经济的发展带来了广泛的机遇和挑战。在全球的数字技术变革背景下，企业必须积极抢抓数字化发展先机，对传统行业进行转型升级，以提升核心竞争力，实现经济高质量发展。数字技术的广泛应用，可以促进企业的数字化转型和提高技术创新效率（韩先锋等，2014），在企业运营、管理和创新能力方面都具有显著的优势。数字化转型已成为当今企业生产与经营不可忽视的趋势。对于传统公司而言，将“数字技术”运用到生活、工作场景中，通过数据驱动业务增长和指导优化业务模式，可以在一定程度上提高企业运作的效率和便捷性。数字技术的广泛应用在企业中发挥着巨大的作用，如人工智能可以辅助决策，工业物联网可以优化流程，大数据分析可以精准推销等。企业技术的进步必然会带来业务的革新，例如支付已购买商品可以通过刷信用卡来进行支付，数字化支付仅用手机就可以进行支付，打造更便捷的消费体验。

一方面，有研究发现，数字化为企业的绿色发展提供了新的技术手段（张昆贤，2022；李元丽，2021），经过多次技术升级，其数字技术可以显著优化造纸企业能源效率并降低成本，最直接的影响就是促进企业能源低碳转型和减少环境污染。并且数字技术的累积应用可

以对企业创新有积极的作用（陶翊，2022），数字技术促进了资源节约和提高了能源利用效率，直接受益于企业能源低碳战略。另一方面，对于企业，数字化转型能够实现减排降碳，尤其是针对环境规制强、行业竞争激烈以及侧重于生产端进行数字化转型的企业更为明显（钟廷勇，2022）。企业作为实现可持续发展和碳减排的微观主体，现有文献主要从企业技术创新（宋德勇等，2022）、环境规制（师慧军，2022；胡珺等，2020）和碳排放权交易政策（Li et al.，2020；胡云路，2022）来研究企业的减排降碳。现有研究表明工业企业数字化转型可以促进节能减排，基于13万余家工业企业大样本综合测度数字化水平，并结合实证分析模型，所得结论表明工业企业数字化转型能够显著抑制能源强度和碳排放强度（余畅，2023）。Pan et al.（2019）发现环境规制的激励作用可以促进技术创新，而在能源领域推进构建清洁能源系统的重要抓手就是数字化转型（李彦华和焦德坤，2021）。邓胜利和凌菲（2014）发现数字化信息服务对环境可持续发展的积极促进作用，数字化信息资源的使用将会大大减少二氧化碳的排放量，从而缓解气候变暖问题，有利于信息服务行业的可持续发展。陈庆江等（2016）测度中国大陆除西藏自治区外的30个省区2000～2012年的面板数据，发现信息化和工业化融合能够显著降低地区能源强度。张昆贤（2022）发现数字化为企业的绿色发展提供了新的技术手段。另外，数字技术经过多次升级可以显著优化造纸企业能源效率并降低成本。目前，只有较少的文献从微观层面研究企业数字化转型对企业碳减排的影响。

通过以上文献梳理可得，数字化转型对企业实现绿色发展具有重要意义，但现有关于数字化和碳减排的研究主要在宏观地区层面，经济活动主体微观企业层面的证据不足。尤其对于中国而言，对碳减排的关注视角较短，缺乏足够的微观企业碳排放数据，制约了相关研究的进行。因此，本研究选择微观企业作为主体，研究了企业数字化对企业碳排放强度的影响及其作用机制，能进一步拓展对数字化转型的认识，丰富市场同企业数字化转型和碳减排的路径研究。特别地，借助 Python 爬虫文本识别工具对上市公司年度报告中经营情况分析部分进行文本分析，统计包括了人工智能技术、区块链技术、云计算技术、大数据技术和数字技术应用五个方面与企业数字化转型相关的关键词词频，精准刻画了企业数字化转型水平。同时，本研究还基于行业主营成本、行业能源消耗总量以及企业主营成本和收入等信息间接测算了企业碳排放强度，弥补了现有中国企业碳排放强度数据的缺失，为企业数字化转型及其碳减排效应提供数据支撑。

二、理论机制与研究假说

基于企业绿色低碳技术探索这一个维度，企业数字化转型可以减少绿色技术创新成本，并且提高低碳技术的研发率（钟廷勇，2022）。有研究发现，数字化为企业的绿色发展提供了新的技术手段，提高了企业环境治理费用投入，强化了企业环境治理意识（张昆贤，2022），有助于企业的节能减碳。企业在进行大量的低碳技术创新时，会从一个量变到一个质变，针对于造纸行业，经过多次技术升级，其数字技术可以显著优化造纸企业能源效率并降低成本（中华纸业，2022）。并且企业的技术能力等内部组织要素是进行绿色技术创新，这是与同行进行持续竞争的本质问题。数字化转型可以促进绿色技术创新。通过促进企业之间协同创新（张昕蔚，2019）、提升企业信息共享水平和知识共享能力进而促进绿色技术创新水平，达到企业碳减排的最终目的。查阅相关文献发现，在环保投资水平高及环境规制强的企业，企业绿色技术创新可以通过企业数字化转型得到提高，从而促进企业能源低碳转型（余佳庆，2022）。并且，良好的市场环境可以发挥鼓励竞争和市场需求的导向作用（张晓娣，2022），如碳交易通过发挥

市场供求机制作用，调动企业创新的积极性（刘传明等，2019），产生创新数字技术的解决方案，促进企业积极进行数字化创新，以降低二氧化碳的排放量。基于此，本书提出如下假说：

假说 H4－7：企业数字化转型可以促进绿色技术创新从而促进企业的能源低碳转型。

企业数字化转型通过利用数字化技术进行全生命周期的低碳供应链管理，可以快速收集各流程中的碳排放影响因素，此举有助于企业更好地认识产品、服务全生命周期的碳足迹贡献，并采取协同供应链的行动来降低整个供应链中的碳排放。数字技术和数字平台的使用可以帮助企业快速获取各个环节的信息，缩短对外界环境变化的反应时间（龚强等，2021），解决传统企业供应链存在的信息不对称和信息孤岛等问题，从而促进供应链循环速度。在制造业企业的生产环节上，数字化转型有助于提升企业竞争优势，提高能源供给的高效性和利用率，从而增强企业对供应链数字化转型的意识与决心。通过优化供应链，可以提高信息传递效率、各环节信息匹配的精准度和企业竞争力等，综上所述，优化供应链可以促进企业能源低碳转型。基于此，本书提出如下假说：

假说 H4－8：企业数字化转型可以通过优化供应链从而促进企业能源低碳转型。

基于企业内部控制水平这个维度。首先，内部控制存在风险性问题，制约着内部控制工作的有效开展（姚宝辉，2013）。在传统企业，企业内部存在的问题有内部控制风险管理的滞后性，当企业发展到一定程度时，内部控制势必成为企业管理的基础与管理行为的规范，企业数字化转型可以有效增强企业内部控制水平，以此加强企业顶层管理，达到间接减少企业碳排放的目的。其次，良好的内部控制对提高企业的运作效率、实现企业效益的双赢、实现企业的最大价值、促进企业的发展具有重要的现实意义。加强内部控制是现代企业制度的客观要求，是企业得以顺利运转的保证（林自卫，2011）。并且，借助数字技术，企业内部各相关利益方可以更加便捷地分享信息，从而减少信息空白，提高企业财务报告、经营成果和风险控制的真实性，同时增强内部监管的信息质量（韩国高，2022）。最后，相关监管部门加大对企业碳排放和能源供应量的监督。监管部门利用数字技术可以快速且精准的获取市场的碳排放的变化程度，以此为依据对企业能源供应量进行调控，让企业的碳排放量及能源消耗量达到标准，从而降低企业的碳排放量。综上所述，提升内部控制水平可以加强企业顶层管理，提高劳动生产率间接减少企业碳排放，并且加强外部监督，也可以直接促进企业能源低碳转型。基于此，本书提出如下假说：

假说 H4－9：企业数字化转型可以提高企业内部控制水平从而促进企业能源低碳转型。

三、研究设计

（一）模型设定

为检验企业数字化对企业能源低碳转型的影响，构建如下模型：

$$Intensity_{it} = \alpha_0 + \alpha_1 digital\_tran_{it} + \alpha_2 Insize_{it} + \alpha_3 Soe_{it} + \alpha_4 Turnover_{it} + \alpha_5 Innumber_{it} + \alpha_6 pre\_five_{it} + \alpha_7 Gqz_{it} + \varepsilon_{it} \tag{4-24}$$

其中，i 表示行业，t 表示时间。

（二）数据说明

1. 数据来源

本书使用了 CSMAR 数据库的数据，样本包括 2011～2020 年在沪深两市上市的公司，其中经过以下标准筛选：（1）剔除了受到 ST、

ST*、暂停上市和退市影响的样本；（2）剔除了所有金融行业企业的样本；（3）剔除了关键变量和财务数据缺失的样本；（4）对连续型变量进行缩尾处理，具体方法是取变量99%分位数的1.2倍为最大值，大于该值的样本值被缩减为该值；取1%分位数的0.8倍为最小值，小于该值的样本值被增加至该值。本书所需的年度报告来源于上海证券交易所和深圳证券交易所官网，其余财务数据来自国泰安数据库。

2. 变量选取

被假释变量：企业碳排放强度（*Intensity*）。企业碳排放强度越低，代表单位产出所产生的二氧化碳排放越少，反之则相反。降低企业碳排放强度是减缓全球气候变暖、实现企业能源低碳转型的一个重要途径，因此本书选取企业碳排放强度作为被解释变量。限于数据的制约，现有研究对中国碳排放的研究缺少连续变量数据。本书借鉴察柏尔等（Chapple et al.，2013）的做法，以计算所得的企业二氧化碳微观排放量与其营业收入的比值来衡量企业的碳排放强度，企业二氧化碳排放量根据行业能源消耗进行近似估算。行业主营成本与行业能源消耗总量数据分别来自《中国工业经济统计年鉴》和《中国能源统计年鉴》，参照厦门节能中心二氧化碳计算标准，1吨标准煤的二氧化碳折算系数为2.493（黄楠，2018）。具体计算公式如下：

$$Intensity = \frac{\text{二氧化碳排放量}}{\text{企业主营收入} \times 1000000}$$

$$\text{二氧化碳排放量} = \frac{\text{企业主营成本}}{\text{行业主营成本}} \times \text{行业能源消耗总量} \times \text{二氧化碳折算系数} \tag{4-25}$$

核心解释变量：企业数字化转型（*digital*）。本书利用Python网络爬虫下载2011～2020年所有上市公司的年报，采用文本分析测算企业数字化转型程度（Wu et al.，2022）。首先，参考现有文献，归纳整理出关于数字化关键词，具体关键词包括了人工智能技术、区块链技术、云计算技术、大数据技术和数字技术应用五个方面的词汇（胡海峰，2022；陈亚林，2022）；其次，通过 Python 文本分析提取出年报的总词频和总句数；最后，进一步在原始词频和原始句数的基础上加1，以数字化关键词占年报总句数的百分数作为企业数字化转型代理指标（武常岐，2022）。

控制变量。为了提高结果精度，本书参照以往文献，选取以下控制变量：企业规模（*Insize*），企业年末总资产的自然对数值；是否国企（*Soe*），根据企业性质判断，若为国有企业该变量定义为1，否则定义为0；企业总资产周转率（*Turnover*），营业收入与总资产平均的比率作为总资产周转率；企业员工人数自然对数（ln*number*），年末企业员工总人数再取自然对数所得；前五大股东持股比例（*Pre_five*）；股权制衡度（*Gqz*），第二至第五大股东持股比例/第一大股东持股比例。此外，本研究还控制了时间（*time*）和行业（*Industry*）固定效应。

四、实证结果与分析

（一）基准回归分析

表4－18为基准回归结果，其中第（1）列未加入控制变量显示数字化转型对企业碳排放强度负相关，意味着数字化转型可以显著降低企业碳排放强度，初步支持了本书提出的主题。而在第（2）列中，加入控制变量后，企业数字化转型指标的回归系数仍然在1%的水平下显著为负，说明企业数字化转型对企业的碳排放强度有明显的抑制作用，说明企业数字化转型促进企业能源低碳转型。

表 4－18　　　　　　　　　　　　基准回归结果

变量	(1) *Intensity*	(2) *Intensity*
digital	－0.232 *** (－3.00)	－0.422 *** (－5.53)
lnsize		0.011 *** (5.44)
Soe		0.080 *** (15.17)
Turnover		0.120 *** (17.61)
lnnumber		0.000 *** (4.23)
Pre_five		－0.002 *** (－13.80)
Gqz		－0.000 *** (－2.92)
_cons	0.823 *** (300.95)	0.582 *** (13.16)
N	18076	18076
adj. R^2	0.951	0.954

注：* p<0.1，** p<0.05，*** p<0.01，括号中为 t 值，下同。

（二）机制检验

本书使用企业当年绿色专利数加 1 取自然对数（*envtapr_sum*）来衡量企业的绿色技术创新水平，这种相对量指标可以消除其他不可观察因素的影响，缓解内生性问题。绿色专利清单中的 IPC 代码用于识别绿色创新，包括发明、实用新型和外观设计专利。本书只考虑发明专利和实用新型专利，其中包括四种类型专利：当年独立获得的绿色发明专利数量、当年独立获得的绿色实用新型专利数量、当年联合获得的绿色发明专利数量和当年联合获得的绿色实用新型专利数量。表4－19的回归结果显示，第（1）列表明企业数字化转型在1%水平下显著降低企业的碳排放强度；第（2）列表明企业数字化转型在1%水平下可以显著提高企业的绿色技术创新水平；第（3）列表明企业数字化转型也能通过提高绿色技术创新水平进而显著降低企业碳排放强度。

表4－19　　　　企业创新机制检验结果

变量	(1) *Intensity*	(2) *Envtapr_sum*	(3) *Intensity*
digital	−0.436*** (−5.70)	1.193*** (4.63)	−0.427*** (−5.60)
envtapr_sum			−0.008*** (−2.91)
控制变量	控制	控制	控制
行业固定效应	控制	控制	控制
年份固定效应	控制	控制	控制
_cons	0.591*** (13.26)	−4.714*** (−24.17)	0.554*** (11.91)
N	17634	17634	17634
adj. R^2	0.955	0.230	0.955

本书参考张树山等的方法，使用企业供应链集中度（*Scc*）作为中介变量，以检验数字化转型是否通过优化供应链来降低企业碳排放强度，并进行逐步回归分析（张树山，2021），结果如表4－20所示。从列（1）可以看出企业数字化可以显著减低企业碳排放强度；

列（2）表明企业数字化在1%水平上可以显著减低企业供应链集中度；列（3）回归分析加入中介变量后，企业数字化转型指标（*digital*）的系数绝对值降低，通过逐步回归分析，结果显示存在中介效应，表明企业数字化转型能够通过优化供应链来降低企业碳排放强度，从而促进企业能源低碳转型。因此，检验结果表明企业数字化转型是用于优化供应链以降低企业碳排放强度的有效机制。在环保成为社会、行业加强的趋势越来越明显的背景下，绿色供应链成为企业实现可持续发展的重要利器。企业通过实施绿色供应链能够实现企业的成本降低、品牌提升、形象塑造等。在未来，随着可持续发展的更加重视，绿色供应链将成为企业乃至整个产业实现绿色转型的必然方向。

表4-20　　供应链机制检验

变量	(1) *Intensity*	(2) *Scc*	(3) *Intensity*
digital	-0.481 *** (-6.28)	-1.475 *** (-8.23)	-0.436 *** (-5.76)
Scc			0.030 *** (6.71)
控制变量	控制	控制	控制
行业固定效应	控制	控制	控制
年份固定效应	控制	控制	控制
_cons	0.553 *** (12.13)	6.575 *** (63.48)	0.356 *** (6.51)
N	16873	16856	16856
adj. R^2	0.956	0.336	0.956

表4－21第（1）列是企业数字化对企业内部控制水平的回归结果，表明企业数字化转型在1%水平下显著降低企业碳排放强度，促进企业能源低碳转型。第（2）列是企业内部水平（*Inner*）对企业数字化的回归结果，企业数字化转型在1%水平上显著提升企业内部控制水平。第（3）列是在基准回归中加入了中介变量，企业数字化转型指标（*digital*）在1%的水平下显著为负，且相较于第（1）列企业数字化转型指标（*digital*）系数的绝对值变小，表明存在中介效应。企业可以通过数字化手段来优化业务流程，减少企业管理者的盈余管理行为，降低了潜在的内控风险，提升了内部控制信息质量。进而，企业内部控制水平的提升会通过形成良好监督机制、提高劳动生产效率、规避出于激进的过度污染行为等维度降低企业碳排放强度。

表4－21　　　　企业内部控制水平机制检验结果

变量	(1) *Intensity*	(2) *Inner*	(3) *Intensity*
digital	-0.410*** (-5.11)	0.320*** (2.72)	-0.386*** (-4.85)
Inner			-0.075*** (-11.42)
控制变量	控制	控制	控制
行业固定效应	控制	控制	控制
年份固定效应	控制	控制	控制
_cons	0.628*** (13.41)	5.677*** (100.00)	1.054*** (17.76)
N	15943	15943	15943
adj. R^2	0.955	0.037	0.956

（三）稳健性分析

替换核心解释变量。借助吴非等（2021）的做法，对上市公司年报进行总句数汇总，重新构建关键解释变量 *digital_2*，以企业年报数字化词频除以年报总句数重新估计模型，结果如表 4－22 第（1）列所示，企业数字化转型（*digital_2*）的系数仍然为负值，表明研究结果未发生改变。

表 4－22　　稳健性分析结果

变量	替换变量	消除政策因素	滞后一期	逐步控制	行业和时间	考虑时间和行业的交互项
	Intensity (1)	*Intensity* (2)	*Intensity* (3)	*Intensity* (4)	*Intensity* (5)	*Intensity* (6)
digital		-0.335*** (-4.41)	-0.537*** (-6.32)	-8.892*** (-27.76)	-2.428*** (-16.16)	-0.380*** (-5.75)
digital_2	-0.290*** (-4.94)					
年份固定效应	控制	控制	控制	控制	不控制	控制
行业固定效应	控制	控制	控制	不控制	控制	控制
控制变量	控制	控制	控制	控制	控制	控制
行业年份交互固定效应	不控制	不控制	不控制	不控制	不控制	控制
N	18076	14394	15208	18076	18076	18071
Adj_R^2	0.954	0.960	0.953	0.109	0.883	0.968

消除政策影响。2011 年 10 月 29 日，国家发展和改革委员会在北京、上海、深圳、重庆、广东、天津和湖北 7 个省市开展碳配额交易试点工作（刘江帆等，2023；沈菲，2019）。直到 2013 年底，各试点

省市基本完成碳排放权交易市场建设工作。为了消除该政策对碳减排的干扰，本书删除2014年之前的样本，并重新进行回归，其估计结果如表4－22列（2）所示。回归结果显示，核心结论“企业数字化转型有助于降低企业碳排放强度”并没有发生任何改变。

对解释变量进行滞后一期处理。由于数字化转型实施的效果有一定的滞后性，因此，本研究对解释变量进行了滞后一期处理，并重新进行回归分析。结果显示在第（3）列中，表明研究结果未发生改变。

分别独立控制行业、年份固定效应。在控制变量不变的情况下，单独控制行业固定效应和年份固定效应。回归结果如表4－22第（4）列和第（5）列所示，两者的企业数字化转型指标（*digital*）在1%水平下显著为负，表明本书研究结果并未发生改变。

考虑交互固定效应。除了控制行业固定效应和年份固定效应外，还进一步考虑了行业－年份的交互固定效应，以控制随时间变化的可能影响研究结论的遗漏变量。如表4－22第（6）列所示，企业数字化转型的系数仍为负值且显著性水平未受到影响，表明研究结果未发生改变。

（四）异质性分析

基于环境规制强度的异质性。对于所在省份环境规制力度不同的企业而言，企业数字化对其企业碳排放强度也存在差异。本书将企业所在省份环境规制指标的中位数分为两组，通过分组研究企业数字化对企业碳排放强度的影响，回归结果如表4－23第（5）列和第（6）列。可以看出，对于所在省份环境规制力度强的企业，数字化对企业碳排放强度的影响更大，而对于所在省份环境规制力度弱的企业，数字化对企业碳排放强度的影响较小。上述实证结果与前文的理论分析一致，即当企业面临的环保压力较大，企业更有动力从事绿色技术创新活动，企业数字化降低企业碳排放强度也更大。本书也在基准模型

中引入数字化指标与环境规制程度指标的交叉项，结果如表4－23第（1）列所示。数字化指标的（*digital*）回归系数显著为负，交叉项（*digital* × *envir*）的回归系数在1%水平上显著为正，说明相较于环境规制弱地区的企业，企业数字化转型对降低企业碳排放强度的程度影响更小。

基于区域的异质性。对于不同地区的企业而言，企业数字化对其碳排放强度也存在差异。本书按企业所属地区将上市公司分为三组，通过分组回归的方式对比数字化转型对不同地区企业碳排放强度的影响，分组回归结果如表4－23第（2）至第（4）列所示。可以看出，对于所属地区在中部和西部的企业，数字化转型指标（*digital*）的回归系数在1%水平下显著为负，说明企业数字化对降低东部和中部企业的碳排放强度比较明显，而所属地区为西部的企业，企业数字化转型程度的提升不能对企业的碳排放强度产生显著影响。

表4－23　　　　异质性效应估计结果

变量	(1) 交互项	(2) 东	(3) 中	(4) 西	(5) 环境规制强	(6) 环境规制弱
digital	-0.417*** (-5.45)	-0.415*** (-4.92)	-0.697*** (-3.07)	-0.186 (-0.62)	-0.572*** (-5.40)	-0.300*** (-2.71)
digital × *envir*	0.073*** (11.26)					
年份固定效应	控制	控制	控制	控制	控制	控制
行业固定效应	控制	控制	控制	控制	控制	控制
控制变量	控制	控制	控制	控制	控制	控制
_cons	0.538*** (12.13)	0.348*** (6.94)	0.937*** (7.39)	1.525*** (10.37)	0.540*** (8.28)	0.569*** (9.26)
N	17873	12660	3056	2157	8962	8910
adj. R^2	0.955	0.957	0.954	0.949	0.954	0.955

五、研究结论与政策建议

通过阅读文献，总结出以下企业数字化转型面临的挑战。虽然企业数字化转型对碳排放的减少带来了极大的好处，但是数字化转型面临的压力和挑战也同样明显：（1）人员和技能匮乏。随着行业对数字化转型的需求逐渐增加，数字化专业人才也变得越来越稀缺。此外，技术的发展速度也越来越快，给员工和企业带来了巨大的压力和挑战。（2）IT基础设施薄弱。IT基础设施是数字化转型的重要基础，如果IT基础设施太薄弱，则无法满足高峰时期数据流量的需求，从而导致企业在数字化转型上面临巨大的风险。（3）数据安全和隐私问题。数据对于数字化转型来说至关重要，在数据呈指数级增长，数据泄露、安全方面的问题就会越来越显著。特别是隐私方面的考虑，在数字化转型过程中也必须注意。总之，企业数字化转型对企业碳排放的影响是一个非常重要的课题，通过对数字化转型的全面理解和对数字化技术的深入研究，企业可以更好地应对碳排放和气候变化的挑战，实现企业的可持续发展。

经过实证分析，可以得出如下结论：（1）企业数字化转型可降低碳排放。多项实证研究表明，企业数字化转型可以通过企业绿色技术创新、内部控制水平、优化供应链等方式降低碳排放。例如，智能制造的数字化转型可以实现生产过程的自动化、标准化和柔性化，从而降低碳排放。供应链数字化转型可以优化物流流程，降低物流行业的耗能和排放。这些数字化转型方式的实施均能够使企业生产效率更高、更能够适应市场需求，同时减少生产过程中对环境的影响。（2）企业数字化转型对碳排放的影响程度与具体的企业数字化技术和企业创新有关。不同的行业和数字化技术的应用影响程度各不相同。例如，电商行业通过实现“物流智能化”的数字化转型可以大大减少物流行业的

耗能和排放；而在制造业，在实现数字化转型的同时，企业需要考虑原材料、能源消耗等因素，才能最大程度地降低碳排放量。（3）企业数字化转型对碳排放的影响需要结合企业内部控制水平。企业内部控制水平高的企业，在进行统筹规划的时候，借助数字化技术可以快速制定不同的策略，大大提高了信息的传递与更新。（4）企业数字化转型对碳排放的影响需要结合具体场景进行分析，降低企业供应链集中度可以减少企业碳排放量。不同企业、不同产品的生产工艺、生产设备、生产流程等因素都会对碳排放量产生影响，因此在进行数字化转型时，不仅要结合具体企业的情况，还需要结合具体产品的生产和供应链环节进行综合考虑和优化。

以上结论说明，在企业数字化转型过程中，如何通过选择合适的数字化技术、适应不同行业的需求、结合具体场景进行分析等方式来降低企业碳排放量，实现可持续发展。其实，数字化转型本身只是生产效率提高的方式，如何充分发挥它在环保方面的潜力，就需要企业在数字化转型的同时，积极承担社会责任，为保护环境、推动绿色发展做出积极贡献。此外，从整体上来看，只有更多的企业认识到数字化转型对环保与可持续发展的重要性，才能在保护环境和推行可持续发展上实现更加广泛和深入的合作。因此，企业在数字化转型的同时，需要结合具体情况，从整体发展的角度出发，发挥数字化转型的应有作用，实现更加高效、可持续的绿色办公和生产方式。

未来的中国数字化建设及全球数字化建设应该秉持以下建议，以进一步降低碳排放和推动可持续发展。

（1）将环保纳入数字化建设的核心目标。在数字化建设中应加强环保、可持续使用、社会责任等原则的相容性，纳入企业数字化转型的核心目标，即在实现数字化转型的同时，考虑企业在生产过程中对环境造成的影响及能源等方面的利用效率，推动企业向可持续发展方向转型。

（2）促进低碳技术创新。政府应该大力支持低碳技术创新和鼓励企业投资研发、新能源技术等方面的设备和流程，推动绿色科技发展。同时，政府为企业提供财政和税收优惠政策，鼓励企业进行环保、节能等方面的投资。

（3）推进环保监管和企业社会责任。加强环保监管和企业社会责任，突出环保的重要性，建立完善的环保法律框架体系并加强对大型企业的环保监管，倡导企业发挥其自愿性的主观作用，在推行数字化转型的同时，协同制定可持续发展目标，落实企业社会责任意识，加强绿色技术推广、环境保护等方面的投入，促进经济和社会环境协调发展。

（4）统筹考虑数字化建设与碳减排问题。政府在审核企业数字化转型项目的同时，应对项目对环境的影响和碳排放量进行评估和统计，推进绿色评价体系的建设，将最大环境影响和最差情况计入数字化建设项目财务评价体系，降低企业碳排放量并促进企业向可持续发展方向转型。

（5）合理制定碳排放费用和碳排放交易机制。政府应该制定合理的碳排放费用和碳排放交易机制，鼓励企业通过更加清洁的生产方式降低其碳排放量，提高企业的资源利用效率、降低企业环保成本，推动低碳经济的发展。

总之，数字化建设是不可阻挡的趋势，但是如何在实现数字化转型过程中保护环境、推动可持续发展，是企业和政府面临的重大任务之一。因此，特别需要政府和社会各界的支持，共同努力，推进数字化建设和碳减排之间的协调发展，促进可持续发展，打造绿色和谐社会环境。

第四节　本章小结

本章从理论和实证双重层面分析环境规制、绿色技术创新、数字化对能源低碳转型的影响及作用机制。研究结果表明，在静态与动态面板模型下，环境规制与能源低碳转型效率之间存在显著的“U”型非线性影响；环境规制水平对不同区域城市能源低碳转型绩效的影响具有显著差异；市场化水平和金融深化水平在环境规制对能源低碳转型绩效上具有调节作用，抑制环境规制下能源低碳转型的发展。绿色技术创新对能源低碳转型呈现“U”型影响关系；绿色技术创新的影响在大城市规模中更为明显，加速拐点的到来；中小城市与特大城市因自身发展阻碍因素，使拐点右移；绿色技术创新对高经济发展水平城市能源转型的“U”型影响关系更为凸显；在高环境规制水平城市与非资源型城市，绿色创新对于能源转型绩效的影响更为明显；产业结构在绿色技术创新对能源低碳转型上具有调节作用，正向强化了绿色创新对能源转型效率的“U”型关系。企业数字化转型能够促进企业能源低碳转型；其影响机制为企业数字化转型通过优化供应链来降低企业碳排放强度，从而促进企业能源低碳转型；相较于环境规制弱地区的企业，企业数字化转型降低企业碳排放强度的程度更小；与西部地区相比，企业数字化对降低东部和中部企业的碳排放强度的效应比较明显。

第五章

中国能源低碳转型的政策效应研究

第一节　低碳政策演进历程

对于政策试点，中国采用了渐进温和、稳中求新求变的手段。政策试点是独具中国特色的政策实行方式，能源低碳转型政策经过“摸着石头过河”、先行先试、先试后推、由点到面的过程逐渐成熟。

一、气候适应型试点城市政策演进历程

气候变化是人类面临的最严峻挑战之一。近年来，极端气候带给人类的灾害层出不穷。联合国将“建设包容、安全、有抵御灾害能力和可持续的城市和人类住区”定位2030年可持续发展重要议程之一。如何建立“有韧性的城市”成为国内外学者讨论的热点话题。近年来，我国极端天气频发，冰雹、洪水以及2022年夏季的连续高温天气，都让人们意识到建立适应气候变化的城市的重要性。中国作为对气候变化敏感的国家之一，积极探索并实行应对气候变化的政策、措施是现在所面临的极为迫切的问题。

能源活动、工业生产过程中燃料的燃烧以及农、林和土地利用变

化造成的碳排放是造成我国气候变化的主要原因。因此，对气候的监测、治理，因地制宜实行适应气候的政策，是我国实现社会可持续发展、推进新型城镇化建设战略的必要手段。

为了提高城市对气候变化的适应能力，住房和城乡建设部和国家发展和改革委员会于 2016 年颁布了《气候适应型城市建设试点工作方案》，要求综合考虑各城市气候特点、地域类型等特征，选择一批典型城市，开展气候适应型城市建设试点。

自政策颁布以来，试点城市积极探索并实行适应气候的城市建设规划，包括整体实施方案的规划，提高对城市的气候监测水平，或在城市具体规划建设中响应政策理念，比如进行城市供能基础设施的改造、改造老旧供水管道、河道治理、海绵城市专项行动等。

2022 年 6 月，生态环境部、国家发展和改革委员会等 17 部门联合印发了《国家适应气候变化战略 2035》（以下简称《适应战略 2035》），强调要多部门协同，加强对气候变化的监测、预警，注重提升城市面对自然灾害风险的应对能力。《适应战略 2035》文件出台将“气候适应”这一议题提高到了国家战略的高度。

二、碳排放权交易试点政策演进历程

（一）第一阶段：参与国际碳排放交易市场

改革开放以来，我国粗放型的经济增长方式带来了日益严峻的环境问题，造成空气与河流的污染以及土壤重金属化，“公地悲剧”在我国日益凸显（王丛虎和骆飞，2023）。为了解决这些问题，保护自然环境，我国于 1997 年首次参与《京都议定书》，加入国际碳排放权交易市场。但是此时在国际碳排放权市场只是属于参与的形式，处于碳交易链的底端，并未达到碳市场规则的制定者层级。因此，在我国建立一个区域性的碳排放权交易市场是当时亟须规划的目标。

（二）第二阶段：小规模试点

2011 年 10 月，国家发改委印发《关于开展碳排放权交易试点工作的通知》，同意在北京、天津、上海、重庆、湖北、广东及深圳开展碳排放权交易试点。试点行业多集中在煤炭、电力等高耗能、高污染企业。这一阶段政策主要目标是积极完善市场交易机制、降低交易成本、提高市场效率。2013～2017 年，这七个交易试点城市均已开始运营并纷纷出台相应管理方法、规定机制、覆盖行业等，这七个试点城市在平稳运转过程中积累了宝贵经验，同时锻炼出大批人才，为建立全国统一碳交易市场奠定了坚实基础。但是，由于交易市场主体——试点城市较少，价格机制未完全形成，市场尚未达到有效运行的状态。因此，下一阶段的目标是建立一个统一、大规模的全国性碳排放权交易市场。

（三）第三阶段：积极建立全国统一碳排放权交易市场

这一阶段的价值共识是充分发挥市场机制在资源配置中的决定作用。国家领导人习近平先后在党的十八大、联合国大会、党的二十大以及一系列重要外交场合都发表了相关声明，强调要将绿色、低碳纳入中国经济发展体系，提出健全碳排放权市场交易制度，提升生态系统碳汇能力，将生态文明建设融入我国政治、经济、文化、社会建设中。

2017 年 12 月国家发改委印发《全国碳排放权交易市场建设方案（发电行业）》，在电行业率先建立碳市场，同一时期建立了生态环境部，发挥行业监管的作用。2019 年以后，全国碳交易市场逐渐完善，交易产品不断丰富，配套法规制度日益完善，行业覆盖不断扩大，其中发电行业成为全国碳排放交易市场的首个突破口。

2021年7月，全国统一的碳排放权交易市场正式启动。截至目前，我国是全球最大碳交易市场。

三、低碳城市试点政策演进历程

2009年，我国提出控制温室气体排放具体行动目标，决定到2020年我国单位GDP碳排放量应相较于2005年下降40%～45%，并将其纳入约束性考核指标。我国部分城市和省份主动请缨，申请低碳城市试点建设，此后，国家开始探索并组织低碳城市试点工作。我国分别通过三个批次实行“低碳城市试点”政策。

（一）第一批试点政策——积极探索

2010年，国家发改委下发了第一批试点城市，并确定了试点的建设模式，采取“自上而下”的探索方式，要求试点城市制定相应的发展规划，优化调整产业结构，积极构建碳减排的监测、核算、评价体系，并向市民倡导绿色低碳的生活、交通方式。第一批试点碳减排卓有成效，大部分城市单位GDP碳排放都有所下降。

（二）第二批试点政策——总结改进

总结第一批试点城市工作经验，国家发改委于2012年11月下发了第二次试点政策。第二次试点工作采取的模式是“自下而上”，采取“申报+遴选”的方式。先由申报政府编写《低碳试点工作初步实施方案》，再“遴选”出符合要求的试点城市，这与第一批次试点不同，第一批次是先确定试点城市之后再制定政策方案，但是查阅国家发改委相关文件，大部分试点城市都未公开政策实施方案。第二批次试点主要有四点要求：（1）要求领导高度重视。只有大领导重视了，地方部门和分管领导才会有相应的重视。（2）明确试点目标，申报地区要明确本地区“十二五”期间碳强度和非化石能源占一次能源消费总量的比重以及森林碳汇等目标，并提出开展低碳试点的政策措施。这一申报条件中最核心的要求对地方政府形成一定的约束力。(3) 要求申报试点城市能够起到示范带头作用，带动邻近区域的低碳转型发展。(4) 要求编写工作方案。第二批次试点新增了 29 个试点城市。

（三）第三批试点政策——寻求创新

第三批试点政策强调地方政府因地制宜自行探索适合本地区发展的低碳转型政策。这给了地方政府很大的决策制定空间，要求地方政府对低碳理念有较高的正确认知，并且要求碳减排任务落实到责任主体，对行政辖区、重点企业实行碳减排考核办法，增加碳减排任务的约束力。

截至目前，三批政策试点已经涉及我国 6 个省份、80 个城市及 1 个地区。

第二节 理论分析与研究假说

一、理论机制假设

环境规制是促使地方和企业采取环境保护行动的重要工具，可以分为命令型环境规制和市场型环境规制（刘金科和肖翊阳，2022）。在本书的研究对象中，低碳城市试点政策与气候适应型城市建设试点政策属于命令型环境规制，而碳排放权交易试点政策则是典型的市场型环境规制。关于环境规制的“遵循成本学说”和“创新补偿学说”一直是学界争论的焦点（范丹等，2017）。推崇前者的新古典经济学

理论认为，环境规制使污染企业单位排放成本增加，企业对绿色技术的投入挤占生产投资的投入，对生产性创新活动产生“挤出效应”，同时降低生产过程中的能源生态效率。而推崇后者的波特假说则认为更加严格并合理的环境规制能够引致创新，在大部分情况下可以部分或完全对实施规制产生的成本进行补偿（Porter et al.，1995）。波特指出企业的竞争力源于创新，灵活且合理的环境规制有利于激发企业的创新潜力，实现成本降低和产品差异化，进而提高市场份额和利润。环境规制促使企业采用更为环保、节能的生产方式，提高生产过程中的能源生态效率，降低对环境的负面影响。

具体来说，低碳城市试点政策和气候适应型城市建设试点政策属于命令型环境规制，旨在通过政策引导和约束，推动地方政府和企业转变发展模式，采用更为环保、节能的生产方式，实现低碳经济的发展。从“遵循成本学说”来看，由于这种环境规制的命令性质在实施过程中相对刻板，很可能导致部分企业的生产成本增加，进而影响企业的投资和竞争力，造成生产过程中能源生态效率降低。从“创新补偿学说”来看，命令型环境规制将促使企业不得不研发更加低碳节能的生产技术，从而提高生产过程中的能源生态效率。碳排放权交易试点政策属于市场型环境规制，其核心出发点是实现社会福利最大化（陈诗一，2022），旨在通过市场机制鼓励企业降低碳排放。相较于前两种环境规制，该政策具有更大的灵活性和指向性。对于这种规制，从“遵循成本学说”来看，企业的碳排放成本有所上升，但是对企业投资和竞争力的影响范围有限，因为碳排放权可以被当作商品进行交易（夏凡等，2023），在一定程度上缓解了企业进行绿色创新的压力。从“创新补偿学说”来看，企业在参与碳排放权交易时为了降低成本和提高效率，加大绿色技术的研发和投入，从而促进企业的技术创新和产业升级，有助于提高生产过程中的能源生态效率。在此背景下，本书提出以下假说。

假说 H5－1：基于“遵循成本学说”，低碳城市试点政策、气候适应型城市建设试点政策与碳排放权交易试点政策会抑制能源生态效率。

假说 H5－2：基于“创新补偿学说”，低碳城市试点政策、气候适应型城市建设试点政策与碳排放权交易试点政策会提高能源生态效率。

二、异质性假设

（一）能源低碳转型政策对城市能源生态效率的影响存在经济区域异质性

经济发展水平不同的地区对能源低碳转型的需求、支持程度和实施效果存在差异。东部地区的城市目前处于紧凑的城市化阶段，初始能源效率较高；中部和西部地区的城市目前处于扩张型的城市化阶段，初始能源效率相对低下。由于东部、中部、西部地区能源效率的可提升空间不同，能源低碳转型政策对于能源生态效率的影响也应存在区域性差异（郭庆宾和汪涌，2022）。

假说 H5－3：三大能源低碳转型政策在不同区域政策效应存在异质性。

（二）能源低碳转型政策对城市能源生态效率的影响存在环保标准异质性

不同地区的环保要求和标准存在差异。有些地区在环保标准方面的要求比较严格，对企业的排放、废水处理等都进行严格规定和监管，能源低碳转型政策在这些地区的实施更容易达到预期效果，而有些地区在环保政策实施方面相对宽松，企业在环保方面的投入相对较少，能源低碳转型政策的实行则会相对困难。因此，能源低碳转型政策对城市能源生态效率的影响可能存在环保标准异质性。

假说 H5－4：三大能源低碳转型政策在环保标准强度下政策效应存在异质性。

（三）能源低碳转型政策对城市能源生态效率的影响存在法制水平异质性

不同地区的法治水平、执法效率和实施力度存在差异。部分地区在法治建设、执法效率、实施力度等方面已经较为完善，企业遵守法律、规章较为自觉，在此背景下，能源低碳转型政策的实施能够较好提升能源生态效率；而部分地区法治水平较低，执法效率也相应较低，企业不够遵守相关法规，在这些地区实行能源低碳转型政策的难度较大。因此，能源低碳转型政策对城市能源生态效率的提升效果理应随着法治水平的提高而增强。

假说 H5－5：三大能源低碳转型政策在不同法治水平下政策效应存在异质性。

第三节　模型设计与数据说明

一、模型设计

在理论分析的基础上，本书以气候适应型城市建设试点政策、低碳城市试点政策与碳排放权交易试点政策为准，参考华岳和叶芸（2023）的做法，构建双重差分模型来识别这三种政策对能源生态效率影响：

$$Y_{it} = \beta_0 + \beta_1 DID_{ijt} + \theta\, Control_{it} + \gamma_i + \delta_t + \varepsilon_{it} \tag{5-1}$$

式中因变量 Y_{it} 为城市 i 在 t 年的能源生态效率（eco），核心解释变量 $DID_{ijt}(j=1, 2, 3)$ 为虚拟变量，$j=1$ 表示气候适应型城市建设试点政策，$j=2$ 表示低碳城市试点政策，$j=3$ 表示碳排放权交易试点政策，若 i 区县在 t 年已经实施 j 政策，则 $DID_{ijt}=1$，否则 $DID_{ijt}=0$。γ_i 表示城市固定效应，用来控制城市层面影响能源生态效率但不随时间变动的因素。δ_t 表示时间固定效应，用来控制影响所有城市的时变因素。ε_{it} 表示随机扰动项。β_1 是本书关注的核心参数，表示实施试点政策的城市（实验组）与未实施试点政策城市（对照组）之间的能源生态效率差异。

$Contral_{it}$ 代表一系列与能源生态效率相关的控制变量，参考宋马林等（2020）构建产业结构高级化指标（*ais*），以三大产业占比的加权平均值衡量，即 $ais_{it}=1\times y1_{it}+2\times y3_{it}+3\times y3_{it}$，值越大表示产业结构越趋于高级化；人口密度（*density*），以年末人口数与区域面积的比值衡量，值越大代表城市集聚程度越高；社会消费程度（*consumer*），以社会消费品零售额占地区生产总值的比重衡量；人力资本水平（*education*），以高等学校在校学生数与年末总人口的比重衡量；金融发展水平（*banking*），以存贷款总和占地区生产总值的比重衡量。

二、数据说明

本书的样本数据来自2007～2018年《中国城市统计年鉴》，涵盖中国280个地级市，并采用向前、向后插补的方法补全部分缺失数据。采用2007年不变价格对国内生产总值、人均国内生产总值、固定资产总值数据进行平减处理，最终得到2007～2018年中国280个地级市12年的平衡面板数据。考虑到数据的可获得性，气候适应型城市建设试点政策实验组剔除了丽水市、库尔勒市、阿克苏市、石河子市4个城市。低碳城市试点政策三批试点选取119个城市。各变量的描述性统计见表5－1。

表 5－1　　变量描述性统计

变量	N	均值	方差	中位数	最小值	最大值
eco	3360	0.66	0.14	0.650	0.324	1.012
ais	3360	2.26	0.14	2.242	1.959	2.639
density	3360	421.07	289.20	359.670	17.980	1269.35
consumer	3360	0.35	0.09	0.346	0.114	0.598
education	3360	0.02	0.02	0.009	0.001	0.115
banking	3360	2.65	1.35	2.287	0.932	8.289

表 5－2、表 5－3、表 5－4 分别为气候适应型城市建设试点、碳排放权交易、低碳城市试点三种政策的变量描述性统计。

表 5－2　　气候适应型城市建设试点政策变量描述性统计

变量	实验组			对照组		
	N	均值	方差	N	均值	方差
eco	276	0.654	0.126	3084	0.66	0.14
ais	276	2.291	0.156	3084	2.25	0.14
density	276	397.1	279	3084	428.38	312.28
consumer	276	0.377	0.0985	3084	0.35	0.09
education	276	0.0322	0.0367	3084	0.02	0.02
banking	276	3.449	1.962	3084	2.59	1.32

表 5－3　　碳排放权交易试点政策变量描述性统计

变量	实验组			对照组		
	N	均值	方差	N	均值	方差
eco	432	0.68	0.14	2928	0.66	0.14
ais	432	2.30	0.17	2928	2.25	0.14

续表

变量	实验组			对照组		
	N	均值	方差	*N*	均值	方差
density	432	616.02	435.64	2928	397.74	275.76
consumer	432	0.41	0.09	2928	0.34	0.09
education	432	0.02	0.03	2928	0.02	0.02
banking	432	2.66	1.51	2928	2.66	1.39

表5-4　　　　低碳城市试点政策变量描述性统计

变量	实验组			对照组		
	N	均值	方差	*N*	均值	方差
eco	1428	0.66	0.14	1932	0.66	0.14
ais	1428	2.30	0.14	1932	2.23	0.13
density	1428	443.23	339.05	1932	412.93	285.60
consumer	1428	0.37	0.09	1932	0.33	0.09
education	1428	0.02	0.03	1932	0.01	0.02
banking	1428	3.02	1.55	1932	2.39	1.22

第四节　实证分析

一、平行趋势检验

在估计双重差分模型（DID）之前，样本需要满足平行趋势假设，即在政策执行之前，需考察实验组和对照组的能源生态效率趋势是否一致。

本书以政策执行期前一年为基期，图 5 - 1、图 5 - 2 显示，在政策执行的前三年，两项政策的置信区间均包含了 0 点，系数不显著，说明在政策执行之前，实验组和对照组的能源生态效率不存在显著差异。碳排放权交易试点政策执行当期及政策执行后两期系数均显著为

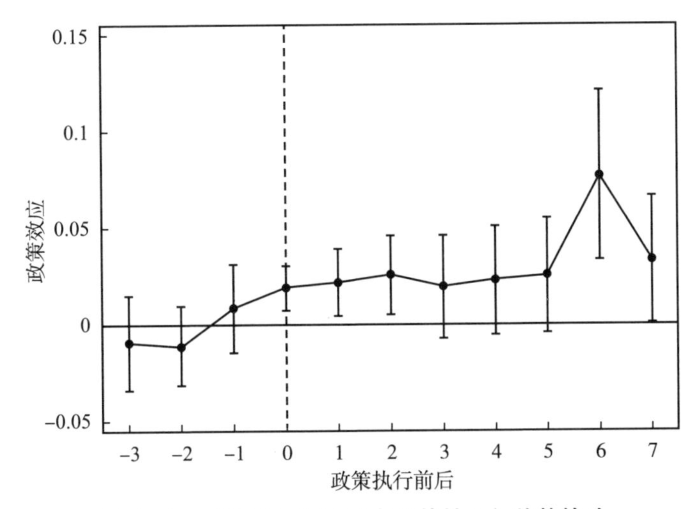

图 5 - 1　碳排放权交易试点政策性平行趋势检验

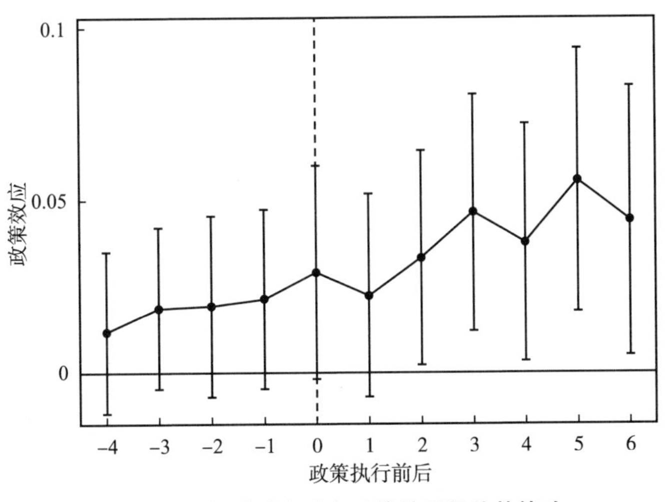

图 5 - 2　低碳城市试点政策性平行趋势检验

正；低碳城市试点在政策执行后第二期显著为正，可能政策存在一期之后效应，政策的平行趋势检验均说明政策执行后效果显著，能源生态效率具有显著上升的趋势。碳排放权交易试点政策和低碳城市试点政策均满足平行趋势假设，可以进行双重差分估计。

二、双重差分分析

本书采用多维面板固定效应模型对气候适应型试点城市、碳排放权交易试点政策进行传统 DID 检验，由于低碳城市试点按照时间前后分三批进行，因此对低碳城市试点进行多时点 DID 检验。第（1）、第(2)列衡量气候适应型城市建设试点政策对地区能源低碳转型效率的影响，第（3）、第（4）列衡量碳排放权交易试点城市对地区能源低碳转型效率的影响，第（5）、第（6）列衡量低碳城市试点政策对地区能源低碳转型效率的影响。其中在第（1）、第（3）、第（5）列不添加控制变量，在第（2）、第（4）、第（6）列添加控制变量后进行实证检验。表5－5中的回归结果显示，三种政策的核心解释变量 *DID*1、*DID*2、*DID*3 的系数全部在统计水平上正向显著。第（2）、第（4）、第（6）列增加控制变量后，核心解释变量的系数依然稳健，在统计水平上正向显著。这意味着三种政策地区能源低碳转型效率产生了显著的激励作用，这验证了假说5－2。市场型和命令型环境规制遵循“创新补偿学说”，低碳城市试点政策、气候适应型城市建设试点政策与碳排放权交易试点政策会提高能源生态效率。

表5－5　　基准回归结果

变量	(1)	(2)	(3)	(4)	(5)	(6)
	气候适应型城市建设试点		碳排放权交易试点		低碳城市试点	
*DID*1	0.0348*** (3.62)	0.0327*** (3.39)				

续表

变量	(1)	(2)	(3)	(4)	(5)	(6)
	气候适应型城市建设试点		碳排放权交易试点		低碳城市试点	
DID2			0.0346*** (4.78)	0.0332*** (4.54)		
DID3					0.0181** (2.20)	0.0160* (1.95)
ais		-0.0934** (-2.54)		-0.0923** (-2.51)		-0.0916 (-1.16)
density		0.0000952*** (2.88)		0.0000724** (2.18)		0.0000887** (2.07)
consumer		0.0133 (0.34)		0.0293 (0.76)		0.0204 (0.39)
education		0.650** (2.36)		0.543** (1.97)		0.521 (1.25)
banking		0.00905*** (3.21)		0.0106*** (3.78)		0.00987** (2.15)
_cons	0.659*** (567.60)	0.789*** (9.33)	0.657*** (505.21)	0.787*** (9.31)	0.655*** (315.86)	0.782*** (4.26)
N	3360	3360	3360	3360	3360	3360

注：* $p<0.1$，** $p<0.05$，*** $p<0.01$，括号中为t值，下同。

气候适应型城市建设试点政策和碳排放权交易试点政策对地区能源低碳转型效率具有显著的激励作用。这意味着实施这两种政策试点可以促进地区能源低碳转型。气候适应型城市建设试点政策包括一系列措施，如能源效率改进、可再生能源推广和碳排放减少目标的设定，这些措施的实施鼓励地区采取更低碳的能源转型路径。

碳排放权交易试点政策通过建立碳市场和引入碳排放权交易机制，提供经济激励来减少碳排放并促进低碳技术的应用，这与刘传明等（2019）的结果一致。

当前实施的低碳城市试点政策具有显著正效应，但是政策效果于三个政策中最小，且添加控制变量后显著性降低（刘天乐和王宇飞，2019），可能是以下原因导致。

（1）低碳城市试点政策执行以后，虽然试点城市的“单位GDP碳排放”呈现普遍下降，但是由于政策约束性不强，城市过于追求GDP总量增加以求单位GDP碳排放量下降，且各个城市排放因子存在差异，很难以统一的标准化指标去具体量化其污染物排放，造成的结果最终是碳排放量不减反增。以河北省保定市为例，虽然在政策引导下积极发展新能源产业，但由于过度追求GDP总量上升，碳排放总量反而相较于政策执行前增加了。

（2）虽然三批政策试点文件在不断改革创新，但是政策内容过于宽泛，并没有给出具体的政策执行手段、实施工具，而是依靠地方政府自行探索。地方政府无法对低碳概念形成正确的认知，难以制定科学的政策方案去落实政策。

（3）地方政府没有建立一个合理的市场机制去发展绿色金融，同时政府也没有完全充足的资金为所有的低碳经济基础设施和服务买单。企业由于缺乏对政策理念的准确认知，并没有足够的积极性参与到节能减排的扶持基金等配套政策当中去。

（4）国家层面并没有给出政策落实效果相应的标准评价体系，而地方政府也缺乏合理的信息披露机制。此外，随着国家发展战略的调整，其相应的目标机制也应该进行相应的调整，例如，当时河北省保定市的“单位GDP碳排放”下降目标，随着雄安新区的建立，政策目标也应该适时动态跟进调整。

三、稳健性检验

借鉴刘瑞明和赵仁杰（2015），为了降低DID模型估计的偏误，

本书采用具有倾向得分匹配的双重差分模型（PSM－DID Propensity Score Matching Difference-in－Differences）进行稳健性检验。PSM－DID 是一种在差异性处理效应（Difference-in－Differences）分析基础上使用倾向得分匹配（Propensity Score Matching）进行稳健性检验的方法。PSM－DID 旨在解决因果推断中的选择偏差问题，通过匹配实验组和对照组的观测单位，使它们在处理前的特征上尽可能相似，即为实验组匹配尽可能相似度较高的对照组，以减少由于不均衡的观测单位特征引起的估计偏差。由于低碳城市试点政策使用多时点 DID 进行基准回归，因此其稳健型检验与气候适应型城市建设、碳排放权交易试点略有不同。本书通过半径匹配、核匹配和一对四匹配对气候适应型城市建设、碳排放权交易试点政策进行稳健性检验。借鉴白俊红等（2022），通过卡尺最近邻匹配对低碳城市试点政策进行稳健性检验。

（一）半径匹配

根据表 5－6 所示，使用了半径匹配方法后第（2）列是关于气候适应型城市建设试点政策对地区能源低碳转型效率的影响。核心解释变量 $DID1$ 的系数为 0.038^{***}，系数依然非常显著，且匹配后系数变大。说明进行半径匹配前的控制变量可能低估了气候适应型城市建设试点政策对能源生态效率的影响效果。第（4）列是匹配后碳排放权交易试点政策对地区能源低碳转型效率的影响。核心解释变量 $DID2$ 的系数为 0.023^{**}，匹配后系数变小且显著性降低，但是依然在 5% 水平下显著，说明匹配前的控制变量可能高估了政策效果，但是政策效果依然明显。半径匹配后的结果与我们的基准回归结果基本保持一致，证明我们的基准回归模型具有充足的稳健性。

表5-6　　半径匹配

变量	(1)	(2)	(3)	(4)
	气候适应型城市建设试点政策		碳排放权交易政策	
	匹配前	匹配后	匹配前	匹配后
*DID*1	0.0327*** (3.39)	0.038*** (3.63)		
*DID*2			0.0332*** (4.54)	0.023** (2.04)
ais	-0.0934** (-2.54)	-0.055 (-1.16)	-0.0923** (-2.51)	-0.132 (-1.55)
density	0.0000952*** (2.88)	-0.000 (-0.01)	0.0000724** (2.18)	-0.000 (-0.75)
consumer	0.0133 (0.34)	-0.081 (-1.34)	0.0293 (0.76)	-0.046 (-0.50)
education	0.650** (2.36)	0.577 (1.64)	0.543** (1.97)	-0.135 (-0.27)
banking	0.00905*** (3.21)	-0.001 (-0.23)	0.0106*** (3.78)	0.009 (1.16)
Constant	0.789*** (9.33)	0.785*** (7.16)	0.787*** (9.31)	0.972*** (4.88)
Observations	3360	2288	3360	2629
R-squared	0.792	0.803	0.792	0.824

（二）核匹配

根据表5-7所示，核匹配后，气候适应型城市建设试点政策核心解释变量系数由匹配前的0.0327***上升到0.037***，可见在对照组没有核匹配的情况下，可能低估了气候型试点城市政策对能源生态效率的影响，这个结果与半径匹配结果一致。说明使用PSM方法进行

匹配对照组之后，气候适应型城市建设试点政策效果更加明显。碳排放权交易政策进行核匹配后，政策效果降低且显著性下降，说明对照组没有进行核匹配的情况下，高估了碳排放权交易政策对能源生态效率的影响。这个结果也与前文半径匹配结果基本一致。可以说明 PSM 方法进行对照组重新匹配之后，碳排放权交易政策效果降低。

表 5－7　　核匹配

变量	(1)	(2)	(3)	(4)
	气候适应型城市建设试点政策		碳排放权交易政策	
	匹配前	匹配后	匹配前	匹配后
*DID*1	0.0327*** (3.39)	0.037*** (3.44)		
*DID*2			0.0332*** (4.54)	0.023** (2.15)
ais	−0.0934** (−2.54)	−0.045 (−0.96)	−0.0923** (−2.51)	−0.129 (−1.52)
density	0.0000952*** (2.88)	0.000 (0.10)	0.0000724** (2.18)	−0.000 (−0.75)
consumer	0.0133 (0.34)	−0.093 (−1.54)	0.0293 (0.76)	−0.052 (−0.59)
education	0.650** (2.36)	0.569* (1.69)	0.543** (1.97)	−0.146 (−0.29)
banking	0.00905*** (3.21)	0.002 (0.40)	0.0106*** (3.78)	0.009 (1.18)
Constant	0.789*** (9.33)	0.758*** (6.92)	0.787*** (9.31)	0.968*** (4.88)
Observations	3360	2309	3360	2644
R－squared	0.792	0.798	0.792	0.824

（三）一对四匹配

由表5-8可以看出，在进行一对四匹配后，在第（2）和第（4）列中，气候适应型城市建设试点政策和碳排放权交易政策对地区能源低碳转型效率的影响显示出正向效果。这意味着实施气候适应型城市建设试点政策和碳排放权交易政策在一定程度上促进地区能源低碳转型。但是匹配后系数大小和显著性均降低，说明在没有进行一对四匹配选择前的对照组，可能高估了气候适应性城市建设试点政策和碳排放权交易政策对能源生态效率的政策效果。这可能是因为该政策通过建立碳市场和引入碳排放权交易机制，为减少碳排放提供了经济激励，从而间接促进低碳技术的采用。该结果基本支持了我们基准回归的稳健性。

表5-8　　一对四匹配

变量	(1)	(2)	(3)	(4)
	气候适应型城市建设试点政策		碳排放权交易政策	
	匹配前	匹配后	匹配前	匹配后
*DID*1	0.0327*** (3.39)	0.023 (0.69)		
*DID*2			0.0332*** (4.54)	0.020 (1.31)
ais	-0.0934** (-2.54)	-0.496* (-1.86)	-0.0923** (-2.51)	-0.129 (-1.17)
density	0.0000952*** (2.88)	0.000 (0.22)	0.0000724** (2.18)	-0.000 (-0.15)
consumer	0.0133 (0.34)	-0.130 (-0.45)	0.0293 (0.76)	-0.016 (-0.13)

续表

变量	(1)	(2)	(3)	(4)
	气候适应型城市建设试点政策		碳排放权交易政策	
	匹配前	匹配后	匹配前	匹配后
education	0.650** (2.36)	-0.601 (-0.40)	0.543** (1.97)	-0.098 (-0.16)
banking	0.00905*** (3.21)	-0.016 (-0.95)	0.0106*** (3.78)	0.021 (1.58)
Constant	0.789*** (9.33)	1.916*** (3.14)	0.787*** (9.31)	0.906*** (3.48)
Observations	3360	198	3360	782
R - squared	0.792	0.890	0.792	0.868

（四）卡尺最近邻匹配——构造截面 PSM

本书基于多时点 PSM - DID 模型，对低碳城市试点政策进行稳健性检验，其思路是将面板数据转化为截面数据，构造截面 PSM 进行匹配。具体方法如下：(1) 将产业结构高级化、人口密度、社会消费程度、人力资本水平、金融发展水平设定为匹配变量；(2) 构造截面 PSM，即运用近邻匹配方法为低碳试点城市寻找满足共同支撑条件的最优对照组，将非共同支撑部分提出，从而得到最新匹配的数据；(3) 将匹配后的数据进行平衡性检验并分析匹配效果；(4) 运用多时间 DID 方法重新估计低碳城市试点政策对能源生态效率影响。

由图 5 - 3 可以看出，匹配后的样本标准性偏差除人口密度变量与匹配前接近外，其余四个变量匹配后标准性偏差均大幅度下降，均小于 20%，说明匹配存在效果，但是并没有满足严格的平衡性检验要求，即% bias 的绝对值应小于 10%。进一步使用核密度图考察两组倾向得分值在匹配前后是否存在差异。

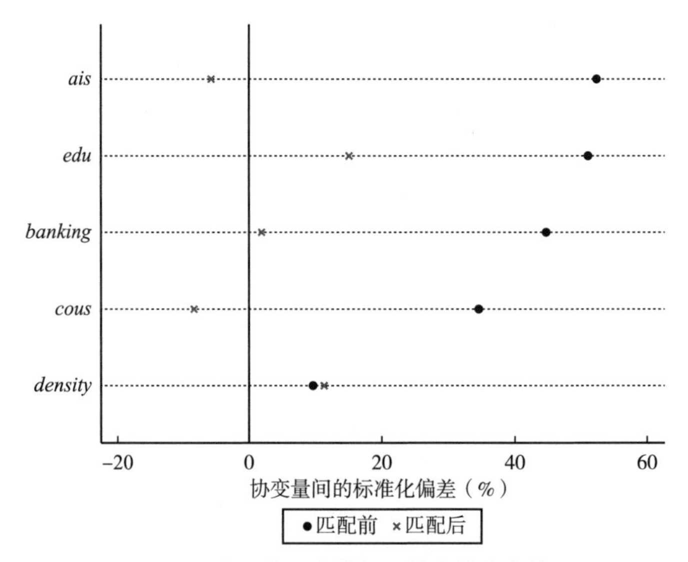

图5-3　满足共同支撑假设样本的分布情况

图5-4截面PSM平衡性检验可以直观看出两组间满足共同支撑假设样本的分布情况。实验组和对照组的绝大多数样本都在共同取值范围内，而不在共同取值范围内的样本非常少且集中于0附近。

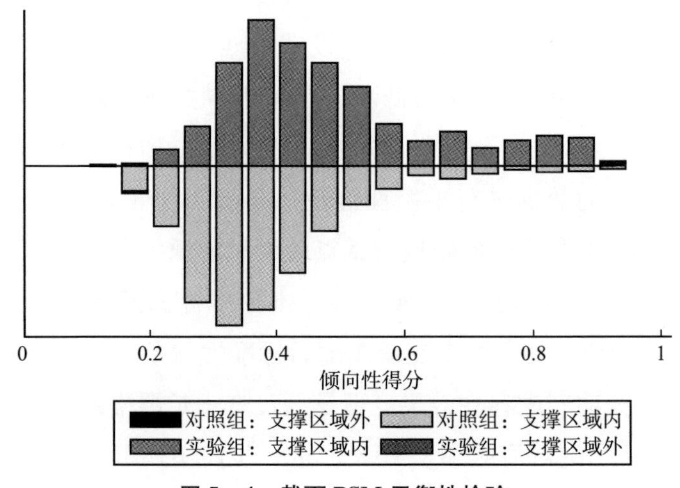

图5-4　截面PSM平衡性检验

进一步绘制倾向得分值的核密度图，坐标系中的垂线分别表示实验组和对照组的均值。其中实线为实验组，虚线为对照组。由图5－5可以看出，匹配前后倾向得分值依然存在偏差，但是匹配后的两条曲线之间的均值缩短，说明匹配有一定的效果。

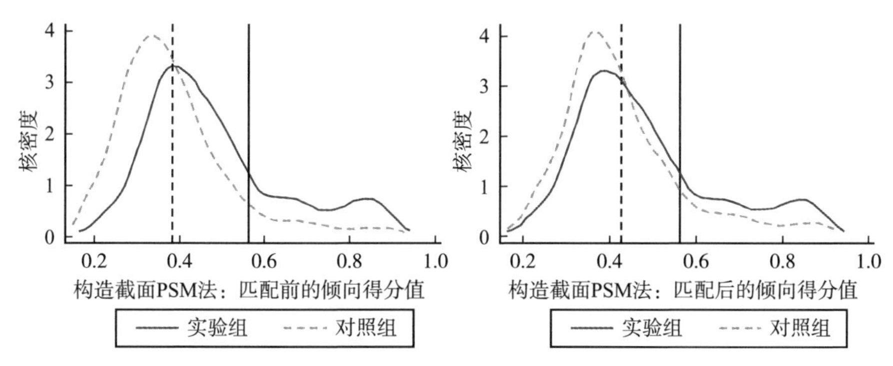

图5－5　截面PSM－DID核密度

再对回归结果进行对比，第（1）列为不添加控制变量的混合回归，第（2）列为多维固定效应回归，也就是上文的基准回归，第（3）列为使用权重不为空的样本回归，第（4）列为满足共同支撑假设样本回归，第（5）列为频数加权回归。我们可以看到核心解释变量低碳城市试点政策DID3在第（4）列的系数值大小与第（2）列相差不大，其余控制变量的系数也符合预期，这说明当考虑选择偏差问题后，基准回归结果依旧稳健（见表5－9）。

表5－9　　基准回归及截面PSM结果对比

变量	(1) OLS	(2) FE	(3) Weight! =.	(4) On_Support	(5) Weight_Reg
DID3	-0.0302*** (-5.5373)	0.0160* (1.9489)	0.0070 (0.8299)	0.0157* (1.9108)	0.0041 (0.4288)
ais		-0.0916 (-1.1568)	-0.0682 (-0.8954)	-0.0910 (-1.1431)	-0.0450 (-0.5394)

续表

变量	(1) OLS	(2) FE	(3) Weight！ =.	(4) On_Support	(5) Weight_Reg
density		0.0001** (2.0713)	0.0001* (1.7548)	0.0001** (2.1174)	0.0000 (0.0412)
consumer		0.0204 (0.3919)	-0.0335 (-0.6998)	0.0173 (0.3234)	0.0200 (0.3867)
education		0.5208 (1.2520)	0.5762 (1.0817)	0.4561 (1.0636)	0.2717 (0.3029)
banking		0.0099** (2.1518)	0.0144*** (3.4160)	0.0096** (2.0919)	0.0120*** (2.8945)
N	3360	3360	2309	3352	3977
Adj. R^2	0.0088	0.7713	0.7759	0.7715	0.8018

（五）卡尺最近邻匹配——逐年匹配

逐年匹配是将对照组样本按年份进行匹配，考察每一年份各协变量在两组间是否存在系统性偏差。比较匹配前后的核密度图可以发现，匹配后的对照组与实验组核密度曲线较匹配前更接近，且均值差异缩小，说明匹配有效果（见图5-6）。

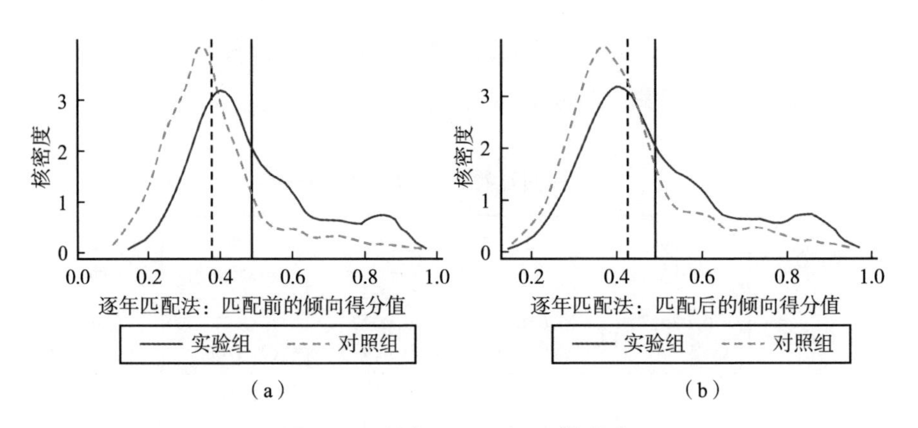

图5-6 逐年PSM-DID核密度

进一步进行五种回归结果对比，每一列回归所代表的含义与截面PSM－DID相同。表5－10结果中，第（4）列中满足共同支撑的系数与第（2）列固定效应的结果相差不大，说明结果比较稳健。

表5－10　　基准回归及逐年PSM－DID结果

变量	(1) OLS	(2) FE	(3) Weight! =.	(4) On_Support	(5) Weight_Reg
DID3	-0.0289*** (-5.4166)	0.0160* (1.9489)	0.0042 (0.4489)	0.0128 (1.5628)	-0.0009 (-0.0865)
ais	-0.0567*** (-2.9214)	-0.0916 (-1.1568)	-0.0845 (-0.9058)	-0.0960 (-1.2479)	0.0255 (0.2003)
density	0.0001*** (14.5728)	0.0001** (2.0713)	0.0001 (1.0335)	0.0001* (1.9539)	0.0000 (0.7221)
consumer	-0.2023*** (-7.5650)	0.0204 (0.3919)	0.0292 (0.5255)	-0.0142 (-0.2596)	0.0380 (0.5710)
education	1.3503*** (10.4595)	0.5208 (1.2520)	0.3553 (0.6674)	0.5061 (1.1458)	0.9060 (1.0770)
banking	-0.0077*** (-3.5295)	0.0099** (2.1518)	0.0074 (1.1072)	0.0094** (1.9878)	0.0051 (0.6376)
N	3360	3360	2260	3200	3902
Adj. R^2	0.1250	0.7713	0.7676	0.7719	0.7651

四、安慰剂检验

为了检验政策效应是否受到其他政策因素干扰，本书进行对气候适应型城市建设试点政策和碳排放权交易政策采用虚构实验组的方法进行安慰剂检验，随机抽取若干个样本，将其伪造成实验组，设定为虚拟变量，再与时间虚拟变量相乘，构建安慰剂检验的交互项进行回归，同时为了避免小概率事件的干扰，重复该实验500次，并将500次实验的回归系数值对应的p值和核密度进行绘制（如图5－7、图5－8所示）。如果回归系数在零点显著，则说明政策效应不受其他政策因素干扰。对低碳城市试点政策采用同样虚构政策虚拟变量和时间虚拟变量的方法，其余与上述步骤相同（如图5－9所示）。

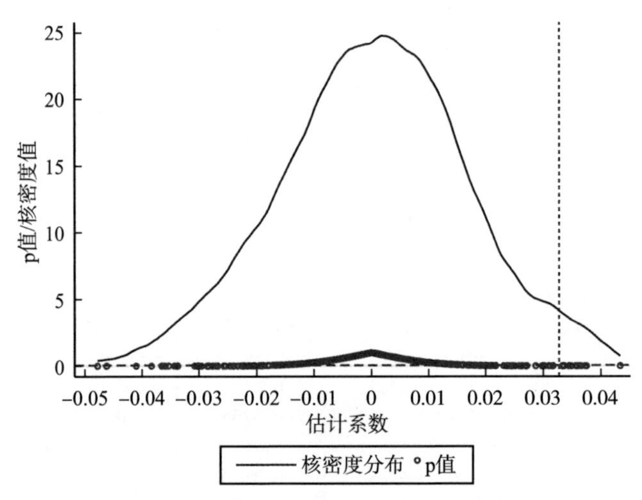

图5－7　气候适应型城市建设试点政策安慰剂检验结果

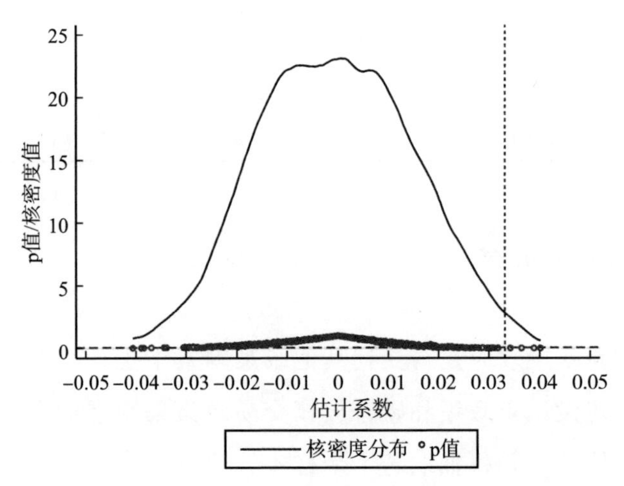

图5－8　碳排放权交易试点政策安慰剂检验结果

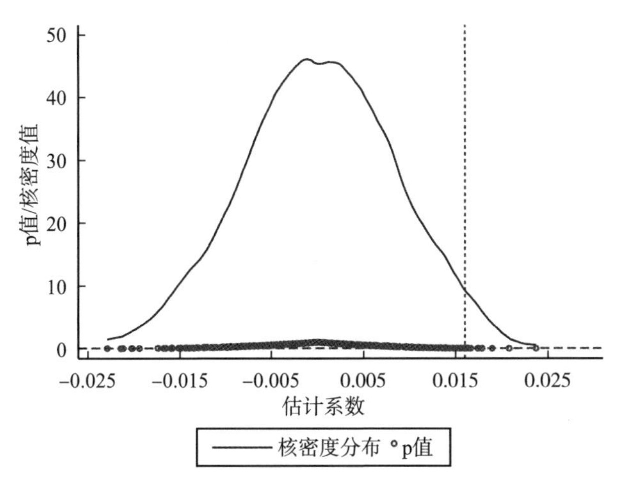

图5-9　低碳城市试点政策安慰剂检验结果

由图5-7、图5-8、图5-9可以看出，气候适应型城市建设试点政策、碳排放权交易试点政策以及低碳城市试点政策的回归系数均值均在0点附近，同时，图中的虚线为政策的真实回归系数，可以看出，政策真实回归系数值明显属于异常值。且p值大部分大于0.1的显著性水平。因此，可以说明气候适应型城市建设试点政策、碳排放权交易试点政策、低碳城市试点政策分别是导致地区能源生态效率变动的主要原因。

五、异质性分析

为了检验政策实施是否具有普适性，政策所产生的效应是否是因为地理位置、法治水平、环保要求标准不同等原因造成的差异，因此，本书对三种政策分别进行了异质性分析。

（一）东部、中部和西部地区的异质性分析

将样本按照东部、中部和西部地区进行划分，分别对气候适应型城市建设试点政策、碳排放权交易试点政策和低碳城市试点政策对地

区能源低碳转型效率的影响进行了异质性分析。划分东部、中部和西部地区的时间始于1986年，根据全国人大六届四次会议通过的“七五”计划正式公布。其中，东部地区包括北京、天津、河北、辽宁、上海、江苏、浙江、福建、山东、广东和海南等11个省（自治区、直辖市）；中部地区包括山西、内蒙古、吉林、黑龙江、安徽、江西、河南、湖北、湖南、广西等10个省（自治区、直辖市）；西部地区包括四川、贵州、云南、西藏、陕西、甘肃、青海、宁夏、新疆等9个省（自治区、直辖市）。

气候适应型城市建设政策和碳排放权交易试点政策对不同地区存在异质性。根据表5-11所示，第（1）、第（2）、第（3）列为气候适应型城市建设试点政策对地区能源低碳转型效率影响的异质性分析结果，核心解释变量系数分别为0.0254、0.0392***、0.0301；第（4）、第（5）、第（6）列为碳排放权交易试点城市政策对地区能源低碳转型效率影响的异质性分析结果，核心解释变量系数分别为0.00257、0.0413***、0.107**；第（7）、第（8）、第（9）列为低碳城市试点政策对地区能源低碳转型效率影响的异质性分析结果，核心解释变量系数分别为0.00805、0.0188*、0.0172。

首先，对于气候适应型城市建设试点政策的影响，结果显示，中部地区的政策效果最明显而且非常显著。这意味着实施气候适应型城市建设试点政策对中部地区的能源低碳转型效率具有显著的促进效应。

其次，对于碳排放权交易试点城市政策来说，异质性分析结果显示更为显著的差异。在东部地区，核心解释变量的系数为0.00257，表明该政策对东部地区的能源低碳转型效率影响较小。在中部地区，核心解释变量的系数为0.0413***，显示该政策对中部地区的能源低碳转型效率有显著的正向影响。而在西部地区，核心解释变量的系数为0.107**，表明碳排放权交易试点城市政策对西部地区的能源低碳转型效率具有显著的促进作用，且作用效果较大。

表 5 – 11　　东部、中部、西部地区的异质性分析

变量	(1)	(2)	(3)	(4)	(5)	(6)	(7)	(8)	(9)
	东部	中部	西部	东部	中部	西部	东部	中部	西部
	气候适应型城市建设试点政策			碳排放权交易政策			低碳城市试点政策		
*DID*1	0.0254 (1.45)	0.0392 *** (2.81)	0.0301 (1.63)						
*DID*2				0.00257 (0.19)	0.0413 *** (2.89)	0.107 ** (8.96)			
*DID*3							0.00805 (0.81)	0.0188 * (1.77)	0.0172 (0.82)
ais	0.166 *** (2.61)	−0.115 ** (−2.22)	−0.232 *** (−2.87)	0.169 (1.16)	−0.0947 (−0.74)	−0.247 (−1.60)	0.174 (1.19)	−0.114 (−0.89)	−0.231 (−1.48)
density	0.000104 ** (2.42)	−0.00000971 (−0.24)	0.000417 ** (2.24)	0.0000969 ** (2.31)	−0.00000148 (−0.03)	0.000417 (1.58)	0.0000972 ** (2.46)	−0.00000711 (−0.16)	0.000451 * (1.77)
consumer	−0.0778 (−1.43)	0.0262 (0.45)	−0.0283 (−0.30)	−0.0725 (−0.86)	0.0435 (0.50)	−0.0312 (−0.28)	−0.0737 (−0.86)	0.0456 (0.50)	−0.0301 (−0.27)
education	−1.488 *** (−3.64)	0.867 * (1.90)	2.553 *** (4.51)	−1.569 *** (−2.65)	0.870 (1.08)	2.478 *** (3.98)	−1.603 *** (−2.75)	0.854 (1.04)	2.370 *** (3.71)
banking	0.0142 *** (3.83)	0.000343 (0.06)	0.00509 (0.79)	0.0152 *** (3.84)	0.00185 (0.20)	0.00543 (0.48)	0.0151 *** (3.89)	0.000135 (0.01)	0.00583 (0.52)
_cons	0.272 * (1.83)	0.865 *** (7.20)	1.013 *** (5.34)	0.267 (0.77)	0.804 *** (2.67)	1.048 *** (2.93)	0.255 (0.73)	0.853 *** (2.85)	0.999 *** (2.78)
N	1164	1116	996	1164	1116	996	1164	1116	996

最后，对于低碳城市试点政策的影响，异质性分析结果显示一些差异，但相对前面两个政策不是非常明显。在东部地区，核心解释变量的系数为0.00805，表明该政策对能源低碳转型效率的影响可能有微弱的效果，且不显著。在中部地区，系数为0.0188*，表示该政策对中部地区的能源低碳转型效率具有正向影响。然而，在西部地区，核心解释变量的系数为0.0172，但不显著，表明低碳城市试点政策对西部地区的能源低碳转型效率可能存在一定的正向影响。

东部地区受益于气候适应型城市建设试点政策和低碳城市试点政策，而碳排放权交易试点城市政策的影响相对较小。中部地区在三个政策方面都表现出积极的效果，尤其是碳排放权交易试点城市政策对能源低碳转型效率的正向影响最显著。西部地区对气候适应型城市建设试点政策和低碳城市试点政策的响应较弱，而碳排放权交易试点城市政策对能源低碳转型效率的影响最为显著。

实证结果显示，在中国不同地区对气候适应型城市建设试点政策、碳排放权交易试点城市政策和低碳城市试点政策对地区能源低碳转型效率的影响方面存在一些差异。此结果验证了假说3，三大政策在不同区域政策效果存在异质性。说明没有普适的政策，可以在不同地区都展现出相同的效果。

下面具体分析政策效果存在区域间异质性的原因。

首先，东部地区作为经济发达地区，在气候适应型城市建设试点政策和低碳城市试点政策方面享受到更多的好处。对于东部地区来说，其经济相对发达，具有较高的技术和创新能力，因此对气候适应型城市建设试点政策和低碳城市试点政策的响应较为积极。这可能是因为这些政策有利于推动东部地区的经济结构调整和能源低碳转型，同时也符合该地区对环境保护和可持续发展的重视。碳排放权交易试点政策对东部地区的影响相对较小，可能是因为该地区已经具备较为成熟的低碳转型措施，政策的实施对能源低碳转型的影响相对较小。

其次，中部地区也具有较大潜力，在三个政策方面都表现出积极的效果，在碳排放权交易试点城市政策的推动下，能源低碳转型效率有明显提升。中部地区相对于东部地区来说，其产业结构相对较为传统，对能源低碳转型的需求较为迫切，因此对碳排放权交易政策的响应较为积极。此外，中部地区还可能在政策实施和执行方面具有较强的能力，能够更好地落实和执行各项政策，从而提升能源低碳转型的效果。

最后，西部地区在低碳城市试点政策方面的响应较弱，这可能是由于该地区相对落后的经济发展水平和技术能力限制了其对低碳城市试点政策的有效实施。这可能是因为在该地区，实施低碳城市政策所需的技术、投资和资源可能相对匮乏，政策措施增加了该西部地区成本负担，因此政策实施可能面临较大的困难。此外，西部城市可能过于追求“单位 GDP 碳排放量”下降，执着于 GDP 总量的增加，造成碳排放总量也随之增加，造成政策效果并不显著。然而，碳排放权交易试点城市政策对西部地区的影响最为显著，可能是因为该政策对碳排放管理和控制具有直接的、可量化的效果，能够通过市场机制促使企业更加关注和降低碳排放水平。对于西部地区而言，其资源丰富、能源密集型产业相对较多，碳排放问题对其发展具有较大的影响，因此对碳排放权交易政策的响应较为积极。此政策能够通过碳市场的运作，激励企业主动采取减排措施，从而提高能源低碳转型效率。

（二）地区法治水平的异质性分析

根据赵云辉等（2019），法治水平用每万人中律师所均数和每万人中律师人数均数来测量。这个指标反映了一个地区的法律专业从业者的数量和法律服务的供给水平。法治水平高的地区通常拥有更多的律师资源和更发达的法律服务体系，法律意识和法律环境相对健全。相比之下，法治水平低的地区往往面临法律服务供给不足的问题，律师资源较少，法律意识和法律环境相对薄弱。为了缓解潜在的内生性，本书通过环境政策发生前一年的地区法治水平的中位数进行分组，并拓展到全样本。

根据表5-12的实证结果，三种政策的交互项系数均存在显著性。这验证了假说3，气候适应型城市建设试点政策和碳排放权交易试点政策、低碳城市试点政策对不同法治水平存在异质性。我们将三个政策因素对地区能源低碳转型效率的影响在地区法治水平的差异进行了异质性分析。

首先，针对气候适应型城市建设试点政策，可以观察到核心解释变量系数在法治水平高的地区为0.0503***，而在法治水平低的地区系数为0.00271。这表明在法治水平高的地区，气候适应型城市建设试点政策对地区能源低碳转型效率的影响更加显著和正向。这可能是因为法治水平高的地区具备更完善的法律框架和制度环境，能够更好地落实和执行气候政策，从而促进能源低碳转型的效果更好。

其次，对于碳排放权交易试点城市政策，我们发现在法治水平高的地区核心解释变量系数为0.0544***，而在法治水平低的地区系数为0.0183。这表明在法治水平高的地区，碳排放权交易试点城市政策对地区能源低碳转型效率的影响更显著且正向。这可能是因为在法治水平高的地区存在更健全的法律监管和执法机制，碳排放权交易政策能够更有效地被执行和监督，从而推动地区能源低碳转型的效果更为显著。

最后，针对低碳城市试点政策可以发现，在法治水平高的地区，核心解释变量系数为0.00281，而在法治水平低的地区系数为0.0224**。我们注意到，在法治水平低的地区，低碳城市试点政策效果反而非常显著，笔者认为可能有以下两种原因：第一，第三批低碳城市试点给予地方政府较大的权利，要求地方政府因地制宜，发挥自身优势制定节能减碳政策，因此法治水平低的城市，对于政策的自由

发挥空间越大越具有创新潜力，制定更贴合自身实际的低碳转型政策；第二，参考刘天乐和王宇飞的研究（2019），由于不同地区的碳排放因子差距很大，很难用统一的标准去衡量不同城市的碳排放水平，因此，在编制碳排放清单碳排放因子时，给了地方人员很大的自由选择的空间。法治水平低的地方，地方人员在编制碳排放清单时可能更倾向于选取对自身地区有利的碳排放因子、活动水平等，造成法治水平低的地区反而能源生态效率高的假象。

综上所述，三大政策在不同法治水平下存在异质性，假说 4 得到验证。

表 5 – 12　　地区法治水平的异质性分析

变量	(1)	(2)	(3)	(4)	(5)	(6)
	气候适应型城市建设试点政策		碳排放权交易试点政策		低碳城市试点政策	
	高水平	低水平	高水平	低水平	高水平	低水平
*DID*1	0.0503 *** (4.21)	0.00271 (0.17)				
*DID*2			0.0544 *** (4.02)	0.0183 (1.38)		
*DID*3					0.00281 (0.23)	0.0224 ** (2.10)
ais	−0.203 *** (−3.75)	−0.00287 (−0.06)	−0.134 (−1.20)	−0.0491 (−0.43)	−0.222 ** (−2.25)	−0.00663 (−0.06)
density	0.0000217 (0.51)	0.000197 *** (3.89)	0.0000508 (1.00)	0.000127 ** (2.56)	0.0000206 (0.50)	0.000179 *** (3.39)
consumer	−0.0403 (−0.67)	0.0519 (1.02)	−0.00104 (−0.01)	0.0416 (0.68)	−0.0425 (−0.44)	0.0519 (0.87)

续表

变量	(1)	(2)	(3)	(4)	(5)	(6)
	气候适应型城市建设试点政策		碳排放权交易试点政策		低碳城市试点政策	
	高水平	低水平	高水平	低水平	高水平	低水平
education	0.739* (1.95)	0.556 (1.42)	0.456 (0.71)	0.661 (1.18)	0.646 (1.05)	0.490 (0.89)
banking	0.00828** (2.11)	0.00841** (2.11)	0.00951 (1.51)	0.0114* (1.68)	0.0106* (1.86)	0.00904 (1.28)
_cons	1.079*** (8.80)	0.538*** (4.59)	0.905*** (3.56)	0.660** (2.49)	1.119*** (5.11)	0.548** (2.02)
N	1464	1896	1512	1848	1464	1896

综上所述，地区法治水平的差异对于不同环境政策对地区能源低碳转型效率的影响具有一定的调节作用。法治水平高的地区往往能够更好地落实和执行环境政策，从而促进能源低碳转型的效果更为显著。这强调了法律和制度环境在推动环境政策实施和能源低碳转型方面的重要性。

（三）地区环保标准强度的异质性分析

参考任晓松等（2020）的研究，本书通过环保标准强度来作为衡量地区环境规制水平的指标，具体计算方法为地区所在省份的工业污染治理完成投资与第二产业增加值的比值。这一指标可以反映一个地区环境规制的严格程度和对工业污染治理的投入水平。为了缓解潜在的内生性，本书通过环境政策发生前一年的环境规制水平的中位数进行分组，并拓展到全样本。

由表5-13可以看出，对于环保标准强度较高的地区，气候适应型城市建设试点政策、碳排放权交易政策、低碳城市试点政策的核心

解释变量系数分别为0.0340**、0.0673***、0.0389***，在环保标准强度低的地区的核心解释变量分别为0.0318**、0.0105、-0.00224。无论是系数大小还是显著性均不如环保标准强度高的城市，这验证了假说5，在不同政策措施下，地区的环保标准强度对能源低碳转型效率的影响存在差异。高环保标准强度地区在不同政策措施下呈现不同的效果。这可能是因为高环保标准强度地区具备较为完善的环境法规体系和严格的环境监管机制，使得政策的实施更加有效。因此，这些地区更容易受到环境政策的冲击，能够更好地推动能源低碳转型。

高环保标准强度地区在环境意识、法律执行和监管力度等方面相对较强，企业面临的环境压力和约束较大，因此更加积极地采取措施来提高能源低碳转型效率。此外，高环保标准强度地区的企业也更倾向于投入更多的资源和技术来适应环境政策的要求，从而进一步提升能源低碳转型效率。

表5-13　　地区环境规制水平的异质性分析

变量	(1)	(2)	(3)	(4)	(5)	(6)
	气候适应型城市建设试点政策		碳排放权交易政策		低碳城市试点政策	
	高水平	低水平	高水平	低水平	高水平	低水平
*DID*1	0.0340** (2.38)	0.0318** (2.45)				
*DID*2			0.0673*** (5.37)	0.0105 (0.81)		
*DID*3					0.0389*** (2.94)	-0.00224 (-0.22)
ais	0.0341 (0.66)	-0.291*** (-5.36)	-0.0701 (-0.59)	-0.0860 (-0.83)	-0.186* (-1.74)	0.0335 (0.29)
density	0.000133 (1.35)	0.0000621* (1.75)	0.000228 (1.21)	0.0000561 (1.19)	0.0000757 (0.98)	0.000130*** (3.76)

续表

变量	(1)	(2)	(3)	(4)	(5)	(6)
	气候适应型城市建设试点政策		碳排放权交易政策		低碳城市试点政策	
	高水平	低水平	高水平	低水平	高水平	低水平
consumer	0.0376 (0.72)	-0.0326 (-0.57)	0.0205 (0.34)	0.00601 (0.07)	0.126 (1.52)	-0.0545 (-0.77)
education	1.354*** (3.45)	0.0414 (0.11)	1.487*** (2.92)	-0.484 (-0.80)	1.632** (2.51)	-0.208 (-0.36)
banking	0.0144*** (3.59)	0.00314 (0.79)	0.00901 (1.17)	0.0102** (2.39)	-0.00112 (-0.14)	0.0178*** (3.42)
_cons	0.454*** (3.87)	1.293*** (10.27)	0.674** (2.39)	0.816*** (3.31)	0.956*** (3.90)	0.512* (1.90)
N	1728	1632	1776	1584	1668	1692

第五节 本章小结

根据实证分析的基准回归及异质性分析。可得出以下结论：

在基准回归中，气候适应型城市建设试点政策和碳排放权交易试点政策表现良好，展现出积极的政策效应。低碳城市试点政策对能源生态效率具有一定的促进效果，但政策效果不如前两种政策。基于低碳城市试点城市，提出以下政策建议。

（1）为碳排放量制定具体的、科学的量化标准。构建一个具体到城市层面的碳排放量科学监测、核算体系，并建立与之相对应的考核标准。建立“可评价、可测量、可推广”的碳排放管理平台。将考核评价结果纳入干部考核体系，对地方政府执行碳减排行动施加约束性。

（2）有必要建立差异化的碳减排评价机制，为了避免当地政府追求绩效，谎报数据的行为，引入第三方评价机制。引入考核清退机

制，调动地方政府碳减排行动的积极性。

（3）设立专项资金。鼓励企业、机构建立低碳发展基金，参与社会捐赠等。提高基金使用的透明度与管理效率。重视金融业在能源低碳转型发展中的作用，充分考虑地区自身特色，推动低碳理念下的金融产品和服务方式，比如绿色金融、绿色证券等。

异质性分析显示，在不同地区三大政策显示出不同的政策效应。其中，中部地区在三大政策下表现出积极的政策效果。因此，当地政府应该因地制宜，充分考虑本地区资源环境差异，根据自身特色和产业发展特点发展适合的低碳转型政策。

为了加强地区能源低碳转型的效果，需要进一步加强法治建设，健全区域的法治水平、提升法律意识和法律服务水平，丰富地区相关低碳转型的政策条例，并加强环境政策的执行和监督力度，特别是在法治水平相对较低的地区。

异质性分析显示，在环保标准高的地区，政策效果更加明显。当地政府应该加强地方的环保标准强度，制定关于环保标准的企业进入退出机制。允许符合环保要求的企业在当地建厂，对于高污染、高耗能、高排放的企业给予相应的警示和处罚，要求其改正并择期考察，对于屡次不符合改正要求的企业予以清退关闭。

政府应健全碳排放权交易市场机制，建立多样的碳排放权交易机制。地方政府要充分起到“政府协调”的辅助作用，协助碳排放权交易政策的市场机制更好发挥作用。丰富市场化的碳减排机制。市场化碳减排机制强调市场在资源配置中的主体作用，更能调动企业、机构、团体等主动参与到碳减排过程中的积极性。

第六章

能源低碳转型的国际经验借鉴

第一节　国际低碳城市发展的典型案例——英国伦敦

伦敦市作为全球最大的金融中心之一，自然也成为了英国低碳经济转型的关键城市之一。伦敦市政府在过去二十年中制定了一系列政策和措施，鼓励低碳经济的发展，并取得了显著的成效。下面本节就伦敦市低碳转型的过程、策略和成果进行分析。

一、伦敦市低碳转型的背景和目标

2016 年，英国和其他 174 个国家共同签署了《巴黎协定》，目的是将全球平均气温较前工业化时期上升幅度控制在 2℃以内，并努力将温度上升幅度限制在 1.5℃以内。如果超过 1.5℃，气候变化的风险将会影响人类的生存安全。2018 年，伦敦市长发布了《伦敦环境战略》，这是全球第一个符合《巴黎协定》最高目标的战略文件，其中提出了“减缓气候变化”和“适应气候变化”两个方面的目标和举措。减缓气候变化的行动路径是打造零碳城市，伦敦提出要在 2050

年实现零碳城市的目标。该计划旨在促进低碳经济的发展，提高城市的生态可持续性和经济竞争力（见图6－1）。

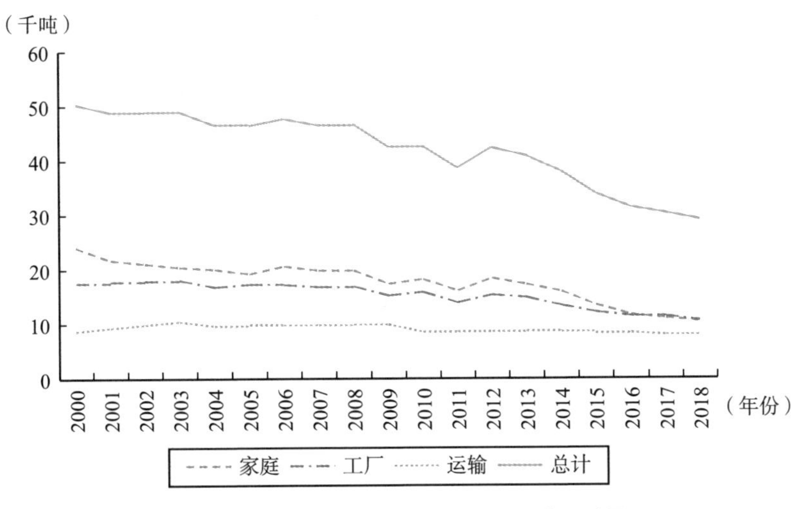

图6－1　伦敦按行业划分的二氧化碳排放量

数据来源：伦敦数据存储－大伦敦管理局（london. gov. uk）。

二、伦敦市低碳转型的策略和措施

（一）低排放区

低排放区（Low Emission Zone，LEZ）是伦敦市政府为减少车辆尾气排放和改善空气质量而设立的区域，对高排放车辆收取费用，以鼓励市民使用更环保的交通方式。这项政策旨在减少交通污染，降低空气污染水平，并为城市居民提供更加健康的生活环境。自2019年4月起，“史上最严”的车辆尾气超低排放区（Ultra－Low Emission Zone，ULEZ）政策在英国伦敦正式生效，对驶入市中心的车辆征收“超低排放区”费用，即每车每天12.5英镑（约合109.5元人民币），该政策将减少氮氧化物排放和颗粒物排放。

伦敦市一直面临空气污染问题，其主要污染源之一就是车辆尾气排放。据伦敦国王学院的数据，每年有超过9000人因空气污染而死亡，而且空气污染还给医疗系统和社会带来了巨额的额外负担。因此，LEZ政策的实施可以帮助减少车辆尾气排放，改善空气质量，保障公众的健康和福利；LEZ政策的实施还可以促进伦敦市的低碳转型，为城市可持续发展奠定基础。

通过对高排放车辆日间和晚间收费，可以激励市民采用更加环保的交通方式，如公共交通、自行车和步行等。另外，LEZ政策还可以鼓励车主更新车辆，选择更加环保的车型，以此为未来城市的可持续发展奠定基础。然而，LEZ政策的实施也面临一些挑战，该政策的实施需要高昂的成本，需要投资安装测量和监测设施，建立管理和执法机制等。

（二）可再生能源

伦敦市政府一直鼓励市民使用可再生能源，且一直在推动可再生能源的发展，以减少对化石燃料的依赖，降低碳排放和温室气体的影响。例如，在城市范围内建设风力和太阳能发电站，并通过政策支持来促进这些发电站的建设。这些发电站可以为城市提供更加清洁和可持续的能源来源，同时促进可再生能源技术的发展和创新。

如今，伦敦的可再生能源发展状况良好。根据英国政府发布的数据，英国2020年发电量中可再生能源占比高达43%，英国的可再生能源发电总量以风力发电为主，其中，伦敦阵列（London Array）是一个位于英国肯特海岸20公里处的海上风电场，拥有175台涡轮机和630兆瓦的发电能力。该阵列曾经是世界上最大的海上风电场，但目前已经被2018年的Walney Extension超越。该阵列的目标是每年减少约2万吨的二氧化碳排放量，相当于900万辆汽车

的排放量[①]。太阳能的发电量也达到了28%，而化石燃料在能源结构中比例降至37.7%的历史最低点[②]。伦敦市积极推广在建筑、机场、地铁站、桥梁等伦敦市标志性建筑物上安装太阳能板，提供清洁能源，并为市政府建筑物提供更加可持续的能源。

伦敦市政府颁布了一系列政策措施，以推动可再生能源的发展。伦敦市政府制定的《伦敦环境战略》，其中包括提高可再生能源使用率、降低碳排放和改善空气质量等目标。未来，伦敦的可再生能源发展将呈现出以下趋势：首先，太阳能和风能将继续成为伦敦主要的可再生能源。由于伦敦市区建筑密集、场地有限等特点，太阳能和风能等分散性能源将成为首选。其次，伦敦将继续投资和研发其他可再生能源。伦敦市政府表示将继续支持各种可再生能源项目，以推动可再生能源的发展。

（三）能源效率

伦敦市政府正在推广提高能源效率措施，通过提高能源效率，减少家庭和企业需要的能源数量。英国政府已经通过能源效率措施为最低收入的家庭每年节省了约300英镑的账单，且正在投资超过60亿英镑用于国家的家庭和建筑的脱碳[③]。这些措施可以减少城市的能源消耗，降低碳排放量，并为城市居民提供更加舒适和健康的生活环境。

伦敦的能源效率状况仍有提升空间。根据全球大气研究排放数据库（Emissions Database for Global Atmospheric Research，EDGAR）发布的数据，英国的人均碳排放量已经从1980年的10.3吨/人每年降至

---

① 资料来源：伦敦阵列 - 维基百科（wikipedia.org）。

② 资料来源：英国2020年发电量中可再生能源占比高达43% - pv magazine China（pv-magazine-china.com）。

③ 资料来源：英国能源安全战略 - GOV.UK（www.gov.uk）。

2018年的5.6吨/人每年①，但仍然有较大的提升空间。伦敦的建筑物是最大的能源消耗者之一，而建筑物的节能潜力非常大。伦敦市政府已经实施了多项政策措施，以推动建筑节能。伦敦市为有建筑产生能量需求的企业安装了数据采集系统，以监测能源使用情况。大型建筑、工业和公用设施运营者必须定期提交预测数据，以确保一致的数据采集和共享。伦敦市政府实施了一系列政策措施，以提高能源效率、降低碳排放和改善空气质量等。例如提供建筑节能项目资金支持、推广低碳交通方式、支持智能能源管理等。伦敦市政府还积极与企业和居民合作，共同推动能源效率的提高。例如，伦敦市政府与企业合作推广节能灯泡和智能家居系统，促进节能和能源管理。

伦敦的能源效率发展未来将呈现以下趋势。第一，建筑节能将继续成为伦敦推进能源低碳转型的重点。随着新技术的不断推广和成熟，建筑节能潜力将越来越大。例如，智能建筑管理系统、绿色建筑材料和节能技术的不断发展和应用，将有助于提高建筑节能水平。第二，低碳交通将继续得到重视，伦敦市计划在2040年前使所有新车辆都为零排放车辆，推广电动汽车和其他低碳交通方式，降低交通能源的消耗和碳排放。第三，智能能源管理将逐渐普及。随着智能化技术的不断发展和应用，智能能源管理系统将有助于优化能源使用效率、降低成本和碳排放。

然而，伦敦的能源效率发展仍面临一些挑战和限制。首先，缺乏资金和投资是实现能源效率的主要限制之一。虽然伦敦市政府制定了多项政策措施和资金支持，但仍需更多的资金和投资才能实现全面的能源效率改善。其次，技术和市场方面的挑战也是制约能源效率提高

① 资料来源：各国人均二氧化碳排放量列表 - 维基百科，自由的百科全书（wikipedia.org）。

的因素之一。一些新技术和节能产品的市场普及程度仍不高，而一些成熟的节能技术在应用过程中仍存在技术难题和成本问题。

综上，只有通过政策、技术和市场等多方面的综合努力，才能实现伦敦的能源效率大幅提升和环境可持续发展。

（四）低碳交通

伦敦市政府正在鼓励市民使用电动汽车和电动自行车，以减少交通排放。这项政策旨在降低交通污染和碳排放，同时促进电动交通技术的发展和创新，为城市居民提供更加环保和健康的出行方式。根据伦敦市政府的数据，目前，伦敦各行政区已经安装了13000个充电点，这个数据比2019年增加了超过200%，为城市居民提供更加便捷的电动交通设施[①]。伦敦市政府已经制定了《英国道路近旁氮氧化物减排计划》和《零排放之路》，进一步明确了2040年停止传统燃油车新车销售，所有新车辆都为零排放车辆的规划愿景。在这个问题上，伦敦一直走在英国和全球前列，为其他城市提供了一些有益的经验。

（1）英国的电动汽车数量正在迅速增长。英国2022年的汽车年产量下降9.8%，为775014台，原因是全球晶片供应不足，以及结构调整对生产的影响。但电动车的生产量却达到了一个新的高度，几乎有1/3的车辆是全电力或者混合电力汽车，而且这个数字还在不断增长[②]。与此同时，伦敦的充电设施也在不断建设和完善。伦敦市政府已经投资建设了大量的充电站，其中快速、超快速充电桩850个。这些充电站的建设将为伦敦的电动汽车提供更好的充电基础设施，同时也为伦敦市民提供了更多的使用电动汽车的机会。

---

① 资料来源：伦敦将安装数千个电动汽车充电点｜前途科技（accesspath. com）。

② 资料来源：2022年英国汽车产量下降，电动汽车产量激增－美通社PR－Newswire（pr-nasia. com）。

（2）伦敦市政府制定和实施了多项支持电动汽车的政策和措施。例如，伦敦的拥堵费用中心实施了减免拥堵费用的政策，为使用电动汽车的车主提供了更多的优惠和福利。此外，伦敦市政府还推出了多项电动汽车资助计划，包括免费或减免停车费、免费路税等。这些政策和措施的实施，将进一步鼓励更多的车主使用电动汽车。

（3）伦敦的公共交通也在逐步推广电动汽车。伦敦的公交系统已经逐步引入电动巴士，并逐步取代传统的柴油公交车。据伦敦市政府数据显示，截至2022年3月，伦敦公共汽车共有8795辆，其中混合能源公共汽车有3854辆，电动公共汽车有785辆，氢能公共汽车有22辆，而且这个数字还在不断增长[①]。同时，伦敦的黑色出租车也在逐步推广电动汽车。伦敦市政府推出了一项支持出租车司机购买电动汽车的计划，鼓励更多的出租车司机使用电动汽车。

但是，伦敦的电动交通发展仍然面临一些挑战和限制。首先，电动汽车的价格仍然相对较高，而且充电时间也较长，这使得一些人仍然不愿意购买电动汽车；其次，伦敦的电动汽车充电基础设施建设仍然不够完善，一些地区的充电站密度仍然比较低，这也限制了电动汽车的普及和使用；最后，伦敦的道路拥堵仍然很严重，虽然电动汽车可以减少空气污染，但是拥堵问题仍然无法完全解决。

为了解决这些问题，伦敦市政府正在采取多项措施来进一步推广电动交通。首先，伦敦市政府计划在未来几年内继续投资建设更多的充电站，特别是在城市边缘和远离市中心的地区；其次，伦敦市政府计划在未来数年内逐步禁止柴油和汽油车辆进入城市中心，这将进一步推广电动汽车的使用；最后，伦敦市政府还计划进一步完善公共交通电动化，包括引入更多的电动巴士和电动火车等。

总之，伦敦的电动交通发展已经取得了一定的成果，但仍然面临

① 资料来源：伦敦公交－维基百科，自由的百科全书（wikipedia. org）。

挑战和限制。伦敦市政府将继续采取多项措施，进一步推广电动交通，并建立更加完善的电动交通基础设施和政策支持体系。这将有助于减少城市交通拥堵和空气污染，提高城市环境质量，同时也为其他城市提供了有益的经验和借鉴。

（五）循环经济

伦敦一直致力于推进循环经济的发展。循环经济是指通过设计和实现物品的循环利用，实现资源的最大化价值，减少浪费和环境污染的经济模式。例如，通过废弃物处理和回收利用来减少垃圾量。这项措施旨在减少城市垃圾量，促进资源的回收和再利用，降低碳排放和环境污染，并为城市创造更加可持续和环保的发展模式。据伦敦市政府的数据，2020 年，伦敦市的废弃物回收率达到了 33%[①]，其中包括废纸、废塑料、废金属等材料。此外，伦敦市政府还鼓励市民采用可回收材料的产品和包装，以降低城市垃圾量。在伦敦，循环经济的发展已经成为政府和企业共同努力的方向，具有重要的意义。

目前，伦敦的循环经济发展已经取得了一些成果。伦敦市政府已经出台了一系列政策措施，以促进循环经济的发展。例如，伦敦市政府通过限制单次使用塑料袋的数量和征收税费的方式来鼓励人们使用环保购物袋；另外，伦敦市政府还出台了一些政策鼓励企业实现废物的资源化利用。这些政策的实施，为伦敦的循环经济发展提供了重要支持。伦敦的企业界也积极响应政府的号召，开展了一些循环经济相关的实践和项目。例如，一些企业开始采用可持续材料和生产方式，减少对自然资源的依赖和损耗；另外，一些企业也开始实施废物的回收利用，如废旧电器、塑料瓶等。除了政策和企业的积极参与，伦敦的居民也开始逐渐关注循环经济，采取一些行动来支持循环经济的发

① 资料来源：伦敦数据存储－大伦敦管理局（london. gov. uk）。

展。例如，一些居民主动选择使用环保袋、降低食品浪费等行为，这些行为有助于减少资源消耗和浪费，为循环经济的发展提供了有益的支持。

但是，伦敦的废物回收利用体系仍然不够完善，回收率和利用率有待提高。循环经济需要企业和居民的积极参与和投入，但是一些人仍然缺乏环保意识，这也限制了循环经济的发展。此外，循环经济的实践和投资需要较长的周期和投入，这也使得一些企业不愿意参与循环经济。为了应对这些挑战，伦敦政府和企业需要采取更加积极的措施，进一步推进循环经济的发展。以下是一些可能的建议：第一，伦敦政府可以进一步完善循环经济的相关政策，鼓励企业和居民采取更加环保和可持续的生态保护行为。例如，政府可以通过税收和奖励等方式，激励企业采取环保生产方式和产品设计，同时还可以鼓励居民采取环保购物、废弃物分类和回收等行为。第二，伦敦的企业可以加强循环经济实践和投资。企业可以采用可持续材料、设计可循环利用的产品，开展废弃物的回收和再利用等实践。此外，企业也可以增加对循环经济的投资，推动技术创新和产业升级，以更好地适应循环经济发展的趋势。第三，伦敦的居民也可以积极参与循环经济，采取一些环保行为。居民可以积极参与废弃物分类和回收等环保行动，为循环经济的发展贡献力量。通过政策支持、企业实践和居民参与，伦敦的循环经济将有望取得更加显著的成果，为城市的可持续发展和环境保护做出更大的贡献。

三、总结

伦敦市政府在过去十年中实施了一系列低碳转型策略和措施，取得了显著的成果。伦敦市政府在可再生能源、能源效率、电动交通、循环经济等领域实施的一系列措施，使伦敦市的城市环境有了较大的

提升。伦敦市作为全球最大的金融中心之一，低碳经济转型必定是其未来发展的重要方向。伦敦市政府制定了一系列低碳转型政策，并取得了显著的成果。未来，伦敦市政府还将继续推进低碳经济的发展，实现更加清洁、可持续和繁荣的目标。

第二节　国际低碳城市发展的典型案例——美国波特兰

当前，低碳转型已成为各国努力降低碳排放的重要途径。本节以美国波特兰市为例，探讨其低碳转型经验，并分析其对全球低碳转型的启示和意义。

一、波特兰低碳转型的背景

波特兰市是美国俄勒冈州的最大城市，波特兰市的可持续发展运动发起于20世纪70年代。当时，城市和工业的迅速发展对环境造成了很大的影响，而70年代的两次石油危机，更是推动波特兰市制定了一系列环保法规，包括保护森林和农田、保护城市交通、开发城市、使用可再生能源等，这些都是波特兰可持续发展的重要因素。根据波特兰市政府官网公开资料，波特兰市于2015年发布了《2035年综合规划》和《2035年中心城市》，致力于推动经济、环境和社会的可持续发展，并在此基础上逐渐推进能源低碳转型。

波特兰市是美国第一个制订全面计划减少二氧化碳排放的城市。波特兰市和马尔特诺马县在2009年发布了“波特兰气候行动计划”，该计划旨在通过采取一系列措施，包括提高能源效率、使用更多的清洁能源、改善交通系统等来减少碳排放量。此外，该计划还包括一些

其他目标，如增加城市绿地面积、改善空气质量等。自2006年以来，波特兰市采取了一系列举措，旨在推动低碳转型的发展。截至2019年，波特兰市的碳排放量较2006年已经下降了41%，政府要求到2030年，将城市运营的碳排放量减少53%，到2050年，必须将碳排放量减少到零（如图6－2所示）①。在实现这一目标的过程中，推广可再生能源是重要措施之一。波特兰市政府通过鼓励居民和企业使用太阳能和风能等可再生能源，来减少煤炭等化石燃料使用，从而减少温室气体的排放。此外，波特兰市还鼓励居民和企业使用电动车、自行车等低碳交通工具，以及提高建筑能效、改进废弃物处理等来减少碳排放。

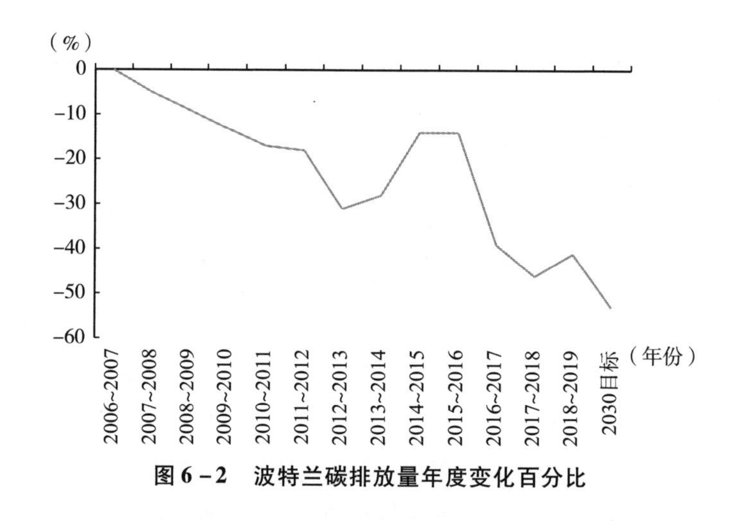

图6－2　波特兰碳排放量年度变化百分比

二、波特兰低碳转型的主要举措

（一）可再生能源

波特兰致力于推广可再生能源，设定了可再生能源目标，旨在到

① 资料来源：碳排放 |Portland. gov。

2030年，从可再生资源中产生或购买100%的城市运营电力，所有市政府机构和运营商的用电量都由可再生能源提供。这意味着波特兰市需要在未来几年内建造更多的太阳能和风能发电厂，并加强城市的能源储存能力，以保证可再生能源的可靠供应。

波特兰市是美国太阳能容量排名前十的城市之一，目前有17个城市房产拥有太阳能阵列，规模从8千瓦到267千瓦不等，产生了近700千瓦的太阳能容量。这相当于每年为波特兰的140个家庭供电[①]。这主要归功于市政府的政策支持，以及市内居民和企业对可再生能源的广泛接受。此外，波特兰市还制订了一些激励计划，例如，补贴和税收减免，以鼓励更多的人安装太阳能板。

同时，俄勒冈州政府还在推动风能的发展，鼓励更多的风能发电站建设。风力发电占俄勒冈州发电量的11.6%，占俄勒冈州能源消费的4.69%。自2001年俄勒冈州第一个风力设施建成以来，俄勒冈州的风力发电能力已大幅增长。俄勒冈州拥有3415兆瓦的风力发电量，在全国总的风力发电量方面排名第九，在美国西部电力协调委员会的14个州中排名第三[②]。波特兰通用电气（Portland General Electric）在西北地区的风电场提供超过1000兆瓦的清洁、可持续能源，足够为相当于34万个家庭提供电力[③]。

另外，波特兰市在智能电网方面也取得了一定的成就。智能电网是一种基于数字技术的电力系统，它能够更有效地管理和分配电力。波特兰市正在建设一个智能电网，将太阳能、风能、储能等可再生能源整合，通过数据分析和智能控制，实现电力的高效分配。

---

① 资料来源：Renewable energy | Portland. gov。

② 资料来源：俄勒冈州：俄勒冈州的能源 - 风能（oregon. gov）。

③ 资料来源：Energy Sources | How We Generate Energy（portlandgeneral. com）。

总的来说，波特兰市在发展可再生能源方面取得了一系列成就，成为全球可再生能源发展的佼佼者。未来，波特兰市将继续致力于可再生能源的开发和应用，以推动更加环保和可持续的发展。

（二）绿色建筑

波特兰市在绿色建筑方面也走在了全美前列。该市要求新建筑必须符合绿色建筑标准，这些标准涉及建筑的能源效率、水资源利用和室内环境质量等方面。波特兰还有一个“绿色屋顶”计划，旨在鼓励市民在屋顶上种植植被，以提高城市的环境质量和水资源管理能力。波特兰的建筑绿色化程度非常高，自 2001 年以来，波特兰市的绿色建筑政策要求所有新入住的城市建筑必须按照美国绿色建筑委员会的能源与环境设计先锋（Leadership in Energy and Environmental Design，LEED）计划所制定的绿色建筑标准来建造。LEED 是一个关于高性能绿色建筑的设计、建造和运营的评级系统。根据美国绿色建筑委员会的数据，波特兰拥有 175 个 LEED 认证的建筑，使它成为美国人均 LEED 认证建筑数量最多的城市。波特兰市政府制定了严格的绿色建筑准则和规范，并采取了一系列的政策措施，以鼓励和推动绿色建筑的发展。

波特兰市制定了绿色建筑准则，即“绿色建筑政策和计划”，旨在推动建筑业可持续发展，该准则包括建筑设计、施工、维护和拆除等各个环节。该准则要求建筑必须符合一系列的环境和能源标准，包括建筑材料、室内空气质量、水和能源使用效率等。同时，波特兰市还制定了一系列的激励政策，以鼓励建筑业采用更多的绿色建筑技术和材料，以降低建筑的能源消耗。例如，市政府推广建筑节能标准，建筑必须符合一定的能源消耗限制才能得到认证。波特兰市鼓励建筑采用绿色屋顶和墙面，以降低建筑的能耗和减少城市的热岛效应。

波特兰市也注重建筑材料的可持续性。市政府鼓励建筑采用可持

续性建筑材料，如使用可回收和可再生的建筑材料、使用低挥发性有机化合物（VOC）涂料和胶水等。市政府还采取措施限制使用对人体有害的建筑材料，如铅和汞等。对于建筑废弃物的处理，市政府鼓励建筑业采用可持续的建筑拆除和回收方案，以最大限度地减少废弃物的产生和对环境的影响。此外，市政府还实施了一些财政和税收激励措施，以鼓励建筑业采用更多的节能技术和设备以及可持续的建筑拆除和回收方案。

波特兰市在绿色建筑方面成为了全球绿色建筑发展的先行者。未来，波特兰市将继续致力于绿色建筑的发展和应用，以推动更加环保和可持续的发展。

（三）城市农业

波特兰市的城市农业发展也备受瞩目。城市农业是指在城市内部、周围和周边地区进行农业生产的一种形式，它有助于解决城市食品安全、环境保护和社会经济发展等方面的问题。波特兰市政府支持城市农业，鼓励市民在城市内建立农场和种植蔬菜。这些城市农场为城市提供了新鲜的本地食材，同时减少了运输和包装等环节对环境的影响。其中，波特兰的城市农场 Zenger Farm 非常活跃，Zenger Farm 对可持续粮食系统、环境管理、社区发展以及为所有人提供优质食物进行建模、推广和教育。

波特兰市政府开展了一项名为“城市农业规划”的计划，旨在制定和实施城市农业相关的政策和规划，鼓励市民在城市内部和周围地区进行农业生产。波特兰市拥有多个社区园和城市农场，为市民提供了一个进行城市农业生产和教育的平台。这些社区园和城市农场提供了土地、工具和技术支持等资源，让市民可以自主地进行农业生产。根据该计划，市民可以在私人或公共土地上种植农作物、养殖家禽或养蜂等，而且还可以销售他们所生产的农产品。为了增加城市内的粮食生产，波特兰市政府推出了粮食生产计划。该计划的目标是在未来几年内增加城市内部和周围地区的粮食生产量，并在市内建立更多的粮食种植区和垂钓区。

波特兰市政府还成立了食品政策委员会，致力于提高城市食品的可持续性和品质。该委员会协调与城市农业相关的政策、法规和规划，同时也制订了一些支持城市农业发展的政策和计划。波特兰市政府还制订了食品浪费减少计划，该计划的目标是减少城市内部和周围地区的食品浪费，同时还提高了市民对食品安全和健康的意识。

波特兰市在城市农业方面取得的显著成就离不开市政府的政策支持、社区园和城市农场的建设、市民和社区组织的积极参与以及食品政策委员会的成立，这些因素都推动了城市农业的发展。城市农业为城市提供了一种可持续的粮食和食品生产方式，同时也增加了当地市场的供应和就业机会。

（四）低碳交通

波特兰市的低碳交通非常发达，并且波特兰市一直致力于降低碳排放并推进可持续发展。波特兰市政府鼓励市民采取低碳交通方式，如步行、骑自行车和使用公共交通工具。波特兰市已经开发了超过92000英亩的绿色空间[①]，有一个连接的小径和公园系统，是步行和骑自行车的理想选择。目前，波特兰是美国所有主要城市中骑自行车上班率最高的城市，而且波特兰是世界上最早为自行车和行人制定总体规划的城市之一。市政府鼓励市民骑自行车上下班或者购物，提供免费的自行车停放设施和维修服务。自行车在波特兰市是一种非常流行的交通工具，人们可以方便地骑行到市中心和周边社区。波特兰居

① 资料来源：Green City：Portland，Oregon | Green City Times。

民享有全美规模最大的自行车道路网络——全长超过 500 公里[①]，该市还任命了一位“城市自行车协调员”，提供免费的自行车路线图，开辟了大量自行车停车处。

波特兰市还推广电动汽车和共享汽车，以减少机动车的使用。波特兰市的公共交通系统被认为是美国最好的公共交通系统之一。该市的轻轨、有轨电车、公共汽车等公共交通工具覆盖面广，运营时间长，票价便宜。该市还实行了公共交通自由区域政策，让市民可以免费乘坐公共交通，进一步鼓励市民选择公共交通出行。根据波特兰市公共交通机构 TriMet 的数据，在 2019 年，TriMet 在工作日平均提供 318000 次公交车、MAX 轻轨和 WES 通勤铁路的乘车服务。根据 bikeportland 网站的数据，自 2007 年以来，人均汽车拥有量下降了 7%，驾驶里程下降了 8%。另外，波特兰市还提供了大量的电动汽车充电设施。该市政府在公共场所、商业区、住宅区等场所设立了许多电动汽车充电站，使市民可以方便地充电，减少使用传统燃油汽车对环境的影响。

此外，波特兰市政府还实施了一系列绿色交通项目，包括智能交通信号系统、可持续性交通规划、交通拥堵管理等。这些项目的目的都是提高城市的交通效率，减少交通拥堵和碳排放，提高市民的出行质量。在城市拥堵问题越来越严重的当下，波特兰市也在积极推广新型共享出行模式，例如汽车共享、单车共享等。在城市的核心区域，人们通过共享汽车、单车等便捷的出行方式，不仅减少了城市的交通拥堵和碳排放，还节约了出行成本，提高了城市出行的便捷性和普及性。

（五）废弃物管理

波特兰市采用一些措施来减少废弃物的产生和管理，如回收、堆

① 资料来源：环保政策试点城市：波特兰市鼓励居民骑车 | ShareAmerica。

肥和压缩等。波特兰的废弃物管理非常出色，主要涉及垃圾分类、垃圾减量、可回收物和有害废弃物的处理等方面。到2030年波特兰市政府将从城市运作中回收90%的废物（如图6－3所示）。回收和堆肥，是所有可持续发展业务中最基本的业务。此外，波特兰市政府还开展了一项名为“零废弃”的计划，旨在将该市的废弃物减少至最低程度。

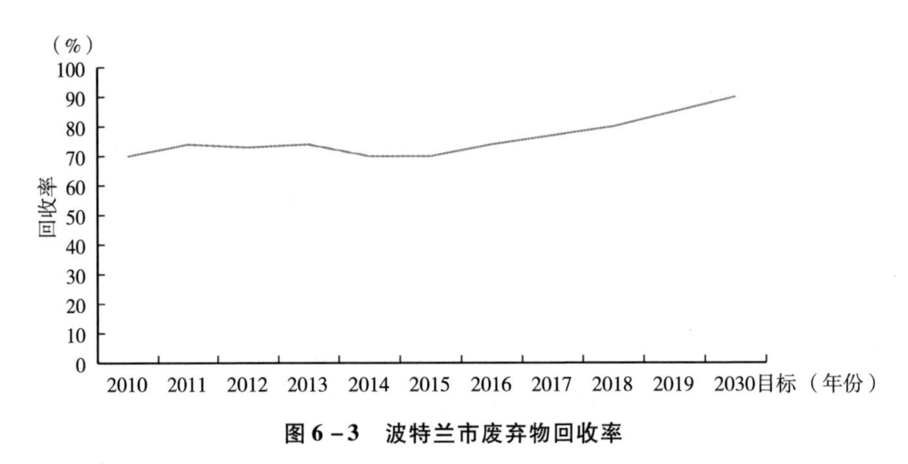

图6－3　波特兰市废弃物回收率

资料来源：Waste recovery | Portland. gov。

波特兰市的垃圾分类率非常高，大部分的废弃物都能够被分类回收利用。市政府积极推广居民垃圾分类，提供回收垃圾桶和服务，同时也通过市民教育和宣传等方式提高市民的环保意识，鼓励市民参与垃圾分类工作。在2018～2019财政年度，波特兰市的废物回收率为85%。该市将继续通过为办公废物以外的物品寻找新的回收流，如路灯、硬帽和沥青漆，来实现这一目标。波特兰市政府实施了垃圾减量计划，旨在减少城市垃圾总量和降低垃圾填埋的数量。垃圾减量计划包括对居民和企业的宣传教育、推广垃圾分类和回收，以及限制垃圾填埋和焚烧的数量。截至目前，波特兰市的垃圾填埋量已经大幅减少，而垃圾回收和再利用的比例不断提高，废弃物管理模式逐渐朝着

低碳、环保、可持续的方向发展。

市政府通过为市民提供回收垃圾桶、制定可回收物回收标准等措施，推广可回收物的回收利用。市政府还积极鼓励企业和社区采用可回收物进行生产和建设，提高可回收物的再利用率。波特兰市政府与私人企业合作建立了多个可回收物的回收中心，通过回收利用可回收物，减少了城市的碳排放，提高了城市的环保水平。

波特兰市政府致力于推进有害废弃物的处理工作。市政府实施了有害废弃物回收计划，为市民提供了一种安全、可靠的废弃物处理方式。市政府还积极推广企业和机构采用环保型材料，减少有害物质的排放，同时也加强有害废弃物的处置，避免有害物质对环境和人体健康的影响。波特兰市建立了多个有害废弃物回收中心，提供便利的有害废弃物回收服务，有效保护城市的环境和居民的健康。

最后，波特兰市政府通过创新的方法将垃圾转化为能源。市政府倡导垃圾发电技术的应用，采用高效节能的垃圾发电装置，将废弃物转化为电力。波特兰通用电气公司的“Marion County Waste-to – Energy Facility”垃圾焚烧发电厂，每年的发电量可以达到 13 万兆瓦时，大大降低了城市的碳排放，提高了城市的可持续发展水平。

波特兰市政府通过制订有针对性的废弃物管理政策和计划，倡导低碳、环保、可持续的废弃物管理方式，鼓励市民和企业参与废弃物管理工作，提高城市的环保水平和可持续发展水平。

三、波特兰低碳转型的意义和启示

波特兰市的低碳转型经验对全球的低碳转型具有重要的意义和启示。首先，波特兰市的成功证明了通过建立政策框架、建设基础设施和鼓励创新，可以推动城市的低碳经济转型。其次，波特兰市的成功经验证明了市民的参与和支持至关重要，政府和市民应该紧密合作，共同推动低碳转型。此外，波特兰市还展示了将可持续性和社会公正作为城市发展的基础，可以实现可持续性、社会公正和经济繁荣的良性循环。针对波特兰市低碳转型的成功经验，我们得到以下几个方面启示：①可再生能源是推动低碳经济的关键。政府应该加强对清洁能源的支持和投资，同时制定相关政策，鼓励企业和个人采用可再生能源。②改善交通状况。交通是城市碳排放的重要来源，因此政府应该采取措施，促进可持续交通。例如，建设自行车道、推广公共交通、鼓励电动汽车的使用等。③鼓励可持续建筑。可持续建筑不仅可以减少碳排放，还可以提高建筑的效率和节约能源。政府可以制定相关政策，鼓励建筑师采用可持续建筑设计。④推进循环经济。循环经济可以减少废物数量和废物处理成本，同时还可以创造新的就业机会。政府可以鼓励企业和个人采用可持续的废物处理方式，例如回收再利用、生物质回收等。

综上所述，波特兰市的低碳转型经验提供了重要的启示和经验，可以为其他城市的低碳转型提供参考和借鉴。政府应该采取积极的措施，推动城市的能源低碳转型，以应对全球气候变化的挑战。

第三节　国际低碳城市发展的典型案例——丹麦哥本哈根

丹麦在规划地区能源方面有着悠久的传统，早在20世纪70年代就开始推广可再生能源，如风力发电和生物质能源等。丹麦政府不断制定提高能源效率的目标，其中包括到2050年实现100%的可再生能源供应（单国瑞等，2015）。丹麦的能源强度是欧盟最低的，比国际能源署的平均水平低35%。为了实现可持续发展，丹麦政府计划将能源技术的研究、开发和示范资金增加到每年1.35亿欧元，以支持新

能源技术的发展和应用（卢洪友等，2015）。由于政府征收了大量的能源税等因素，能源技术的研究、开发和示范有可能获得大量的公众贡献。

作为北欧最大的城市，哥本哈根起到了带头推动丹麦乃至全球的零碳发展的重要作用（李迅，2022）。过去的半个世纪中，哥本哈根市政府已经制订了一系列“绿色计划”，包括在城市各个区域建设新的绿色空间、推广可再生能源、建设智能交通系统等。同时，哥本哈根也是全球最著名的环保城市之一，其在垃圾分类、自行车交通、公共交通等方面的经验和做法成为全球其他城市学习的榜样。本节从哥本哈根风力供应链、区域供暖、绿色金融等方面进行讨论和分析，探究哥本哈根如何在可持续发展和环保方面做出了巨大的努力和贡献，成为了全球“零碳”发展城市的领军者和示范者。

一、哥本哈根政府的能源减排策略

20 世纪 70 年代初至今，哥本哈根曾经历了两次石油危机和两次能源革命（何英，2009）。1973 年中东战争爆发，全球范围内石油供应中断、石油价格暴涨，哥本哈根开始经历第一次石油危机。也是从这时起，哥本哈根政府意识到能源安全的重要性，开始探索一条可持续的能源发展之路，开启了第一次能源革命。1973 年后，哥本哈根开始采取一系列措施，鼓励使用天然气、发展风能等，推广节能措施，旨在逐步减少对石油的依赖。1979 年，伊朗革命导致石油价格再次飙升，哥本哈根在第二次石油危机中进一步加强了对能源安全的重视。有了第一次能源革命的经验和基础，20 世纪 80 年代后期，哥本哈根开始大力发展风能产业，实现了从传统能源向可再生能源转型的历史性突破。

21 世纪以来，在积极寻求能源转型的过程中，哥本哈根出台了多项专项能源政策，引导过度依靠不可再生能源的发展模式，转变为多能源结构的低碳环保模式。这些政策要求加大对未来能源的投资，如大力发展风能产业，加强地热能源应用技术的研究，推广工业和生活节能措施等。通过这些政策引导和实施，哥本哈根正在逐步实现可持续能源发展和低碳经济的目标。

哥本哈根市政府在2009年发布了《哥本哈根2025气候规划》，该规划以2015年为界限，以2005年为基准设定了2015年一阶段目标和2035年二阶段目标，最终实现二氧化碳零排放（胡晓添，2022）。截至2015年12月底，第一阶段目标已经超额18%实现，这是哥本哈根多方努力合作和环境技术发展的结果，为后期《哥本哈根2025气候规划》的继续优化推动实施打下坚实基础。

2012年，第二版本的《哥本哈根2025年气候规划》发布。相比于2009年版本，《哥本哈根2025年气候规划》（2012）从能源的消耗、能源的生产、移动性及市政倡议四个方面进行了结构和内容上的补充和修订，形成了更加完整、细化的规划，并给出了具体的目标和倡议（臧鑫宇，2022）。该规划涉及哥本哈根市在2025年需要实现的目标，并从社会的产业结构、技术革新、公共设施、理念宣传等多个方面对能源消耗和能源生产进行规划，为了实现这些目标，该规划提出了一系列措施，如改善建筑结构与建筑条件、推广节能建筑、支持太阳能电池的普及、建设数字化基础设施、建造风力发电机等（张翀，2021）。以哥本哈根居民用电为例，该规划提出，到2025年社会整体的不可再生能源消耗热能在2015年的热能消耗数据基础上降低20%。为推进生物质能发电技术增加生物质能热电联供量，其一，建造超过100台风力发电机，使得风能发电量能够达到总产能360兆瓦；其二，增加太阳能电池居民区安装数量，使太阳能发电量占到总居民用电量的1%，用以应对风电机发电量不足的情况，最终实现居民用电量整体降低10%的目标；其三，增加关于地热能源的开发和研

究，为全市的能源使用构架增加多样性和稳定性，形成互相弥补、灵活稳健的全城电力供应体。这些措施从多个方面实现能源消耗和能源生产方面的目标。结合以上哥本哈根政府的相关策略和指导规定，本节接下来对哥本哈根能源转型的具体实现路径进行分析和介绍。

二、哥本哈根能源低碳转型的实现路径

（一）风力供应链及全球服务网络

丹麦拥有强大的分散式公共能源系统，其中50%的电力生产由丹麦电力公司负责。丹麦是欧洲最小的国家之一，但是其经济发展水平却非常高，与芬兰和荷兰并列为世界上最密集的联合经济体之一。丹麦是风能产业的创新中心和发展中心，全球领先的风力发电设备制造商维斯塔斯等风电行业领军企业坐落在哥本哈根，这促使500多家与风电相关的公司在丹麦设立总部，形成了独特的风电供应链和完整的服务网络体系。这使得丹麦的风能产业在全球范围内具有竞争力，且丹麦已经成为全球风能技术创新的重要中心之一。

2011年，维斯塔斯与全球最大的能源公司DONG Energy达成合作协议，在DONG Energy丹麦腓特烈港附近水域的实验风场对维斯塔斯的最新型V164－7.0兆瓦海上风力涡轮机进行试验。该涡轮机专门针对海域的恶劣环境及突发自然危害设计，是专用的海上风机，并先后为德国、澳大利亚维多利亚州供给工程采购和设备施工。2022年12月底，维斯塔斯更新研发的V236－15.0 MW风机首次试发电成功，该风机实现了平均电力成本历史最低，支持了绿色能源发电体系的技术进步。就该项风机发电技术，次年维斯塔斯与韩国签署了浮式海上风电项目安装，帮助韩国建立一个成熟的海上风电产业供应链。

丹麦的首个气候行动计划中提出了建造“能源岛”的方案，这个

岛屿将成为海上能源中心，通过连接远海大型风电机组，实现发电、储能和制氢等多种功能（《零碳启示录——来自丹麦的节能童话》，2013）。鉴于近海可用海域逐渐缩小和风能密度不足的问题，“能源岛”计划将成为连接近海和远海的重要纽带和关键，为丹麦未来的能源发展提供了新的思路和方向。

1991 年，在距离丹麦北海海岸线约 100 公里处，丹麦建造了全球第一个人造能源岛——风能岛（Vindø）。1997 年建成后，能源岛的总发电量最高达到了 1.3 亿瓦/年，极大地提升丹麦的能源供应能力和能源安全性。丹麦计划将于 2030 年左右在波罗的海西南部的伯恩霍尔姆岛建造天然能源岛。这座应用最先进的风能技术的能源岛，将会是丹麦未来能源发展的里程碑，也是全球能源转型的重要标志。除了发电外，能源岛还将担负储能和制氢的重要任务。通过储能技术，能源岛可以将风能和其他可再生能源进行有效储存，以便在能源需求高峰时供应能源；同时，利用制氢技术，能源岛可以将风能转化为氢能源，为未来的氢能经济打下重要基础。

总而言之，丹麦的“能源岛”计划是一个具有里程碑意义的能源转型项目，将为丹麦和全球的能源转型提供新的思路和方向，并为未来的能源供应和能源安全提供重要保障。

（二）区域能源系统——区域供暖

丹麦超过一半的地区供暖来自公共区域供热系统。20 世纪 80 年代初，丹麦供热法要求新建和现有建筑连接公共供应的热能系统（任庆福，1982），热能系统逐步完善使得绝大多数当地家庭能够使用距离市中心 40 多公里的网络提供的区域供暖。这种区域供热方式不仅可以减少碳排放和能源浪费，还可以提高能源利用效率，降低能源成本，从而实现可持续发展。该系统最为突出的特点和贡献是低温区域供热系统，通过使用大型区域供热网络，能够高效地回收能源，从而

大幅减少集中发电产生的废弃物。在丹麦，哥本哈根区域能源系统覆盖范围最大、占地面积最广、服务居民数最多，也是可再生能源和余热资源使用最高效的地区。

为促进区域供热，丹麦政府出台了一系列措施和具体规定，如从2013年起新建建筑禁止使用非可再生能源供暖；自2016年起，区域供热区内建筑不得安装新的燃油锅炉。而丹麦最早关于在新建筑中安装电热装置的禁令可以追溯到1988年，到了1998年，该禁令扩大到现有建筑中的电力装置。这些政策的核心是推动可再生能源的集成利用，例如生物质、风能、地热能等，以替代化石燃料，实现区域供热系统的脱碳和碳减排（Clémence Morlet et al.，2013）。为了实现这一目标，低温区域供热系统采用了热电联产等技术，将运行温度有效地降低至50℃~60℃，从而实现了高效的运作，并与低温热源及热泵等设备直接连接，同时降低了管网中的热损失率。这些规定的实施和最新技术的使用，将推动丹麦哥本哈根加速转向可持续的能源供应模式，有效提升了能源低碳效率。

在哥本哈根，还有一个非常重要的经济模式——工业共生关系。这个模式是指一个企业的剩余废弃物被另一个企业作为资源使用，从而实现废物资源化。哥本哈根的相关部门联合应用工业共生关系，将剩余废物用于能源生产，避免长距离生物有机肥料的运输成本，为哥本哈根区域供暖的资源转化和节约提供了有效帮助。这一经典模式逐渐发展成为市场共生模式，专业公司在其中完成企业之间资源交换任务，持续推动传统的“生产—使用—抛弃”线性模式向循环经济体系的“生产—使用—回收—再生产”转变。这种模式的实施不仅有助于哥本哈根实现气候规划目标，还可以为其他城市提供借鉴和启示。

（三）绿色金融发展促进能源减排

在哥本哈根推进“零碳”发展的过程中，高效的公私合作伙伴关系为政府制定和实施政策法规以及规划计划提供了帮助。政府和企业之间的紧密合作，使得政策法规和规划计划的制定和实施更加高效和顺畅。公共部门提出长期发展目标和稳定的发展框架，为私营部门提供了清晰的发展方向；私营部门则利用其创新能力和资金优势，提供具有前瞻性和可行性的方案和支持。在具体实践中，哥本哈根采取了一系列措施促进公私合作伙伴关系的发展，其中养老基金是优秀的典型案例。丹麦和哥本哈根政府一直致力于推动绿色投资的发展，特别是对养老基金的投资进行了重点推动（本·鲁滨逊和张译文，2017）。丹麦养老基金业已成为投资可再生能源的先锋，致力于提升绿色养老基金的规模和质量。该基金在绿色领域投资超过 30 亿欧元，为实现低碳经济和减少碳排放做出了重要贡献。

2019 年联合国气候行动峰会上，丹麦养老基金宣布未来 10 年将向清洁能源和气候计划投资 460 亿欧元（董彩霞，2017）。这一目标在仅仅 2 年内就已经实现。该基金通过投资可再生能源和低碳技术的发展，为实现低碳经济和减少碳排放做出了积极贡献。此外，丹麦养老基金还通过气候投资基金等方式向发展中国家提供适应气候变化行动资金，为发展中国家的低碳经济和减少碳排放做出了重要贡献。

与此同时，哥本哈根政府积极推动全民参与的绿色消费活动，实现全民参与能源减排的“碳治理”进程。“碳治理”一般指个人应该根据国家的目标自觉承担减少碳足迹的责任，采取低碳消费模式和可持续的生活方式，从而为实现低碳经济和建设低碳城市作出贡献。减少二氧化碳排放不仅仅是政府、社会或者企业的责任，每个人都应为节能减排尽到义务。广大民众在日常生活中，通过选择低碳、环保、可持续的消费方式，积极参与能源减排不仅可以为环境保护做出贡献，也可以促进经济发展和社会进步，是一种具有长远意义的消费理念。这种理念强调了个人的责任和行动，提倡节能减排、减少浪费、

优化能源结构等措施，能够有效推动碳减排的进程。

（四）电力多元转化推进“零碳”机制

丹麦一直在积极推进“零碳”创新实践，从不同领域、路径和深度角度进行探索，该实践源于哥本哈根的“零碳”发展实践（公欣，2016）。丹麦政府认为，应该以创新思维、多元合作、全球视野为核心，进一步发挥技术、市场、政策等方面的协同作用，加速推进国家的能源转型和环境治理。其中，Power-to－X（电力多元化转换）解决方案被视作极具潜力的途径，在实现哥本哈根的碳中和目标的同时，对农业和航运等领域的脱碳提供了至关重要的支持。

Power-to－X 技术利用可再生能源如风能和太阳能等，通过电解将水分解成氧气和氢气，并进一步将氢气转变为一系列燃料和化学品。氢气是一种优秀的燃料储备源和化合物合成原料，具有广泛的应用前景，可应用于农业、交通业、航空航天业等各个领域。同时，Power-to－X 技术本身也能够处理碳排放问题，在化工品制造、医药制造、塑料制品制造等多种生产加工过程中拓展应用，具有非常广阔的市场前景。

在哥本哈根，Power-to－X 技术已经得到了广泛的应用。通过大力推广该技术，不仅在哥本哈根大幅减少了碳排放，也促进了可再生能源在该地区的完善和发展，为农业和航运业等领域的脱碳提供了有力的支持。丹麦政府同时也在不断地加大对该技术的投资和推广力度，希望可以在未来的几年内，进一步扩大 Power-to－X 技术的应用规模，实现更加彻底的碳中和目标。

例：哥本哈根 Amager Bakke 垃圾发电厂

2017 年，一个颇具特色的垃圾发电厂——Amager Bakke 在丹麦哥本哈根的一个住宅郊区设计建成投入使用。这座 80 米高的建筑内部是一座高效的热电联产（CHP）工厂，在附近五个市镇内建造相关设施，之后搜集市镇内不可回收垃圾作为主要燃料，处理工业废物和难以在传统生物质燃烧设施中处理的生物质部分作为其他燃料，每年能将44万吨垃圾转化为能源，具有较高的环境性能，如40%的进入垃圾可以作为超清洁可重复使用的水回收，金属可以从底灰中回收，其中剩余物质可重复用于道路建设，其质量约占进入垃圾的15%（Hulgaard et al.，2018）。

Amager Bakke招标和施工由ARC的一个项目团队领导。兰波尔（Ramboll）被选为技术顾问，负责对废物焚烧发电设施的机电供应进行技术分析和概念开发。1000多页的技术备忘录引出了招标文件中技术规范的概念设计和功能要求，分为五个主要机电标段，涵盖熔炉、锅炉、涡轮机、发电机和烟气处理的各个系统，以及电气装置、控制和监测系统。Amager Bakke工厂的垃圾处理设施有两台由Babcock和Wilcox Vølund提供的35 t/h炉排汽包锅炉（每台锅炉燃烧112 MW），一个由LAB提供的湿烟气处理系统，包括一个烟气冷凝系统，最后是一台由西门子提供的高效67 MWe蒸汽轮机SST-800。其中烟气处理（FGT）技术的选择是基于一系列适用于许多潜在工艺配置的标准，并考虑了环境要求、地理位置、所有权和监管框架给出的框架条件。能源回收和优化是该设施的一个组成部分，结合财务规模和框架条件给出的其他标准对优化机会进行权衡，给出最优的垃圾处理流程和方案，并达到每年处理超过93%废物的高能效成果。此外，该设施的设计具有非常高的实用性。蒸汽可以绕过涡轮机冷凝，冷凝热被转移到区域供热网络。Amager Bakke具有高度的操作灵活性，通过专门开发的双管束冷凝器，可以将热量出售给哥本哈根地区供暖网络中的两个子系统：霍弗的本地配电系统和CTR的输电网络。同时，涡轮机有一个可控的抽汽装置，向热泵系统供应蒸汽，热泵系统驱动烟气冷凝。最后，实现了全涡轮旁路系统，从而在低电价或高供暖需求的时期实现了非常高的热销售。

Amager Bakke 的特点在于建筑的一体多用化。其屋顶是哥本哈根最高的公共景观，在 Amager Bakke，屋顶和部分立面将用于创建一个休闲公园。公园由几个与山地有关的活动区域组成。2018 年屋顶滑雪场 Copen Hill 建成，包括一个 10000 平方米、由四个相邻的滑雪场组成的干滑雪场，每个滑雪场都有自己的滑雪平台。约 5000 平方米的屋顶用于创建一个大型绿色山地景观，游客可以在这里徒步旅行、跑步，并欣赏树木、灌木和植物的绿色景观。该建筑的一部分立面建造一堵 80 米高的攀岩墙。该垃圾场的设计总负责人比雅克·英格斯（Bjarke Ingels）认为这座垃圾发电厂是充分结合了实用主义与享乐主义的可持续发展城市优秀建筑："作为发电厂，Copen Hill 是如此清洁，以至于我们能让这座建筑变成城市社会生活的基础——人们可以在外墙上攀爬，在屋顶徒步，在斜坡上滑雪。"这种"享乐主义的可持续性"充分体现了一座可持续的城市不仅有益于社会环境的可持续发展，也能为市民的生活带来更多的精神价值。

第四节　国际低碳城市发展的典型案例——日本

日本的能源减排发展与经济发展息息相关。目前日本面临多重挑战，政府要在新冠疫情、发展经济和应对气候变化之间寻求一种平衡，压力巨大。针对多重挑战，日本政府提出了应对危机的策略：推动"绿色复苏"，即以这次危机为历史契机，将应对气候变暖和其他社会问题作为目标，建设走向脱碳、转向更具韧性的社会，以及通过保护生态系统和生物多样性，应对灾害和传染病的经济模式，实现"更好的社会"（陈云伟等，2021）。过去日本在地热能储能、太阳能、氢能、二氧化碳捕获技术等方面开展了大量基础性研究，拥有相当数量的专利技术而走在世界前列，因此重振绿色计划具有相对稳固的基础支撑，在未来国际竞争中仍有着很强的比较优势和不可小觑的发展潜力。

一、关于日本能源的政策规划与现状分析

在 20 世纪 90 年代，日本遭遇了严重的金融危机，泡沫经济破灭，银行纷纷倒闭（石培华和黄炎，2001）。在这种情况下，日本紧随英国的步伐，寄希望于通过科技改变经济低迷的现状。因此，日本于 1995 年制定了《科学技术基本法》，决定大力促进科技发展（智瑞芝，2016）。在推动经济发展的同时，日本坚持积极发展低碳经济的绿色、可持续发展模式。

2011 年日本发生大地震及发生福岛“核事故”以来，2013 ~ 2015 年全部核电停摆，部分火力发电厂关闭。这对日本 2010 年起就在逐步降低能源自给率来说无异于雪上加霜。相较于其他经合组织国家，2015 年日本的能源自给率为 7.4%，处于较低的水平。直至 2016 年，这一数字才有所回升但依然不容乐观。总体而言，低能源自给率导致了日本对其他国家资源的依赖。日本每年需要大量进口石油、煤炭、天然气等化石燃料，这使其在获得这些资源时容易受到国际形势的影响。例如，日本的用电需求，尽管日本电力需求占总能源需求比例超过 40%，这一数据在全球国家中排名前列，但由于其地理位置的限制，日本依赖邻国进口电力的前景存在较为严重的隐患（李丽旻，2021）。

综上可见，日本的能源供应结构十分脆弱。在先天能源缺乏优势的情况下，日本需要从技术创新和能源架构转型方面为本国的能源利用之路寻找一个可持续性发展的方向，减少能源使用造成的二氧化碳排放，保证环境和经济的互相扶持和正向促进。2018 年日本提出了

《集成创新战略》，着眼于发展环境能源、生物技术等重点领域，保护海洋等重要领域（涂成林，2005）。为了确保日本能源供应的稳定，关键是提升能源效率、形成稳定可持续的能源供给架构，进入21世纪20年代以来，日本紧随国际应对气候变化局势，提出了2050年碳中和的目标，推出了绿色发展战略，并将碳中和作为经济大增长手段、产业转型的历史机遇。2021年提出的《面向2050年碳中和绿色增长战略》主要是回答了如何实现2050年碳中和目标，通过减排二氧化碳等改变增长方式，推动实现更好、更绿色、更安全的发展（建联，2021）。日本未来投入2万亿日元（约合人民币1000亿元）推动产业重塑，既能保证能源安全和可持续发展，又能提升环境保护和社会经济效益。

二、日本能源减排转型的实现路径

根据美国能源信息管理局的数据，2013年日本的天然气产量仅占其国内天然气消费量的3%，石油产量仅占国内石油消费量的0.3%。日本已成为世界上最大的液化天然气进口国、第二大煤炭进口国和第三大净石油出口国（冯昭奎，2013）。因此，日本能源供应迫切需要可持续和可靠的持久解决方案。本节就日本如何缓解国内能源资源丰富与自身能源潜力不足的矛盾状况展开探讨，在能源行业的低碳转型方面提出相关举措，包括能源的开发和利用。

（一）得天独厚地热能的开发与使用

地热发电依赖于地下温度和压力差。地下温度和压力高的地区通常会产生高温地下水。当压力高到足以抑制沸腾时，过热的水仍然是液体，可以在没有额外能量输入的情况下输送到地表。随着压力的降低，地下水开始沸腾，并分离成蒸汽和热水。这些地热热水从井中喷出，其蒸汽最终驱动涡轮机发电带来经济价值和能源价值。

日本使用地热发电具有天然的地理优势，地热潜力在全球排名第三。首先是充分的地热能，日本拥有 100 多座活火山，在地下 1500 ~ 2500 米的深度，日本地域内的岩浆能够使岩浆室的热量保持在理想的 350℃。其次，海水能够作为天然的保护仓和循环池，在经过换热器和涡轮机处理后，排出注入井中的水已经冷却，随后，这些水通过局部降水和地下较低水平的海水渗漏得到补充，这些补充后的水再次被附近的地热热源加热，从而形成高度可持续的绿色能源。据估计，日本从水库到 3 公里深处的地热发电潜力为 23470 兆瓦，数量相当可观。目前，日本有共计 18 个地热站点的 21 个发电机组运行，总容量为 5.40 兆瓦，约占总潜在电力的 2.3%。这一发电量相当于每年约 5000 GWh。日本北部（东北地区）的 Sumikawa 地热发电是日本 18 个地热发电站中最早投入使用的之一。自 1995 年建成的近 30 年来，Sumikawa 地热发电站平均每年能够为附近地区提供约 2500 千瓦的电能和热水，为附近有 32000 名居民的河津野市及其周边地区提供了充足的生活使用所需的电力。除了直接能源生产外，地热发电厂的废蒸汽被用于附近酒店、水疗中心、游泳池和园艺设施的温泉浴和温水（Jörg Matschullat，2015）。

除了资助早期的地热开发利用，东京环境局还在其网站上提供了丰富的有关地热潜力的在线信息，以帮助公众更好地理解和利用地热资源。这些信息包括地热潜力图、地热开发的技术和管理方面的指南，以及关于能源使用和节能减排方面的建议。同时，该局还积极鼓励商业特征的能源使用，推广污水热能和供水、污水设施等分布式可再生能源的开发方式，促进绿色、低碳、可持续的城市能源发展。

东京地区的地热资源利用十分广泛，其热泵系统可以从地热能源中获取热能，提供更加舒适的室内环境。截至 2013 年底，东京已经成功安装了 107 个地热热泵系统。这些系统的成功安装是建立在东京

环境局编制的地质制图数据和地热潜力图的基础之上。地热潜力图是一种通用的指南，能够准确地估计地热能源的储量，同时向公众提供免费参考资料。该图包括丰富的地热资源信息和地质制图数据，帮助利用者更好地了解地热资源的分布、储量和可利用程度，为地热资源的开发提供科学基础和技术支持（席江楠等，2022）。此外，地热潜力图还可以促进公众对地热能源的认识和理解，提高其对绿色能源的重视和利用率，对于推进可持续城市发展和环境保护也具有重要作用。总的来说，地热热泵系统不仅可以有效地利用地热能源，还可以提高供热供冷的效率，并减少能源使用量和碳排放。同时，这些系统的安装也促进了地热行业的发展，为相关领域的人才培养和技术创新提供了机会。

（二）东京太阳能发电体系

将太阳能转化为电能的过程称为太阳能发电。该发电系统主要由太阳能电池板、电池组、充电控制器和逆变器等核心组件构成。太阳能电池板是整个系统的起点，它可以将太阳能转化为直流电，而电池组则负责将转化后的电能存储起来。充电控制器起到一个监管的作用，可以有效控制充电状态，使电池组的负载维持在最佳水平。逆变器则通过将直流电转化为交流电的方式，将储存的电能传输到家庭、企业或公共设施中使用。这种电能转化的方式不仅减少了对传统化石能源的依赖，而且对环境污染减少有很大的帮助。

随着可再生能源发展越来越重要，东京环境局在太阳能发电项目上扮演了至关重要的角色。为了更广泛地推广可再生能源的应用，东京环境局采取了多项措施，以加速太阳能发电的发展。虽然东京高昂的地价使在城市区域安装大型太阳能发电机变得有些困难，但人口密集的城市区域拥有巨大的太阳能发电潜力。因此，太阳能发电项目与东京城市的地形构造和城市风貌高度契合，具有相当大的发展市场

（方虹，2007）。

在东京环境局的支持下，推动地方生产和消费可再生能源已成为光伏分布式发展的一个重要方向。在东京屋顶太阳能登记册和日本政府的电价补偿（FIT）系统的引进下，扩大太阳能发电的应用已成为东京环境局的一个重点工作。在东京太阳能门户网站上，东京屋顶太阳能登记册提供了部分在线信息，可以帮助人们确定哪些建筑适合安装太阳能发电机和其他设备。光伏分布式发展中，最核心的屋顶光伏和独立的太阳能充电装置正在被广泛应用于日本城市的各大建筑中。这些系统能够方便地为智能手机充电，并使用太阳能电池板来提供电能，就像建筑中的部分 LED 灯一样受到太阳能的供电。这些项目不仅仅实现了建筑电器的供电，还带来了其他的优势。例如，东京屋顶光伏登记系统具备强大的功能，它可以准确地标注出整个城市中哪些建筑物适合安装屋顶太阳能发电和太阳能热能系统。这一系统不仅在地图上显示出建筑物的位置，还可以提供智能化的功能，通过分析建筑物的倾斜度和可利用的阳光，自动实现地址搜索和导航定位的功能，同时通过对建筑物的倾斜度和可利用的阳光进行分析，系统能够帮助用户快速找到合适的太阳能发电和太阳能热能系统，从而为用户提供个性化的服务，提高其使用效果和舒适度。这些都是东京屋顶光伏登记系统所具备的功能，也是其能够得到广泛推广和应用的原因之一。

这些系统的应用使日本能够更加有效利用太阳能来提供电力和热能，这对于能源管理和环境保护都有着重大的意义，为城市发展和人们生活带来更大的便利性和幸福感。

（三）氢能产业国内外商业化发展

氢能在利用时不仅不会排放二氧化碳，而且具有很高燃烧热值，利用效率高，对于削减二氧化碳排放具有重要作用。自 20 世纪 70 年

代日本开始着手研究氢能源并率先提出建设“氢能社会”，其“阳光计划”“月光计划”等均涉及氢能技术研发，1973 年成立了“氢能源协会”，大力发展氢能相关材料、装置和系统，筑牢和夯实氢能技术基础。2011 年发生福岛第一核电站事故后，日本再次提升对氢能的重视程度，加大对氢能的投入力度，促进氢能技术发展，试图构建“氢能社会”。2017 年，日本通过了《氢能源基本战略》，明确了实现制氢成本下降、推动商业化发展的路线图和目标（吴曦，2010）。

当前，日本已将氢能作为新一代能源战略的主体，其氢能专利数量处于全球第一梯队，专利数量居世界首位，拥有 1040 万项专利（田正和刘云，2023）。日本大力普及氢能应用，交通运输和电力系统成为其氢能市场需求最旺盛的两个行业，川崎重工建造了世界首艘液化氢运输船，三菱日立电力获得了首个燃氢燃料先进燃气轮机订单。日本的氢能技术和发展优势主要体现在以下三个方面：一是制氢技术。日本在“绿氢”制造方面具有优势，通过电解水的方式利用可再生能源制造氢能的“绿氢”占日本氢能供给的 63%。二是储氢与运氢技术。在氢能存储领域，日本千代田化工建设开发出将氢气与甲苯结合制成有机溶剂的技术。三是致力于国际氢供应链构建。日本已经与澳大利亚、新西兰、文莱等国建立了国际间氢能供应链体系，弥补了本国自然条件的限制（辛章平和张银太，2008）。

（四）电动汽车的电动马达与蓄电池技术

汽车产业不仅是日本制造业中的支柱产业，而且还拥有总计为 4103 万件的专利技术，居世界首位。为实现碳中和，发展电动汽车已经成为世界性潮流，世界各国政府均推出了鼓励电动汽车发展的政策，而日本则在电动马达、蓄电池等电动汽车制造核心技术方面具备独特技术。日本电产公司的无刷电动马达在电动马达技术方面拥有非常突出的优势，不仅小巧、功率强大、振动低，而且使用寿命长。这些优点使得该公司的电动马达广泛应用于生产纯电动汽车的领域（刘志林等，2009）。

日本电产公司将纯电动汽车驱动马达“电轴”定位为战略产品，预计到2025年其销量将会增长到250万台。在蓄电池技术方面，日本的松下电器是仅次于中国宁德时代和韩国LG电子之后的世界第三大蓄电池生产厂商，其蓄电池产量占世界的13.3%。松下电器计划在日本和歌山县投资800亿日元增建电池生产线，生产能够将电动汽车续航距离提升20%以上的新型锂离子蓄电池，并在2023年实现量产（Amanda K，2018）。日本三洋化成工业旗下的初创企业APB正在从事全树脂电池的研发工作，利用树脂替代金属作为电池的主要构件，具有能量密度高、安全性强等特点。日本大金工业公司利用其在马达、空调压缩机、制冷剂、热交换器等领域的技术优势，开发出适用于纯电动汽车的车载空调，可减少电力消耗，将续航距离提升50%以上。

（五）未来投入的绿色创新基金

根据《面向2050年碳中和绿色增长战略》，日本政府采用财政资金支持的方式，在“新能源产业技术综合开发机构”设置“绿色创新基金”，投资总额达2万亿日元（田正和刘云，2023）。围绕蓄电池、马达、碳循环、资源回收、可再生能源、氢能等重点领域布局一批具有前瞻性、战略性、颠覆性的科技攻关项目。

在实施方法上，依据《面向2050年碳中和绿色增长战略》中设定的重点发展领域，设置分科审议会，开展各类科技攻关项目的设置、审议及检查工作，每项科研攻关项目平均资助额度高达200亿日元以上，项目执行时间长达10年，涵盖研发、投资、成果转化等科研活动全过程（李岚春等，2023）。设置的科研项目包括：高性能蓄电池材料、高效率电机系统、蓄电池材料回收、节能型自动驾驶系

统、甲烷合成、环保航空燃料制造、氢能供应链体系等。

截至2022年12月，绿色创新基金的项目执行情况已经初具成效。其一，在绿色能源领域投入资金1693亿日元，设立研究项目13项，以降低海上风电成本与促进新一代太阳能电池开发；在能源结构转换领域投入资金9687.9亿日元，设立项目30项，以推动大规模氢能供应链构建、燃料氨供应链构建、二氧化碳混凝土研发等；在产业结构转换领域投入资金6957亿日元，设置项目41项，用以推动新一代蓄电池和马达开发、智能移动社会构建、新一代船舶研发等。其二，建立碳中和投资促进税收制度。对于企业引进的具有明显脱碳效果的生产设备给予10%的税额扣除或50%的特别折旧。对于因开展碳中和设备投资而造成的企业亏损，可以将亏损结转的上限提升至设备投资额的100%。对于开展碳中和技术研发的企业，可以将研究开发费用扣除比例上升至法人税额的30%。通过税收优惠措施，鼓励日本企业开展绿色产业领域设备投资。碳中和投资促进税收制度已被纳入《2021年度税制改革大纲》，并于2021年4月1日起正式实施。其三，大力促进绿色金融发展。持续完善绿色债券发行机制，建立健全绿色债券标准，修订绿色债券指导方针。建立健全绿色过渡金融体系，为钢铁、化学、造纸、水泥、电力等温室气体排放较多的行业设定脱碳路线图，促进高排放行业企业制定减排计划，并对达成缩减碳排放目标的企业给予利息补贴（周玮生和李勇，2023）。完善企业气候财务信息披露制度，促进企业向金融机构等积极披露去碳化方面的措施信息，促使企业的去碳化领域技术创新可视化，促使金融机构增加环境社会治理（ESG）投资金额。设立总额达800亿日元的“绿色投资促进基金”，为开展绿色技术研发的中小企业提供风险资金支持。2021年2月，绿色投资促进基金完成设立以来的第一笔投资，通过向e-MobilityPower公司注资，推动高性能快速充电器研发，以完善电动汽车的充电网络构建。

第五节 本章小结

本章主要对国际低碳城市的发展特点进行分析和比较。随着全球气候变化的日益加剧，低碳城市的建设已成为各国政府和社会各界共同关注的热点话题。首先，考虑到国际上低碳城市的发展呈现出多样性，本章从欧洲到亚洲，从近海国家到内陆城市，深度挖掘不同的城市在低碳发展方面采取了不同的策略和措施。例如，丹麦的哥本哈根市通过完善风力全球供应链，在全球范围内推动了风能的使用普及；日本则通过地热能、太阳能、氢能等技术的开发和提升，实现了可持续能源的利用。其次，本章讨论了不同国家和城市关于低碳发展的政策实施和资金扶持。低碳城市的发展需要政府、企业和社会各界的共同努力。通过对全球优秀典型城市政策的讨论和研究，可以看出政府制定科学的政策和规划、引导企业和居民采取低碳生活方式具有较强的积极意义。同时，本章对不同城市的典型低碳节能企业的发展进程进行了研究，发现企业积极推动绿色技术和产品的研发和应用，能够在市场维度上促进减少碳排放，实现经济和环境共同进步的可持续发展。

低碳城市的建设需要长期坚持。低碳城市的建设不是一蹴而就的，需要政府、企业和社会各界长期坚持，不断创新和改进。同时，低碳城市的建设也需要全球范围内的合作和交流，吸取其他国家和地区的经验和教训，实现共同发展。我国应该从国际上低碳城市的发展经验中吸取启示，积极推动低碳城市的建设，为保护地球家园作出贡献。

第七章

国内外能源低碳转型的政策实践总结及建议

第一节　国外能源低碳转型的政策实践总结

人类社会的生存和发展离不开能源的支持，能源的不断改进、升级推动了生产力的高速发展和提高了人类的生活水平。人类社会发展过程中的第一次和第二次工业革命的爆发离不开煤炭、石油、电力的推动作用，使人类社会加速迈入工业文明时代。各国能源安全普遍存在化石能源储量分布不均衡、过度开采带来的资源枯竭风险、生态环境恶化和能源供求矛盾等问题。以化石能源为主体的能源系统在面对技术创新缓慢、金融风险性增强、生态环境恶化等问题时系统稳定性越来越差，为增强能源系统的稳定性，许多国家相继推出了能源转型的政策与行动方案。

一、德国能源低碳转型的政策实践

德国是全球能源转型的先行者，受技术变革和能源供需关系的影响，德国经历了由柴薪—煤炭—石油时代的能源转型，目前正处于石油时代向可再生能源时代能源转型阶段。德国作为欧洲的经济大国，在长期的实践过程中，形成了以政策、法律和经济手段为主，多层次、多样化的能源低碳转型政策体系。

德国是一个高度重视绿色经济发展的国家。德国政府颁布了一系列鼓励绿色经济发展的法律法规，包括《气候保护法》《可再生能源法》《碳排放交易制度》等，为实现碳中和目标提供了法律保障。《气候保护法》于2004年颁布，是德国应对气候变化的法律依据。该法规定，到2030年之前，德国将致力于实现温室气体净零排放目标；并在2050年前彻底实现温室气体净零排放。为实现这一目标，德国政府制定了一个绿色低碳能源战略规划，从能源结构、交通结构、建筑结构、农业及工业结构等方面提出具体目标。能源结构方面，德国政府计划大力发展可再生能源发电和可再生能源建筑应用。德国政府计划到2020年可再生能源发电量占总发电量的比例达到15%，并计划在2030年前达到50%。在交通结构方面，德国将在2030年前实现零碳排放的交通系统，并逐步实现电动汽车的大规模普及；到2050年，电动汽车产量将达到2600万辆。在建筑结构方面，德国将加大可再生能源建筑应用和低碳建筑的发展力度。到2030年，50%的新建建筑将实现能源自给自足；到2050年，90%的新建建筑将实现低碳化目标。在农业及工业结构方面，德国政府计划到2050年实现100%可再生能源生产和100%可再生能源消费。德国的能源低碳转型以提高可再生能源在能源消费结构中比重，降低能源消耗为核心。

能源是国家经济发展的“血液”，实施正确的能源转型政策，走好能源转型之路对提高国家经济发展水平具有重要意义。德国在能源转型过程中充分发挥政府与市场的作用。在可再生能源发展的初期到成熟期，德国政府对设计能源战略、制定支持性政策、完善相关法律制度等方面进行了有效干预，弥补了市场失灵问题。同时，通过实施补贴递减、溢价补贴、负电价等措施，调动了市场主体的积极性，提

高了可再生能源产业的市场竞争力，充分发挥了市场机制的调节作用。总体而言，德国为推动能源低碳转型制定了明确的战略和长远的目标，并出台了一系列有效的政策措施，从而促进了国家经济、能源、环境的可持续发展。图 7－1 展示了德国主要的能源转型文件发布时间轴。

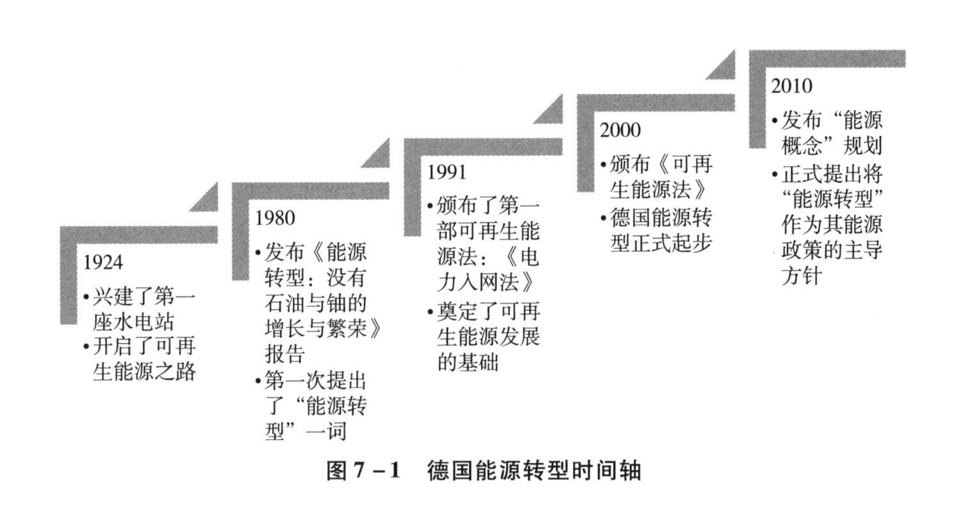

图 7－1　德国能源转型时间轴

二、美国能源低碳转型的政策实践

美国的能源政策自 20 世纪 60 年代起就开始进行调整，并经历了从传统化石能源向可再生能源的转变。这一转变对美国经济社会发展和环境保护产生了重要影响，也为全球其他国家提供了可借鉴的经验。

美国自 20 世纪 80 年代初开始逐渐重视能源转型，并在政府的大力推动下，出台了一系列能源发展政策。1994 年，美国国会通过《清洁空气法》，规定要将可再生能源在全国范围内大规模推广；1999 年出台《能源效率法》，要求政府用 10 年时间推动能效提高 15%；2007 年，国会通过《清洁电力计划》，要求到 2020 年全国范围内非化石燃料占总发电量的比重超过50%；2009年，美国国会通过《气候变化行动法案》，将能源低碳转型上升为国家战略。[①]

从清洁能源发展目标看，美国制定了明确的中长期发展规划和阶段性目标。联邦政府提出“在2020年前实现温室气体排放减半”的目标，并提出要制定一个在2050年实现温室气体排放为零的长期规划。美国的清洁能源技术发展遵循从分散式到集中式、从化石能源到可再生能源、从单一产品到多元化的发展路径。

从政策实践看，美国主要通过以下方式推动清洁能源发展：一是通过立法来推动清洁能源发展。美国联邦政府早在20世纪80年代就开始通过立法的形式推动清洁能源发展，并相继出台了一系列法律和政策文件。联邦政府制定的法律和政策文件不仅推动了清洁能源技术的研发与应用，也推动了美国清洁能源产业的整体发展。二是通过税收政策鼓励清洁能源技术研发应用。美国联邦政府先后制定了一系列税收优惠政策，对企业研发投入给予税收减免，对清洁能源项目给予财政补贴，鼓励企业加大清洁能源技术研发投入，促进清洁能源技术创新应用。其中，《能源效率法》对清洁能源的开发利用提出了具体要求，包括开发清洁能源必须具备一定的经济效益、社会效益和环境效益；联邦政府规定企业必须在10年内实现减排15%的目标；通过税收优惠政策鼓励企业加大研发投入，提高清洁能源开发利用效率。三是通过财政支持推动清洁能源项目建设。美国在充分利用市场机制的同时，通过政府财政支持和补贴等手段，吸引社会资本参与清洁能源项目建设。据统计，美国联邦政府设立的各种研发资助项目超过两万项。联邦政府每年都会安排专项资金用于资助企业的清洁能源技术研发，并根据项目实施效果给予一定比例的补贴。四是通过资金扶持带动清洁能源产业发展。美国政府鼓励民间资本和社会力量参与清洁

① 数据来自美国环保协会。

能源产业发展。除了利用税收优惠政策吸引民间资本和社会力量参与清洁能源项目建设外，联邦政府还通过直接投资、贷款等形式为企业提供资金支持。同时，为了鼓励更多社会资本参与清洁能源产业，联邦政府还积极向民间资本开放绿色信贷市场，通过与民间资本的合作来吸引更多的资金进入到清洁能源产业中来。

表7－1　　2009～2015年部分年份美国主要能源低碳政策

年份	政策	主要内容
2009	《2009美国复苏与再投资法案》	计划投资7870亿美元以推动美国经济复苏，其中580亿美元用于新能源开发与利用
2009	《美国清洁能源领导法》	加强能源生产、利用效率，同时进一步细化明确新能源标准，发展智能电网技术
2010	《美国电力法》	设定减排目标，要求2020年相比2005年减排17%，2050年减排80%以上，要求提高传统化石能源能效
2012	《清洁能源标准法案》	要求逐年增加清洁能源发电比例
2015	《清洁电力计划》	要求提高燃煤电厂热效率、扩大天然气发电量、应用可再生能源发电

三、日本能源低碳转型的政策实践

日本是世界上最大的能源进口国，其能源对外依存度高达70%。日本政府于2000年颁布《能源基本计划》，确立了中长期的能源基本方针。该计划强调日本在2050年实现碳中和目标，并将可再生能源、氢能和核能等可再生能源技术列为重点发展方向。在低碳转型方面，日本政府先后出台了《低碳社会促进法》《气候变化基本法》《循环经济基本计划》《低能耗社会推进计划》等多项政策，提出了“气候行动2030”（E20）目标，并将低碳产业、低碳技术和绿色生活方式作为核心目标。日本在实现能源转型的同时，也提出了将“碳中和”作为中长期目标。2002年6月，日本内阁会议通过《气候行动基本计划》，指出将在2050年前实现碳中和。

为了推动“碳中和”目标的实现，日本政府主要措施概括为如下几点：（1）为确保低碳发展目标的实现，需要推进节能技术、提高能效；（2）推行新能源和可再生能源，包括以电力为核心、通过改善电网基础设施、推广智能电网、发展智能微网等提高能效；（3）加快发展氢能产业；（4）推进高能效建筑与交通领域的低碳改造；（5）推行绿色生活方式。

在具体实施过程中，日本政府主要通过以下两个方面来推动“碳中和”目标的实现：（1）强化市场机制。日本政府认为，仅仅依靠市场机制是无法实现“碳中和”目标的。日本政府一方面通过推行碳税等手段来抑制二氧化碳排放，另一方面通过市场机制来引导社会形成低碳生活方式，包括鼓励使用节能电器、推进建筑节能改造、提高交通工具的能效等。日本政府通过税收优惠、财政补贴、绿色采购等手段，促进节能技术的研发与推广。日本政府还大力推动碳捕捉和封存（CCS）技术的研发与应用，以减少化石能源的使用。（2）优化能源结构。日本政府认为，只有在低碳能源系统中实现零碳排放，才能从根本上实现“碳中和”目标。为此，日本政府注重发展以可再生能源为主的非化石能源。一方面，通过制定和完善相关法律法规来规范可再生能源产业的发展，推动可再生能源的市场化运营；另一方面，加大可再生能源的开发力度，鼓励企业投资开发可再生能源项目。为了保障可再生能源发电的稳定供应，日本政府还构建了多层次、多元化的可再生能源市场体系。

除此之外，日本政府还在积极推行电动汽车技术和低碳交通方式，鼓励民众使用电动汽车等新能源交通工具。截至目前，日本政府已经发布了多个新能源汽车推广计划和配套政策，如《新能源汽车促

进法》《轻型汽车战略》等。

第二节　中国能源低碳转型的政策实践总结

中国是全球最大的能源消费国之一，同时也是温室气体排放量最高的国家之一。为了应对气候变化，中国政府采取了一系列政策措施来推动能源低碳转型。

一、发展可再生能源

随着中国工业化和城市化的加速推进，能源需求不断增长。据国家能源局数据显示，2019 年中国可再生能源消费占一次能源消费比重已经超过 15%，为了减少对化石燃料的依赖，中国政府制定了一系列政策来鼓励可再生能源的发展。第一，中国为可再生能源的发展提供补贴政策，补贴政策的目标是降低可再生能源项目的成本，使其成为市场上具有竞争力的能源选择；第二，中国为可再生能源企业提供优惠税收政策，包括减免关税、增值税和所得税等，这样一来，可再生能源企业在初始投资和运营成本方面得到了政策支持，有利于企业的发展壮大；第三，中国还实施了对可再生能源的限额要求，该政策规定，一定比例的电力必须来自可再生能源，这将迫使电力企业增加对可再生能源的投资，从而推动清洁能源在整个能源结构中的比例逐步提高。

为了实现这些政策目标，中国政府积极扩大国内可再生能源产业的规模。政府支持企业研发创新，推广高效节能技术，提高可再生能源设备的性能和可靠性；政府还大力推动基础设施建设，如智能电网、储能设施等，以确保可再生能源的稳定供应；同时在教育和培训方面，中国政府鼓励大学和研究机构开展可再生能源领域的研究和开发，以提高国内人才的专业水平，还支持国际合作，与其他国家分享经验和技术，共同推动全球可再生能源的发展。

目前，中国可再生能源政策措施已经取得了显著的成果，过去几年里，中国可再生能源产业快速发展，产能不断扩大，特别是太阳能和风能领域，中国已经成为世界上最大的产能国。

二、加强能效管理

能效标准是中国政府推动能源低碳转型的一个重要手段，中国政府实施了一系列政策来加强能效管理。这些政策主要包括能效标准、能效评估和能源审计等，旨在鼓励企业和个人节约能源，提高能源利用效率。首先制定了严格的能效标准，这些标准涵盖了各种设备和设施，如家用电器、工业设备、建筑物等，要求生产商和设备供应商提高产品的能效水平，以符合政府的能效标准，这样一来，市场上出售的产品和设备具有更高的能效，从而帮助降低能源消耗；其次加强了能效评估工作，评估企业和个人在能源利用方面的表现，以确定是否达到了节能目标，结果有助于企业和个人了解自身在能源利用方面的优势和不足，为进一步提高能效提供依据；最后，开展能源审计工作，这是对企业和个人的能源消耗进行全面分析，以发现能源浪费现象并提出改进措施，通过能源审计，企业和个人可以发现能源利用中的问题，并及时采取有效措施减少能源浪费，提高能源利用效率。

为了支持能效管理工作，中国政府加大了财政投入和政策支持力度。政府为开展能效管理的企业提供补贴和税收优惠，减轻企业负担，鼓励节能技术的研发和应用，并通过立法和执法手段，保证能效管理政策的执行力度，督促企业和个人遵守节能规定。

在教育和宣传方面，中国政府大力推广节能知识，提高公众的能

源意识。政府举办各种节能宣传活动，加强能源教育，培养节能习惯。通过普及节能知识，使节能理念深入人心，提高全社会的能源利用效率。

此外，中国积极开展国际合作，分享节能技术和经验。通过与其他国家和地区的合作与交流，中国不仅可以学习到先进的能效管理理念和技术，还可以共同推动全球能源转型和低碳发展。

在实施能效管理政策的过程中，中国政府还重视对中小企业的支持。鉴于中小企业在能源消耗方面的特殊性，政府制定了一系列针对性政策，帮助这些企业提高能效。例如，政府提供专门的技术支持和培训，协助中小企业开展能源审计和节能改造。

加强能效管理政策的实施已经取得了显著成效。中国的能源消耗强度逐年下降，能源利用效率不断提高。这些成果减轻了对环境的压力，有利于中国实现可持续发展目标。

总的来说，中国通过制定和实施一系列能效管理政策，在鼓励企业和个人节约能源、提高能源利用效率、降低能源消耗、减轻环境压力和促进可持续发展等方面发挥了积极作用。未来，中国将继续加大力度，深化能效管理工作，为全球应对气候变化和实现绿色发展做出更大贡献。

三、推动清洁能源汽车发展

为了减少交通对环境的影响，推动可持续交通发展，中国政府制定了一系列政策来鼓励清洁能源汽车的发展。这些政策包括补贴和优惠税收政策，以及对传统燃油汽车的限制。

中国对清洁能源汽车提供补贴政策。这些补贴旨在降低清洁能源汽车的购买成本，提高市场竞争力。补贴政策覆盖了纯电动汽车、插电式混合动力汽车和燃料电池汽车等多种类型。通过提供购车补贴，政府鼓励消费者选择更环保的交通工具。

中国实施优惠税收政策，支持清洁能源汽车产业的发展。其中包括减免关税、增值税和购置税等。这样的税收优惠降低了清洁能源汽车的生产和销售成本，有利于企业扩大产能，提高市场占有率。

此外，为了限制传统燃油汽车的使用，政府采取了一系列措施。例如，部分城市实行限购、限行政策，对燃油汽车的购买和使用施加限制。同时，政府还提高了燃油汽车的排放标准，要求汽车厂商生产更环保的产品。这些政策旨在减少燃油汽车对环境的负面影响，促使消费者转向清洁能源汽车。

为了保障清洁能源汽车的使用便利，中国大力推动充电和加氢设施的建设。政府制定了充电和加氢设施的建设标准，并提供财政补贴，支持企业和地方政府加快基础设施建设。此外，政府还鼓励社会资本投资充电和加氢设施，以满足市场需求。

在研发和创新方面，中国支持企业开发新技术、新产品，提高清洁能源汽车的性能。政府投入资金支持关键技术研发，鼓励企业与高校、科研机构合作，共同攻克技术难题。通过创新驱动，中国清洁能源汽车产业不断提高竞争力，赢得国际市场份额。

总之，中国政府通过制定和实施一系列政策，成功地推动了清洁能源汽车的发展。这些政策不仅促进了产业发展，降低了交通对环境的影响，还为实现可持续交通发展目标奠定了坚实基础。未来，中国将继续加大政策支持力度，推动清洁能源汽车产业实现更快速、更高质量的发展。

四、实施碳市场机制

中国推出碳市场机制，旨在鼓励企业减少碳排放，并促进低碳发展。碳市场机制的实施将鼓励企业通过技术创新和节能减排等方式，

减少碳排放。为实现这一目标，中国政府采取了一系列措施来推动碳市场的建立和完善。

中国制定了碳排放配额制度，要求企业按照规定的排放量进行排放。根据这一制度，政府为企业分配一定数量的碳排放配额，企业需要在配额范围内进行生产活动。超过配额的企业需要购买额外的碳排放权，而未使用完配额的企业则可以将剩余的碳排放权出售给其他企业。这种市场化的机制激励企业采取节能减排措施，降低碳排放。

为了保障碳市场的公平竞争，中国建立了碳排放监测、报告和核查体系。政府要求企业定期报告其碳排放数据，并接受核查。这一体系有助于确保企业的碳排放数据准确、透明，为碳市场的正常运行提供基础。

此外，中国政府还开展了碳交易试点工作。在一些重点地区，政府推行碳交易试点，为企业提供碳排放权交易的平台。这些试点地区的经验为全国范围内的碳市场建设提供了借鉴。随着碳市场逐步扩大，更多企业将参与碳排放权交易，从而形成一个健康、有序的碳市场。

为了支持碳市场的发展，中国还加大了财政、税收和金融政策的支持力度。例如，政府为开展碳减排项目的企业提供财政补贴，鼓励企业投资节能环保技术。同时，政府还对从事碳交易的企业给予税收优惠，降低企业的负担。此外，政府支持金融机构为低碳项目提供贷款，以解决企业的资金需求。

在人才培养和技术研发方面，中国大力支持碳市场相关领域的人才培养和技术创新。政府鼓励高校和科研机构开展碳市场相关的研究工作，培养专业人才。同时，政府还设立专项资金，支持企业、高校和科研机构在碳捕获、储存和利用等技术领域的研发。这些举措有助于提高中国在碳市场领域的技术水平和竞争力。

为了推动国际合作与交流，中国积极参与全球碳市场的建设。通过与其他国家和国际组织开展合作，中国不仅可以引进先进的碳市场理念和技术，还可以在全球范围内推动碳市场的发展。这种国际合作有助于共同应对气候变化挑战，实现全球低碳发展目标。

实施碳市场机制在中国取得了显著成效。许多企业在政策的引导下，积极采取措施降低碳排放。碳排放权交易市场的建立，使企业在减排过程中实现了成本最小化，提高了资源配置效率。随着碳市场的不断完善，碳排放量得到了有效控制，有利于实现国家的碳减排和气候变化应对目标。

总之，中国政府通过实施碳市场机制，成功地鼓励企业减少碳排放，促进低碳发展。这些政策不仅提高了企业的环保意识和技术创新能力，还为实现国家的碳减排目标和应对气候变化挑战奠定了坚实基础。未来，中国将继续完善碳市场政策，推动碳市场的健康发展，为全球应对气候变化和实现绿色发展做出更大贡献。

五、推动清洁能源发电

为了减少对化石燃料的依赖、降低碳排放，中国政府加大了对清洁能源发电的支持力度。政府鼓励企业发展太阳能、风能、水能和生物能等清洁能源，推动能源结构的转型升级。为实现这一目标，政府采取了一系列政策措施。

政府提供丰富的财政补贴和税收优惠政策，以支持清洁能源项目的开发和建设。这些优惠政策降低了清洁能源项目的投资成本，提高了项目的经济吸引力。通过这些政策，政府鼓励企业投资清洁能源发电，加快能源结构调整。

中国加强了清洁能源立法和规划工作。制定了一系列法律法规和发展规划，明确了清洁能源发展的目标和路径。这些法律法规和规划为清洁能源产业的健康发展提供了制度保障。

政府还加大了清洁能源并网的支持力度。通过优化电力市场体制，提高清洁能源优先调度和消纳能力。还投资建设跨区域输电项目，实现清洁能源资源的优化配置。这些举措有助于提高清洁能源发电的市场份额，降低化石燃料发电的比重。

在技术创新方面，中国支持企业进行清洁能源技术研发，提高清洁能源发电的技术水平和经济效益。政府设立专项研发资金，鼓励企业与高校、科研机构合作，共同攻克关键技术难题。通过技术创新，清洁能源发电的成本不断降低，竞争力得到提升。

同时，政府还大力推广清洁能源应用。例如，政府鼓励分布式光伏、风能项目的建设，推广农村、居民区等分布式清洁能源应用。这有助于提高清洁能源在整个能源体系中的占比，缓解能源供应压力。

为了培养清洁能源产业的人才，支持高校和职业院校开展清洁能源相关专业的培训和教育。这些教育项目为清洁能源产业提供了大量的专业人才，为产业发展提供了人力保障。

在国际合作方面，中国积极参与全球清洁能源合作，与其他国家分享清洁能源发展的技术和经验。通过加入国际组织和签订多边协议，中国与国际社会一道共同推动全球清洁能源技术的研发和应用。这种国际合作有助于全球范围内推动清洁能源发展，共同应对气候变化挑战。

凭借这些政策措施，中国清洁能源发电取得了显著成果。近年来，清洁能源发电能力不断提升，产业规模持续扩大。清洁能源在整个能源体系中的占比逐年提高，化石燃料发电比重逐渐降低。此外，随着技术创新的推进，清洁能源发电的成本不断降低，竞争力得到提升。

总之，中国政府通过加大对清洁能源发电的支持力度，成功地推动了清洁能源产业的发展。这些政策不仅有利于降低对化石燃料的依赖，降低碳排放，还为实现能源可持续发展目标奠定了坚实基础。未来，中国将继续深化能源改革，完善清洁能源政策，推动清洁能源产业实现更快速、更高质量的发展，为全球应对气候变化和实现绿色发展做出更大贡献。

第三节　中国能源低碳转型存在的问题

中国是世界上最大的二氧化碳排放国之一，能源低碳转型已经成为中国社会和经济可持续发展的必然选择。然而，能源低碳转型面临许多挑战和问题。

一、传统能源结构调整难度大

1. 传统能源占据主导地位

长期以来，煤炭等化石能源在中国能源结构中占据主导地位，为国家经济发展提供了可靠的能源支持。这使得能源结构调整面临诸多挑战。传统能源在国民经济中的广泛应用导致了能源消费方式的惯性，较难在短时间内实现根本性转变。

2. 转型成本较高

传统能源企业在投资、设备和技术方面已经形成了相对成熟的产业链，调整能源结构意味着需要进行大规模的更新改造。企业需要投入巨额资金来购置新设备、培训员工、研发新技术，这使得转型成本相对较高，增加了企业的负担。

3. 产业链影响

传统能源产业链涉及众多上下游企业，能源结构调整不仅会影响传统能源企业自身，还会对相关产业链产生连锁效应。这需要政府、

企业和社会共同努力，确保产业链的平稳过渡。

4. 区域差异和资源分布

中国的区域差异较大，不同地区的能源资源分布和能源消费结构存在明显差异。在能源结构调整过程中，需要充分考虑地域特点，因地制宜地制定政策，以保证调整的顺利进行。

二、能源供需不平衡

1. 经济快速发展

过去几十年，中国经济取得了快速增长，这导致了能源需求的急剧上升。尤其在基础设施、制造业等高耗能领域，能源需求呈现持续增长的态势。然而，能源供应往往难以跟上这种快速的需求增长，从而导致供需失衡。

2. 能源结构问题

中国的能源结构以煤炭为主，长期以来对化石能源的依赖过高。煤炭资源的开采和消耗导致环境污染和资源枯竭问题日益严重。此外，可再生能源尚未完全形成规模优势，难以在短期内弥补能源供需缺口。

3. 地域分布不均

中国能源资源的地域分布存在很大的不均衡性。一些能源资源丰富的地区往往位于较偏远的西部地区，而能源需求主要集中在经济发达的东部沿海地区。这种地域分布不均使得能源供应难以及时满足需求。

4. 能源市场机制不完善

虽然中国政府已经采取了一系列改革措施，但能源市场仍存在一定程度的垄断现象。市场机制不完善导致能源价格扭曲，影响能源资源的合理配置，加剧了供需不平衡的状况。

5. 能源消费模式不合理

在中国，传统的能源消费模式往往过于依赖高耗能产品和设备。能源消费效率相对较低，导致能源需求持续攀升。政府和企业需要加强节能环保宣传，推广低碳生活，引导民众和企业更加合理地消费能源。

三、技术创新和转型缺乏支持

1. 投资不足

技术创新和转型往往需要大量的资金投入。然而，在当前市场环境下，一些企业和研究机构面临资金短缺的问题，难以为技术研发和转型提供充足的支持。另外，长期以来，许多投资者更倾向于投资短期回报较高的项目，而忽略了长期的技术研发和转型。

2. 产业配套不完善

技术创新和转型需要一个完善的产业配套体系。然而，低碳产业在很多方面仍处于起步阶段，产业链尚未完全形成。这导致技术创新和转型在实际操作中面临诸多难题，如原材料供应、生产工艺、市场推广等方面的挑战。

3. 政策支持不足

虽然政府已经出台了一系列政策，鼓励技术创新和低碳转型，但在实际操作中，政策执行力度可能不足，或者存在政策落地难、衔接不畅等问题。这些问题导致企业在技术创新和转型过程中缺乏足够的动力和支持。

4. 人才短缺

技术创新和转型需要一批具备专业知识和创新能力的人才。然而，在当前的人才市场中，这类人才短缺。企业和研究机构在招聘和

培养人才方面面临较大压力，这对技术创新和转型产生一定程度的制约。

5. 技术壁垒

在低碳转型过程中，国际上的技术壁垒成为制约技术创新和转型的一个因素。一些国家出于竞争和保护的原因，对关键技术进行限制，影响其他国家在技术创新和转型方面的进展。

四、环保政策的实施不到位

1. 政策制定不够精准

低碳转型涉及多个领域，需要制定细致、针对性强的政策。然而，现实中的环保政策制定可能受限于数据不足、评估不准确等因素，导致政策内容不够精准，难以达到预期效果。

2. 监管能力不足

环保政策的实施需要一定的监管力量。然而，在一些地区，环保部门的人力、物力资源有限，难以全面覆盖各个领域，导致政策执行不到位。此外，一些环保监管部门可能存在腐败现象，进一步削弱了政策的实施效果。

3. 执法力度不够

虽然政府出台了一系列环保政策，但在实际执行过程中，执法力度不够。一些企业为降低成本，违规排放污染物，而监管部门对这些违法行为的处罚力度不足，导致政策实施效果受到影响。

4. 社会宣传不足

环保政策的实施需要广泛的社会参与。然而，在现实中，环保宣传往往不够充分，导致公众对于低碳转型的意识不足，进而影响政策的执行效果。

5. 利益冲突

低碳转型过程中，可能会涉及不同利益群体的利益调整。一些地方政府和企业在面临环保政策实施的压力时，可能会出现顾虑，甚至阻力，使得政策难以有效推行。

第四节　继续推进中国能源低碳转型的政策建议

面对全球气候变化和能源转型，“碳达峰、碳中和”目标成为当前全球能源安全与转型的主要目标。中国仍处于工业化发展阶段，存在能源需求量大，能源消费结构不合理，生态环境污染严重等诸多问题。未来我国还将长期走能源低碳转型之路。国家之间在能源转型方面有着许多相似的问题与挑战，借鉴国内外优秀能源低碳转型的经验，对中国能源低碳转型提出以下建议。

一、大力发展可再生能源，明确可再生能源的未来定位

可再生能源具有资源量多、易获得、污染小等诸多优势，受当前技术研究水平的限制，可再生能源未能发挥其在能源结构中的巨大优势。要增加相关科研投入，大力发展可再生能源，释放可再生能源的巨大潜能，同时要结合可持续发展要求和对化石能源的替代作用，明确可再生能源的未来定位，根据可再生能源的不同特点及技术成熟度，及时调整可再生能源发展政策。总体上要以能源高质量、可持续、低碳发展为目标，建立合理的可再生能源发展机制，鼓励、支持可再生能源企业主动提升技术和管理水平，提高可再生能源发展水平。

二、推动政府对能源转型的有效干预

对于市场失灵问题，政府需要及时采取有效措施进行解决，能源转型离不开政府和市场这两只“大手”，“两手”合作才能更好地使能源完成低碳转型这一任务。市场在能源转型中具有重要作用，但是更离不开政府相关政策对能源低碳转型工作的支持。能源低碳转型涉及社会经济发展的方方面面，需要政府发挥其职能作用，进行统筹协调，这样能源低碳转型才能有条不紊地进行。政府也需要履行好监管职能，对转型过程中的行业进行监督管理，提高监管水平，同时也需注意简政放权，减少对微观市场主体的过度干预，让微观市场主体充分发挥其主观能动性，进一步促进国家能源低碳转型。

三、发挥市场机制的调节作用

政府的政策支持和市场的调节机制在能源转型过程中是紧密联系的。要提高能源低碳转型的成功率，既离不开政府的有效干预，也离不开市场的调节作用。市场机制的调节作用就如一只隐形的手在调控能源的价格，从而影响能源转型过程。为更好地实现能源低碳转型，需要建立适合我国国情的能源低碳发展市场价值体系。通过市场机制形成合理价格、实现资源优化配置、激励可再生能源发展、实现碳排放的最优控制等。由于能源低碳转型需要在不同技术路线之间进行权衡取舍，因此，市场机制需要在其中发挥协调作用，对技术路线选择的不同影响进行分析。一是实现清洁低碳转型目标应兼顾清洁与经济。在新能源大规模开发利用的过程中，能源系统的整体效率不会受到太大影响，但是对于某些行业和地区而言，如果无法实现清洁低碳转型目标，则可能会导致相关行业和地区陷入经济衰退。因此，在新能源大规模开发利用的过程中，要根据不同地区、不同行业的具体情况，在满足清洁低碳转型目标前提下兼顾经济发展。二是实现能源低碳转型要注重碳减排与可再生能源发展的平衡。政府应制定明确的碳减排目标，并建立相应的监测和评估机制。通过设定具体的减排指标，可以激励企业和个人采取相应的行动来降低碳排放。此外，政府应加大对可再生能源发展的支持力度，鼓励投资者增加在可再生能源领域的投资，并提供相应的财税政策激励措施。三是要完善可再生能源补贴政策。政府应设立专项资金用于支持可再生能源项目。这些资金可以用于补贴可再生能源项目的建设和运营成本，降低企业和个人投资的风险，并提高可再生能源的竞争力。除此之外，设立专项基金用于支持科研机构和企业进行可再生能源技术研究和开发，以促进技术进步和产业升级。

四、协调好能源转型与经济增长之间的关系

能源转型不是一蹴而就的，而是一个长期过程。随着技术进步、碳排放峰值目标的设定、环境约束加剧以及能源消费模式转变等多重因素的影响，我国未来一段时间内仍然需要持续加大清洁能源比重，以满足我国经济社会发展对清洁能源的需求。从发展阶段来看，我国仍处于工业化中期阶段，2021 年我国工业增加值为 31.4 万亿元，占 GDP 比重为 41.7%，工业增加值占 GDP 比重为 38.3%。未来一段时间内经济增长主要依靠消费拉动，而能源需求将呈现出刚性增长特征。另外，我国制造业产业结构和产品结构不断优化升级；电动汽车、智能家电等新型产品产量快速增长；可再生能源发电装机持续增加。这将促使工业部门不断提高生产效率、扩大生产规模。因此，未来一段时间内我国在能源转型方面仍然面临着一系列的挑战：一方面需要加快推动新技术的应用和推广、提升产业发展水平以满足经济增

长对清洁能源的需求；另一方面需要加快建立和完善与新技术、新产业相配套的政策制度体系，提高国家的核心竞争力。

第五节　本章小结

本章首先全面总结国内外能源低碳转型政策实践。然后从能源结构、能源供需、技术支持、政府监管等角度剖析中国能源低碳转型存在的问题，发现中国能源低碳转型存在传统能源结构调整难度大、能源供需不平衡、技术创新和转型缺乏支持、环保政策实施不到位等。最后，本章从政府、市场等角度展开分析，为优化能源低碳转型政策提出相关建议。

参考文献

[1] 白俊红，张艺璇，卞元超．创新驱动政策是否提升城市创业活跃度：来自国家创新型城市试点政策的经验证据［J］．中国工业经济，2022（6）：61－78.

[2] 鲍健强，苗阳，陈锋．低碳经济：人类经济发展方式的新变革［J］．中国工业经济，2008（4）：153－160.

[3] 本·鲁滨逊，张译文．公众投资者和绿色债券：绿色金融变得更加多样化［C］//中国人民大学国际货币研究所．IMI 研究动态，2017：393－401.

[4] 边卫红，税蓝蝶．全球能源脱碳目标下美国能源转型的新特征［J］．清华金融评论，2022（5）：99－103.

[5] 曹斐，刘学敏．政府主导资源型城市转型的政策途径与政治约束［J］．中国流通经济，2011，25（2）：58－62.

[6] 查冬兰，陈倩，王群伟．能源回弹效应最新研究进展：理论与方法［J］．环境经济研究，2021，6（1）：179－200.

[7] 常香云，朱慧赟．碳排放约束下企业制造/再制造生产决策研究［J］．科技进步与对策，2012，29（11）：75－78.

[8] 陈庆江，杨蕙馨，焦勇．信息化和工业化融合对能源强度的影响：基于 2000－2012 年省际面板数据的经验分析［J］．中国人口·资源与环境，2016，26（1）：55－63.

[9] 陈诗一．低碳经济［J］．经济研究，2022，57（6）：12－18.

［10］陈亚林．徐工机械数字化转型对企业绩效的影响研究［D］．南昌：华东交通大学，2022.

［11］陈云伟，曹玲静，张志强．新冠疫情大流行对国际科技发展的影响及其启示［J］．中国科学院院刊，2021，36（11）：1348－1358.

［12］陈英姿，张佳艺．日本可再生能源上网电价政策研究［J］．现代日本经济，2022，41（4）：25－37.

［13］成琼文，杨玉婷．碳排放权交易试点政策的碳减排效应：基于绿色技术创新和能源结构转型的中介效应［J］．科技管理研究，2023，43（4）：201－210.

［14］程钰，张悦，王晶晶．中国省域碳排放绩效时空演变与技术创新驱动研究［J］．地理科学，2023，43（2）：313－323.

［15］邓玲，彭洁，李好，等．城市发展适应气候变化策略研究：以岳阳为例［C］．中国气象学会，2018：65－74.

［16］邓荣荣，张翱祥．FDI 技术溢出、行业吸收能力与工业碳排放强度：基于面板门槛模型的实证［J］．国际商务研究，2023，44（2）：1－13.

［17］邓胜利，凌菲．数字化信息服务对环境可持续发展的贡献研究［J］．大学图书馆学报，2014，32（5）：5－11.

［18］董彩霞．民众推动丹麦绿色投资和转型［J］．世界环境，2017（5）：52－55.

［19］杜江，龚新蜀：能效“领跑者”制度与企业绿色创新：政府生态环境注意力及高管环保经历的调节作用［J］．科技进步与对策，2023（6）：1－10.

［20］杜可，陈关聚，梁锦凯．异质性环境规制、环境双元战略与绿色技术创新［J］．科技进步与对策，2023（4）：1－11.

［21］范丹，孙晓婷．环境规制、绿色技术创新与绿色经济增长

[J]. 中国人口·资源与环境，2020，30（6）：105－115.

［22］范丹，王维国，梁佩凤. 中国碳排放交易权机制的政策效果分析：基于双重差分模型的估计［J］. 中国环境科学，2017，37（6）：2383－2392.

［23］范建平，肖慧，樊晓宏. 考虑非期望产出的改进EBM－DEA三阶段模型：基于中国省际物流业效率的实证分析［J］. 中国管理科学，2017，25（8）：166－174.

［24］方红星，陈作华. 高质量内部控制能有效应对特质风险和系统风险吗？［J］. 会计研究，2015，330（4）：70－77，96.

［25］方虹. 国外发展绿色能源的做法及启示［J］. 中国科技投资，2007（11）：35－37.

［26］冯昭奎. 21世纪初国际能源格局及今后的中长期变化：兼论日本能源安全的出路与困境［J］. 国际安全研究，2013，31（6）：98－123，153－154.

［27］弗里德里希·李斯特. 政治经济学的国民体系［M］：北京：华夏出版社，2013：351.

［28］福伊特造纸4.0数字技术优化能源效率并节省成本［J］. 中华纸业，2022，43（16）：69－71.

［29］付琳，曹颖，杨秀. 国家气候适应型城市建设试点的进展分析与政策建议［J］. 气候变化研究进展，2020，16（6）：770－774.

［30］付允，马永欢，刘怡君，等. 低碳经济的发展模式研究［J］. 中国人口·资源与环境，2008（3）：14－19.

［31］付子昊，景普秋. 地方政府治理能力、产业结构转型与能源消耗［J］. 统计与决策，2022，38（10）：162－166.

［32］傅京燕，李丽莎. 环境规制、要素禀赋与产业国际竞争力的实证研究：基于中国制造业的面板数据［J］. 管理世界，2010

(10): 87 - 98, 187.

[33] 干春晖，郑若谷，余典范．中国产业结构变迁对经济增长和波动的影响 [J]. 经济研究，2011，46 (5): 4 - 16，31.

[34] 公欣．低碳城市建设　看看欧盟怎么做 [N]. 中国经济导报，2016 - 07 - 08 (B05).

[35] 龚强，班铭媛，张一林．区块链、企业数字化与供应链金融创新 [J]. 管理世界，2021，37 (2): 22 - 34，3.

[36] 郭凌军，刘嫣然，刘光富．环境规制、绿色创新与环境污染关系实证研究 [J]. 管理学报，2022，19 (6): 892 - 900，927.

[37] 郭庆宾，汪涌．城市发展因智慧而绿色吗? [J]. 中国软科学，2022 (9): 172 - 183.

[38] 韩超，胡浩然．节能减排、环境规制与技术进步融合路径选择 [J]. 财经问题研究，2015，380 (7): 22 - 29.

[39] 韩洁平，程序，闫晶，等．基于网络超效率 EBM 模型的城市工业生态绿色发展测度研究：以三区十群 47 个重点城市为例 [J]. 科技管理研究，2019，39 (5): 228 - 236.

[40] 韩先锋，李佳佳，徐杰．绿色技术创新促进地区产业升级的动态调节效应：基于经济增长目标约束的新视角 [J]. 科技进步与对策，2023，40 (8): 44 - 53.

[41] 韩一杰，刘秀丽．基于超效率 DEA 模型的中国各地区钢铁行业能源效率及节能减排潜力分析 [J]. 系统科学与数学，2011，31 (3): 287 - 298.

[42] 何英．2009 国际十大能源新闻盘点 [N]. 中国能源报，2009 - 12 - 28 (B01).

[43] 何小钢，尹硕．低碳规制、能源政策调整与节约增长转型：基于发达国家经验的比较研究 [J]. 现代经济探讨，2014，387 (3): 88 - 92.

［44］贺俊．论开放条件下的产业发展战略选择［J］．经济评论，2001（5）：106－109.

［45］侯梅芳．碳中和目标下中国能源转型和能源安全的现状、挑战与对策［J］．西南石油大学学报（自然科学版），2023，45（2）：1－10.

［46］胡鞍钢，周绍杰．绿色发展：功能界定、机制分析与发展战略［J］．中国人口·资源与环境，2014，24（1）：14－20.

［47］胡海峰，宋肖肖，窦斌．数字化在危机期间的价值：来自企业韧性的证据［J］．财贸经济，2022，43（7）：134－148.

［48］胡珺，伍翕婷，周林子．5A旅游景区、环境考核与企业环境治理［J］．南方经济，2020，367（4）：115－128.

［49］胡晓添，徐长乐．哥本哈根的“零碳”发展之路［J］．群众，2022（10）：67－68.

［50］胡云路．中国碳排放权交易试点政策对区域碳排放效率的影响［D］．广州：广东省社会科学院，2022.

［51］华岳，叶芸．绿色区位导向性政策的碳减排效应：来自国家生态工业示范园区的实践［J］．数量经济技术经济研究，2023，40（4）：94－112.

［52］黄怡，程慧．碳市场建设对资源型城市资源依赖度的影响研究：基于异期DID模型［J］．科技管理研究，2022，42（15）：212－219.

［53］贾智杰，温师燕，朱润清．碳排放权交易与全要素碳效率：来自我国碳交易试点的证据［J］．厦门大学学报（哲学社会科学版），2022，72（2）：21－34.

［54］建联．低碳同行　绿色发展［N］．中国建材报，2021－08－04（01）.

［55］焦兵，许春祥．“十三五”以来中国能源政策的演进逻辑

与未来趋势：基于能源革命向“双碳”目标拓展的视角［J］. 西安财经大学学报，2023，36（1）：98－112.

［56］金乐琴．德国能源转型战略及启示［J］. 调研世界，2014（11）：61－64.

［57］李成刚．绿色金融对经济高质量发展的影响［J］. 中南财经政法大学学报，2023，257（2）：65－77.

［58］李光龙，陈小雨．地方政府竞争、科技创新与碳排放［J］. 南京审计大学学报，2023，20（1）：90－100.

［59］李金辉，刘军．低碳产业与低碳经济发展路径研究［J］. 经济问题，2011（3）：37－40，56.

［60］李岚春，陈伟，岳芳，等．日本“绿色创新基金”研发计划及对我国的启示［J］. 中国科学基金，2023（5）：1－10.

［61］李丽旻．日本艰难维持电力供需平衡［N］. 中国能源报，2021－02－22（06）.

［62］李丽平．绿色金融发展对绿色技术创新效率的影响［J］. 甘肃金融，2022，536（11）：52－56.

［63］李利华，王瑶，邓亚军，等．碳税政策下绿色物流发展的三方演化博弈［J］. 铁道科学与工程学报：1－12.

［64］李梦洁，杜威剑．环境规制与就业的双重红利适用于中国现阶段吗？——基于省际面板数据的经验分析［J］. 经济科学，2014（4）：14－26.

［65］李品，谢晓敏，黄震．德国能源转型进程及对中国的启示［J］. 气候变化研究进展，2023，19（1）：116－126.

［66］李迅．“双碳”战略下的城市发展路径思考［J］. 城市发展研究，2022，29（8）：1－11.

［67］李彦华，焦德坤．数字化水平对区域能源效率差异影响的实证研究［J］. 系统工程，2021，39（6）：1－13.

[68] 李旸．我国低碳经济发展路径选择和政策建议 [J]. 城市发展研究，2010，17（2）：56－67，72.

[69] 李怡娜，叶飞．制度压力、绿色环保创新实践与企业绩效关系，基于新制度主义理论和生态现代化理论视角 [J]. 科学学研究，2011，29（12）：1881－1894.

[70] 李豫新，程洪飞，倪超军．能源转型政策与城市绿色创新活力：基于新能源示范城市政策的准自然实验 [J]. 中国人口·资源与环境，2023，33（1）：137－149.

[71] 李元丽．用数字技术创新赋能"双碳"进程 [N]. 人民政协报，2021－08－10（7）.

[72] 梁枫．系统论视角下绿色低碳循环农业系统发展及财税金融政策支持的探讨 [J]. 理论与改革，2015，202（2）：71－74.

[73] 廖明球．国民经济核算中绿色 GDP 测算探讨 [J]. 统计研究，2000（6）：17－21.

[74] 林伯强，刘泓汛．对外贸易是否有利于提高能源环境效率：以中国工业行业为例 [J]. 经济研究，2015，50（9）：127－141.

[75] 林伯强．全球能源危机凸显中国低碳转型紧迫性 [J]. 中国电力企业管理，2022，676（19）：6－7.

[76] 林丽梅，赖永波，谢锦龙，等．环境规制对城市绿色发展效率的影响：基于超效率 EBM 模型和系统 GMM 模型的实证分析 [J]. 南京工业大学学报，2022，21（5）：102－114，116.

[77] 林妍．产业数字化与绿色技术创新耦合协调测度与分析 [J]. 中国流通经济，2023，37（2）：68－78.

[78] 林自卫．企业加强内部控制的必要性及对策 [J]. 财经界，2011，257（22）：88.

[79] 刘传明，孙喆，张瑾．中国碳排放权交易试点的碳减排政策效应研究 [J]. 中国人口·资源与环境，2019，29（11）：49－58.

[80] 刘江帆，侯恒宇，张建红．全国碳排放权交易市场有效性实证分析 [J]. 金融理论探索，2023 (4)：71 - 80.

[81] 刘金科，肖翊阳．中国环境保护税与绿色创新：杠杆效应还是挤出效应？[J]. 经济研究，2022，57 (1)：72 - 88.

[82] 刘奎，赵铃铃，李婧婷．中国碳排放权交易试点的减排效应及作用机制研究 [J]. 工业技术经济，2022，41 (12)：53 - 60.

[83] 刘明德，江阳阳．德国能源转型战略及对我国的借鉴 [J]. 中国能源，2017，39 (7)：29 - 35，14.

[84] 刘荣增，何春．环境规制对城镇居民收入不平等的门槛效应研究 [J]. 中国软科学，2021 (8)：41 - 52.

[85] 刘瑞明，赵仁杰．西部大开发：增长驱动还是政策陷阱：基于 PSM - DID 方法的研究 [J]. 中国工业经济，2015 (6)：32 - 43.

[86] 刘天乐，王宇飞．低碳城市试点政策落实的问题及其对策 [J]. 环境保护，2019，47 (1)：39 - 42.

[87] 刘文君，张莉芳．绿色证书交易市场、碳排放权交易市场对电力市场影响机理研究 [J]. 生态经济，2021，37 (10)：21 - 31.

[88] 刘艳．日本能源政策新动向分析 [J]. 中国石化，2022 (7)：72 - 74.

[89] 刘亦文，胡宗义．中国碳排放效率区域差异性研究：基于三阶段 DEA 模型和超效率 DEA 模型的分析 [J]. 山西财经大学学报，2015，37 (2)：23 - 34.

[90] 刘源远，刘凤朝．基于技术进步的中国能源消费反弹效应：使用省际面板数据的实证检验 [J]. 资源科学，2008 (9)：1300 - 1306.

[91] 刘志林，戴亦欣，董长贵，等．低碳城市理念与国际经验 [J]. 城市发展研究，2009，16 (6)：1 - 7，12.

[92] 卢洪友，许文立．北欧经济“深绿色”革命的经验及启示[J]．人民论坛·学术前沿，2015（3）：84－94.

[93] 吕燕，王伟强．企业绿色技术创新研究［J］．科学管理研究，1994（4）：46－48.

[94] 茅于轼．择优分配原理简介［J］．经济研究，1980（12）：65－68.

[95] 牛文元．“绿色GDP”与中国环境会计制度［J］．会计研究，2002（1）：40－42.

[96] 瞿新荣．拜登新能源政策对美国石油行业有何影响？［J］．能源，2021（3）：30－32.

[97] 卿玲丽，张振扬，千东毕．中国企业绿色技术创新现状·困局·对策：基于韩国、OECD－Total数据的对比分析［J］．重庆交通大学学报，2022，22（2）：74－82.

[98] 饶会林，陈福军，董藩．双S曲线模型：对倒U型理论的发展与完善［J］．北京师范大学学报，2005（3）：123－129.

[99] 任庆福，孙恺尧．冰岛、丹麦、法国地热利用和集中供热考察［J］．煤气与热力，1982（6）：28－35.

[100] 任晓松，刘宇佳，赵国浩．经济集聚对碳排放强度的影响及传导机制［J］．中国人口·资源与环境，2020，30（4）：95－106.

[101] 任亚运，傅京燕．碳交易的减排及绿色发展效应研究［J］．中国人口·资源与环境，2019，29（5）：11－20.

[102] 单国瑞，佩德森，张楠，等．丹麦绿色转型的长线战略观察：从成本效益型发展模式转向节能和可持续发展模式［J］．人民论坛·学术前沿，2015，65（1）：22－34.

[103] 邵帅，杨莉莉，黄涛．能源回弹效应的理论模型与中国经验［J］．经济研究，2013，48（2）：96－109.

[104] 沈菲．我国碳交易价格风险预警系统研究［D］．唐山：华

北理工大学，2019.

[105] 沈满洪．庇古税的效应分析 [C]．“可持续发展与生态经济学”：中国生态经济学会四届二次会议暨全国可持续发展研讨会论文集：中国环境科学出版社，1998：95 - 108.

[106] 沈满洪，何灵巧．外部性的分类及外部性理论的演化 [J]．浙江大学学报（人文社会科学版），2002 (1)：152 - 160.

[107] 沈能，刘凤朝．高强度的环境规制真能促进技术创新吗?：基于“波特假说”的再检验 [J]．中国软科学，2012 (4)：49 - 59.

[108] 盛春红．能源转型的制度创新——德国经验与启示 [J]．科技管理研究，2019，39 (18)：25 - 31.

[109] 师博，沈坤荣．城市化、产业集聚与 EBM 能源效率 [J]．产业经济研究，2012，61 (6)：10 - 16，67.

[110] 师慧军．环境规制水平对碳排放强度的作用路径分析 [D]．武汉：华中师范大学，2022.

[111] 石培华，黄炎．解读各国新经济政策 [M]．贵阳：贵州人民出版社，2001.

[112] 司方远，张宁，韩英华，等．面向多元灵活资源聚合的区域综合能源系统主动调节能力评估与优化：关键问题与研究架构 [J]．中国电机工程学报，2023：1 - 23.

[113] 宋弘，孙雅洁，陈登科．政府空气污染治理效应评估：来自中国“低碳城市”建设的经验研究 [J]．管理世界，2019，35 (6)：95 - 108，195.

[114] 宋敏，龙勇．政策工具视角下我国碳达峰碳中和政策文本分析 [J]．改革，2022，340 (6)：145 - 155.

[115] 宋德勇，朱文博，丁海．企业数字化能否促进绿色技术创新？——基于重污染行业上市公司的考察 [J]．财经研究，2022，48 (4)：34 - 48.

[116] 孙浩，兰甜甜．环境规制、产业结构调整与能源效率［J］．统计与决策，2023，39（8）：46－50.

[117] 孙慧，邓又一．环境政策“减污降碳”协同治理效果研究：基于排污费征收视角［J］．中国经济问题，2022（3）：115－129.

[118] 孙丝雨，安增龙．两阶段视角下国有工业企业绿色技术创新效率评价：基于网络EBM模型的分析［J］．财会月刊，2016（35）：20－25.

[119] 孙一琳．2020年美国可再生能源发展展望［J］．风能，2020（2）：58－60.

[120] 唐丹．数字化转型、内部控制与企业创新质量［J］．特区经济，2023，411（4）：89－92.

[121] 陶翃．数字技术应用一定能带来创新吗？——数字技术与企业创新的关系研究［J］．冶金经济与管理，2022，217（4）：44－47.

[122] 田永英．气候适应型城市水安全保障系统构建策略研究［J］．阅江学刊，2018，10（2）：54－60，145.

[123] 田正，刘云．日本构建绿色产业体系述略［J］．东北亚学刊，2023（2）：120－134，150.

[124] 涂成林．国外区域创新体系不同模式的比较与借鉴［J］．科技管理研究，2005（11）：167－171.

[125] 涂正革，谌仁俊．排污权交易机制在中国能否实现波特效应？［J］．经济研究，2015，50（7）：160－173.

[126] 万伦来，童梦怡．环境规制下中国能源强度的影响因素分析：基于省际面板数据的实证研究［J］．山西财经大学学报，2010，32（S2）：6－7.

[127] 汪玉叶．财政转移支付对资源枯竭城市产业升级的影响：

基于双重差分方法的验证［J］. 现代商贸工业，2023，44（9）：128－131.

［128］王成江. 对财税金融支持绿色经济发展的相关思考［J］. 现代商业，2012，294（29）：112－113.

［129］王丛虎，骆飞. 中国碳排放权交易政策的理论基础、演进逻辑及创新发展［J］. 中共天津市委党校学报，2023，25（1）：43－53.

［130］王弟海，龚六堂. 幼稚产业的发展路径及其政府政策的分析［J］. 数量经济技术经济研究，2006（3）：24－36.

［131］王凡，刘东平. 零碳启示录：来自丹麦的节能童话（上）［J］. 中华民居（上旬版），2013（8）：104－111.

［132］王飞，文震. 环境规制、技术创新与生态效率：基于2006—2020年中国省际面板数据的实证研究［J］. 技术经济与管理研究，2023，321（4）：15－19.

［133］王宁. 德国能源转型的经济分析及启示［D］. 长春：吉林大学，2019.

［134］王群勇，李海燕. 基于不确定环境DEA模型下中国各区域能源效率和二氧化碳排放效率评价［J］. 软科学，2022，36（8）：78－83.

［135］王珊娜，张勇，纪韶. 创新型人力资本对中国经济绿色转型的影响［J］. 经济与管理研究，2022，43（7）：79－96.

［136］王韶华，林小莹，张伟，等. 绿色信贷对中国工业绿色技术创新效率的影响研究［J］. 统计与信息论坛，2023（3）：1－15.

［137］王溪泮. 全要素能源效率与社会经济系统要素的耦合研究［D］. 长春：吉林大学，2022.

［138］王晓光. 绿色技术创新：企业跨世纪发展战略［J］. 中国科技信息，1997（15）：18.

[139] 王艳，于立宏．环境规制工具对企业绿色技术创新偏好的影响研究［J］．管理评论，2023，35（2）：156－170.

[140] 王一鸣．转变经济增长方式与体制创新［J］．经济与管理研究，2007（8）：5－10.

[141] 王永静，武玲竹，苏芳．中国粮食主产区农业能源效率变动研究：基于超效率 EBM 和 Global－Malmquist 指数模型［J］．资源开发与市场，2022，38（6）：641－649.

[142] 韦帅民．全球价值链嵌入、技术创新与制造业碳排放效率［J］．技术经济与管理研究，2023，321（4）：8－14.

[143] 魏楚，沈满洪．能源效率及其影响因素：基于 DEA 的实证分析［J］．管理世界，2007，167（8）：66－76.

[144] 温馨，陈佳静．技术创新与能源转型：一个文献综述［J］．科技创业月刊，2022，35（12）：142－148.

[145] 吴文值，王帅，陈能军．财政激励能否降低二氧化碳排放？——基于节能减排财政综合示范城市的证据［J］．江苏社会科学，2022（1）：159－169.

[146] 吴曦．发达国家发展低碳经济经验借鉴［J］．合作经济与科技，2010（9）：16－17.

[147] 吴妍．德国可再生能源发展加速提级［J］．科技中国，2022（12）：92－97.

[148] 武常岐，张昆贤，周欣雨，等．数字化转型、竞争战略选择与企业高质量发展：基于机器学习与文本分析的证据［J］．经济管理，2022，44（4）：5－22.

[149] 席江楠，张文雍，王竹宁．国际城市能源发展综述［J］．北京规划建设，2022（5）：6－15.

[150] 夏凡，王欢，王之扬．“双碳”背景下我国碳排放权交易体系与碳税协调发展机制研究［J］．西南金融，2023（1）：3－15.

[151] 向征艰，王利宁，朱兴珊，等．大变局下中国能源转型发展研究 [J]．国际石油经济，2023，31 (2)：15－22.

[152] 肖珩．财政补贴对企业绿色技术创新的影响研究 [J]．技术经济与管理研究，2023，318 (1)：32－37.

[153] 肖陆嘉．绿色经济发展下的财税金融支持研究 [J]．现代营销，2017 (2)：98.

[154] 谢欣露，郑艳．气候适应型城市评价指标体系研究：以北京市为例 [J]．城市与环境研究，2016 (4)：50－66.

[155] 辛保安，陈梅，赵鹏，等．碳中和目标下考虑供电安全约束的我国煤电退减路径研究 [J]．中国电机工程学报，2022 (10)：1－11.

[156] 辛章平，张银太．低碳经济与低碳城市 [J]．城市发展研究，2008，85 (4)：98－102.

[157] 徐建中，王曼曼．绿色技术创新、环境规制与能源强度：基于中国制造业的实证分析 [J]．科学学研究，2018，36 (4)：744－753.

[158] 严成樑，龚六堂．熊彼特增长理论：一个文献综述 [J]．经济学（季刊），2009，8 (3)：1163－1196.

[159] 阳结南，陈垚彤．城市级别对于老工业城市产业结构优化的影响研究 [J]．科学决策，2023，308 (3)：115－127.

[160] 杨浩昌，钟时权，李廉水．绿色技术创新与碳排放效率：影响机制及回弹效应 [J]．科技进步与对策，2023，40 (8)：99－107.

[161] 杨丽，孙之淳．基于熵值法的西部新型城镇化发展水平测评 [J]．经济问题，2015 (3)：115－119.

[162] 杨明海，刘凯晴，谢送爽．教育人力资本、健康人力资本与绿色技术创新：环境规制的调节作用 [J]．经济与管理评论，

2021, 37 (2): 138-149.

[163] 杨晓占，冯文林，冉秀芝．新能源与可持续发展概论［M］．重庆：重庆大学出版社，2019：208.

[164] 姚小剑，杨光磊，高丛．绿色技术进步对全要素绿色能源效率的影响研究［J］．科技管理研究，2016，36 (22)：248-254.

[165] 余畅，马路遥，曾贤刚，等．工业企业数字化转型能否促进节能减排？［J］．中国环境科学，2023：1-12.

[166] 余佳庆．我国环境治理体系中企业绿色技术创新的影响机制研究［D］．太原：山西财经大学，2022.

[167] 余泳泽，孙鹏博，宣烨．地方政府环境目标约束是否影响了产业转型升级？［J］．经济研究，2020，55 (8)：57-72.

[168] 臧鑫宇，王峤，李含嫣．“双碳”目标下的生态城市发展战略与实施路径［J］．科技导报，2022，40 (6)：30-37.

[169] 曾云敏，赵细康．环境保护政策执行中的分权和公众参与：以广东农村垃圾治理为例［J］．广东社会科学，2018，191 (3)：209-218.

[170] 张彩江，李章雯，周雨．碳排放权交易试点政策能否实现区域减排？［J］．软科学，2021，35 (10)：93-99.

[171] 张聃．哥本哈根应对气候变化的绿色发展框架研究［C］//中国城市规划学会，成都市人民政府．面向高质量发展的空间治理：2021中国城市规划年会论文集（08城市生态规划）．北京：中国建筑工业出版社，2021：759-769.

[172] 张昆贤，武常岐，陈晓蓉，等．数字化转型对企业环境治理责任主体意识的影响研究：来自环境治理费用的经验证据［J］．工业技术经济，2022，41 (11)：3-12.

[173] 张宁．我国将建成气候适应型社会［J］．生态经济，2022，38 (8)：9-12.

[174] 张树山，胡化广，孙磊，等．供应链数字化与供应链安全稳定：一项准自然实验［J］．中国软科学，2021，372（12）：21－30，40.

[175] 张涛，侯宇恒，张卓群．低碳转型政策对宏观经济的影响研究：基于DSGE模型分析［J］．产业经济评论，2022（6）：57－70.

[176] 张玮，刘宇．长江经济带绿色水资源利用效率评价：基于EBM模型［J］．华东经济管理，2018，32（3）：67－73.

[177] 张贤，郭偲悦，孔慧，等．碳中和愿景的科技需求与技术路径［J］．中国环境管理，2021，13（1）：65－70.

[178] 张晓娣．正确认识把握我国碳达峰碳中和的系统谋划和总体部署：新发展阶段党中央双碳相关精神及思路的阐释［J］．上海经济研究，2022，401（2）：14－33.

[179] 张昕蔚．数字经济条件下的创新模式演化研究［J］．经济学家，2019，247（7）：32－39.

[180] 张旭，李伦．绿色增长内涵及实现路径研究述评［J］．科研管理，2016，37（8）：85－93.

[181] 张亚丽，项本武．中国排污权交易机制引起了环境不平等吗？——基于PSM－DID方法的研究［J］．中国地质大学学报（社会科学版），2022，22（3）：67－82.

[182] 张玉明，邢超，张瑜．媒体关注对重污染企业绿色技术创新的影响研究［J］．管理学报，2021，18（4）：557－568.

[183] 张哲华，钟若愚．数字经济、绿色技术创新与城市低碳转型［J］．中国流通经济，2023（5）：1－11.

[184] 赵宏图．国际能源转型现状与前景［J］．现代国际关系，2009（6）：35－42.

[185] 赵沁娜，李航．碳交易试点政策对碳排放强度的影响效应

与作用机制：来自准自然实验的经验证据［J］. 世界地理研究，2023（5）：1－19.

［186］赵鑫. 资源依赖视角下环境规制对中国绿色经济增长的影响研究［D］. 福州：福建师范大学，2021.

［187］赵云辉，张哲，冯泰文，等. 大数据发展、制度环境与政府治理效率［J］. 管理世界，2019，35（11）：119－132.

［188］郑欢. 中国煤炭产量峰值与煤炭资源可持续利用问题研究［D］. 成都：西南财经大学，2014.

［189］郑嘉容，韩明华. 环境规制、技术能力与绿色创新：基于管理者环保意识的调节效应［J］. 科技与经济，2023，36（1）：31－35.

［190］郑丽琳，朱启贵. 中国碳排放库兹涅茨曲线存在性研究［J］. 统计研究，2012，29（5）：58－65.

［191］智瑞芝，袁瑞娟，肖秀丽. 日本技术创新的发展动态及政策分析［J］. 现代日本经济，2016（5）：83－94.

［192］中国财政网.《新时代的中国能源发展》白皮书［EB/OL］.（2020－12－21）［2023－12－22］. https：//www. gov. cn/zhengce/2020－12/21/content_5571916. htm.

［193］中华人民共和国生态环境部［EB/OL］.（2022－10－26）［2023－12－22］. https：//www. mee. gov. cn/ywgz/ydqhbh/syqhbh/202210/w020221027551216559294. pdf.

［194］钟廷勇，马富祺. 企业数字化转型的碳减排效应：理论机制与实证检验［J］. 江海学刊，2022，340（4）：99－105.

［195］周玮生，李勇. 日本零碳目标和绿色发展战略及对中国的启示［J］. 世界环境，2023（1）：87－89.

［196］周元春，邹骥. 中国发展低碳经济的影响因素与对策思考［J］. 统计与决策，2009（23）：99－101.

［197］朱思瑜，于冰．“排污权”和“碳排放权”交易的减污降碳协同效应研究：基于污染治理和政策管理的双重视角［J］．中国环境管理，2023，15（1）：102－109.

［198］朱小会，陆远权．环境财税政策与金融支持的碳减排治理效应：基于财政与金融相结合的视角［J］．科技管理研究，2017，37（3）：203－209.

［199］庄贵阳．中国经济低碳发展的途径与潜力分析［J］．国际技术经济研究，2005（3）：8－12.

［200］Adebayo T S，Ullah S，Kartal M T，et al. Endorsing sustainable development in BRICS：The role of technological innovation，renewable energy consumption，and natural resources in limiting carbon emission［J］. Science of The Total Environment，2023，859：160181.

［201］Amanda K. Winter. The green city citizen：Exploring the ambiguities of sustainable lifestyles in Copenhagen［J］. Environmental Policy and Governance，2018，29：14－22.

［202］Amin N，Shabbir M S，Song H，et al. A step towards environmental mitigation：Do green technological innovation and institutional quality make a difference?［J］. Technological Forecasting and Social Change，2023，190：122413.

［203］Angela D，Mona C，Steve S，et al. Missing carbon reductions? Exploring rebound and backfire effects in UK households［J］. Energy Policy，2011，39（6）.

［204］Bag S，Viktorovich D A，Sahu A K，et al. Barriers to adoption of blockchain technology in green supply chain management［J］. Journal of Global Operations and Strategic Sourcing，2020，14（1）：104－133.

［205］Barbera A J，Mcconnell V D. The impact of environmental regulations on industry productivity: Direct and indirect effects [J]. Journal of Environmental Economics and Management, 1990, 18 (1): 50 - 65.

[206] Bardhan Pranab K. On Optimum Subsidy to a Learning Industry: An Aspect of the Theory of Infant-Industry Protection [J]. International Economic Review, 1971, 12 (1).

[207] Battese G. E., Coelli T. J.. Frontier Production Function, Technical Efficiency and Panel Data: with Application to Paddy Farmers in India [J]. Journal of Productivity Analysis, 1992, 3: 153 - 169.

[208] Bentzen J. Estimating the rebound effect in US manufacturing energy consumption [J]. Energy economics, 2004, 26 (1): 123 - 134.

[209] Bradshaw, M. J. The geopolitics of global energy security [J]. Geography Compass, 2009, 3 (5): 1920 - 1937.

[210] Braun E, Wield D. Regulation as a means for the social control of technology [J]. Technology Analysis & Strategic Management, 1994, 6 (3): 259 - 272.

[211] Brookes L. G. Energy policy, the energy price fallacy and the role of nuclear energy in the UK [J]. Energy Policy, 1978, 6 (2).

[212] Brookes L. G. The greenhouse effect: the fallacies in the energy efficiency solution [J]. Energy Policy, 1990, 18 (2).

[213] Cai A, Zheng S, Cai L H, et al. How does green technology innovation affect carbon emissions? A spatial econometric analysis of China's provincial panel data [J]. Frontiers in Environmental Science, 2021: 630.

[214] Cai H, Wang Z, Zhang Z, et al. Does environmental regulation promote technology transfer? Evidence from a partially linear functional-coefficient panel model [J]. Economic Modelling, 2023: 106297.

[215] Chapple L, Clarkson P M, Gold D L. The cost of carbon: Cap-

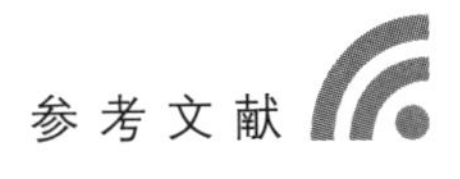

ital market effects of the proposed emission trading scheme (ETS) [J]. Abacus, 2013, 49 (1): 1-33.

[216] Charnes A, Cooper W W, Rhodes E. Measuring the efficiency of decision making units [J]. European Journal of Operational Research, 1978, 2 (6): 429-444.

[217] Cheng Z, Yu X. Can central environmental protection inspection induce corporate green technology innovation? [J]. Journal of Cleaner Production, 2023: 135902.

[218] Chen X, Zhou P, Hu D. How dose digital economy affect green technology innovation? Evidence from energy conservation and environmental protection in China [J]. The Science of the Total Environment, 2023: 162708-162708.

[219] Chung Y H, Färe R, Grosskopf S. Productivity and undesirable outputs: a directional distance function approach [J]. Journal of Environmental Management, 1997, 51 (3): 229-240.

[220] Clémence M, James K. A comparative analysis of urban energy governance in four European cities [J]. Energy Policy, 2013, 61: 852-863.

[221] Cooper W W, Seiford L M, Tone K. Data envelopment analysis: a comprehensive text with models, applications, references and DEA-Solver software [M]. New York: Springer Science and Business Media, 2007.

[222] Cui G, Zhang Y, Ma J, et al. Does environmental regulation affect the labor income share of manufacturing enterprises? Evidence from China [J]. Economic Modelling, 2023, 123: 106251.

[223] Daniel K J. Economic Implications of Mandated Efficiency in Standards for Household Appliances [J]. The Energy Journal, 1980, 1

(4).

[224] Denend L, Xu S, Yock P, et al. Biomedical Technology Innovation Education and Its Effect on Graduate Student Careers Over 17 Years [J]. Biomedical Engineering Education, 2021, 1: 291 - 300.

[225] Dinopoulos E. Growth in Open Economies, Schumpeterian Models [J]. University of Florida, 2006.

[226] Fabrizio K R, Rose N L, Wolfram C D. Do markets reduce costs? Assessing the impact of regulatory restructuring on US electric generation efficiency [J]. American Economic Review, 2007, 97 (4): 1250 - 1277.

[227] Fare R., Grosskopf S., Norris M., et al. Productivity Growth, Technical Progress and Efficiency Changes in Industrialized Countries [J]. American Economic Review, 1994, 84 (1): 66 - 83.

[228] Farrell M J. The measurement of productive efficiency [J]. Journal of the Royal Statistical Society, 1957, 120 (3): 253 - 290.

[229] Fathi B, Ashena M, Bahari A R. Energy, environmental, and economic efficiency in fossil fuel exporting countries: A modified data envelopment analysis approach [J]. Sustainable Production and Consumption, 2021, 26: 588 - 596.

[230] Geert Verbong, Frank Geels. The ongoing energy transition: Lessons from a socio-technical, multi-level analysis of the Dutch electricity system (1960 - 2004) [J]. Energy Policy, 2007, 35: 1025 - 1037.

[231] Gray W B. The cost of regulation: OSHA, EPA and the productivity slowdown [J]. The American Economic Review, 1987, 77 (5): 998 - 1006.

[232] Hancevic P I. Environmental regulation and productivity: The case of electricity generation under the CAAA - 1990 [J]. Energy Econom-

ics, 2016, 60: 131 - 143.

[233] Hopkinson P, Zils M, Hawkins P, et al. Managing a complex global circular economy business model: Opportunities and challenges [J]. California Management Review, 2018, 60 (3): 71 - 94.

[234] Hulgaard T, MSc I S. Integrating waste-to-energy in Copenhagen, Denmark [C]//Proceedings of the institution of civil engineers-civil engineering. Thomas Telford Ltd, 2018, 171 (5): 3 - 10.

[235] Hurt K, Dye D. How to build a more courageous, innovative culture [J]. Leader to Leader, 2022 (104): 59 - 63.

[236] Jaffe A B, Palmer K. Environmental regulation and innovation: A panel data study [J]. Review of economics and statistics, 1997, 79 (4): 610 - 619.

[237] Jörg M. Sitting on an almost infinite energy source—Japan's geothermal and renewables' potential and reality [J]. Environmental Earth Sciences, 2015, 74: 1 - 3.

[238] Kaname Akamatsu. A historical pattern of economic growth in developing countries [J]. The Developing Economies, 1962, 1 (s1).

[239] Kiyoshi Kojima. The "flying geese" model of Asian economic development: origin, theoretical extensions, and regional policy implications [J]. Journal of Asian Economics, 2000, 11 (4).

[240] Leichenko R. Climate change and urban resilience [J]. Current Opinion in Environmental Sustainability, 2011, 3 (3): 164 - 168.

[241] Le Quéré C, Jackson R B, Jones M W, et al. Temporary reduction in daily global CO_2 emissions during the COVID - 19 forced confinement [J]. Nature Climate Change, 2020, 10 (7): 647 - 653.

[242] Liang, H., & Renneboog, L. On the Foundations of Corporate Social Responsibility [J]. Journal of Finance, 2017, 72 (2), 853 - 910.

[243] Lian W, Sun X, Gao T, et al. Heterogeneous impact of renewable energy on carbon efficiency and analysis of impact mechanisms: evidence from the provincial level in China [J]. Clean Technologies and Environmental Policy, 2023: 1 - 18.

[244] Liu J, Zhao M, Wang Y. Impacts of government subsidies and environmental regulations on green process innovation: A nonlinear approach [J]. Technology in Society, 2020, 63: 101417.

[245] Li Y, Dai J, Cui L. The impact of digital technologies on economic and environmental performance in the context of industry 4.0: A moderated mediation model [J]. International Journal of Production Economics, 2020, 229: 107777.

[246] Lyu Q, Chai Z. Highly efficient and clean utilization of fossil energy under carbon peak and neutrality targets [J]. Bulletin of Chinese Academy of Sciences (Chinese Version), 2022, 37 (4): 541 - 548.

[247] Martinez A A. Lessons from the past for sustainability transitions? a meta-analysis of socio-technical studies [J]. Global Environmental Change, 2017, 44: 125 - 143.

[248] Mauree D, Naboni E, Coccolo S, et al. A review of assessment methods for the urban environment and its energy sustainability to guarantee climate adaptation of future cities [J]. Renewable and Sustainable Energy Reviews, 2019, 112: 733 - 746.

[249] Meeusen W, Broeck J V D. Efficiency estimation from Cobb - Douglas production functions with composed error [J]. International Economic Review, 1977, 18 (2): 435 - 444.

[250] Michael E. Porter, Claas van der Linde. Toward a New Conception of the Environment - Competitiveness Relationship [J]. The Journal of Economic Perspectives, 1995, 9 (4).

[251] Mubarik M, Raja Mohd Rasi R Z, Mubarak M F, et al. Impact of blockchain technology on green supply chain practices: Evidence from emerging economy [J]. Management of Environmental Quality: An International Journal, 2021, 32 (5): 1023 - 1039.

[252] Nieto J, Carpintero Ó, Miguel L J, et al. Macroeconomic modelling under energy constraints: Global low carbon transition scenarios [J]. Energy Policy, 2020, 137: 111090.

[253] Opoku E E O, Boachie M K. The environmental impact of industrialization and foreign direct investment [J]. Energy Policy, 2020, 137: 111178.

[254] Pan H Y, Ren J J, Zhang Q, et al. Effect of "green technology-institution" collaborative innovation on ecological efficiency—The moderating role of fiscal decentralization [J]. Environmental Science and Pollution Research, 2023, 30 (7): 19132 - 19148.

[255] Pan X F, Ai B W, Li C Y, et al. Dynamic relationship among environmental regulation, Technologial innovation and energy efficiency based on large scale provincial panel data in China [J]. Technological Forecasting and Social Change, 2019, 144 (C): 428 - 435.

[256] Pearce D, Markandya A, Barbier E. Blueprint for a Green Economy [M]. Earthscan Publications Ltd, 1989.

[257] Peng Y, Zhou J, Lin M, et al. The Impact of IT Capability on Corporate Green Technological Innovation: Evidence from Manufacturing Companies in China [J]. Journal of Information & Knowledge Management, 2022: 2250068.

[258] Porter M E, Linde C V D. Toward a New Conception of the Environment - Competitiveness Relationship [J]. Journal of Economic Perspectives, 1995, 9 (4): 97 - 118.

[259] Porter, M E, Vander Linde, C. Green and Comparative: Ending the Stalemate [J]. Harvard Business Review, 1995 (73): 120 - 134.

[260] Sanchez - Vargas A, Mansilla - Sanchez R, Aguilar-Ibarra A. An empirical analysis of the nonlinear relationship between environmental regulation and manufacturing productivity [J]. Journal of Applied Economics, 2013, 16 (2): 357 - 371.

[261] Shamzzuzoha A, Chavira P C, Kekäle T, et al. Identified necessary skills to establish a center of excellence in vocational education for green innovation [J]. Cleaner Environmental Systems, 2022, 7: 100100.

[262] Shatouri R M, Omar R, Igusa K. Embracing green technology innovation through strategic human resource management: A case of an automotive company [J]. American Journal of Economics and Business Administration, 2013, 5 (2): 65 - 73.

[263] Song M, Peng L, Shang Y, et al. Green technology progress and total factor productivity of resource-based enterprises: A perspective of technical compensation of environmental regulation [J]. Technological Forecasting and Social Change, 2022, 174: 121276.

[264] Song M, Yang L, Wu J, Lv W. Energy saving in China: Analysis on the energy efficiency via bootstrap - DEA approach [J]. Energy Policy, 2013, 57: 1 - 6.

[265] Song M, Zhao X, Shang Y. The impact of low-carbon city construction on ecological efficiency: Empirical evidence from quasi-natural experiments [J]. Resources, Conservation and Recycling, 2020, 157: 104777.

[266] Steve S, John D, Matt S. Empirical estimates of the direct rebound effect: A review [J]. Energy Policy, 2008, 37 (4).

[267] Succar P. The need for industrial policy in LDC's – A re-statement of the infant industry argument [J]. International Economic Review, 1987: 521 – 534.

[268] Sui Y, Wang H, Kirkman B L, et al. Understanding the curvilinear relationships between LMX differentiation and team coordination and performance [J]. Personnel Psychology, 2016, 69 (3): 559 – 597.

[269] Sun H, Edziah B K, Sun C, et al. Institutional quality, green innovation and energy efficiency [J]. Energy Policy, 2019, 135: 111002.

[270] Sun L, Miao C, Yang L. Ecological-economic efficiency evaluation of green technology innovation in strategic emerging industries based on entropy weighted TOPSIS method [J]. Ecological indicators, 2017, 73: 554 – 558.

[271] Su X, Pan C, Zhou S, et al. Threshold effect of green credit on firms' green technology innovation: Is environmental information disclosure important? [J]. Journal of Cleaner Production, 2022, 380: 134945.

[272] Tone K. A slacks-based measure of efficiency in data envelopment analysis [J]. European journal of operational research, 2001, 130 (3): 498 – 509.

[273] Tone K. A slacks-based measure of super-efficiency in data envelopment analysis [J]. European Journal of Operational Research, 2002, 143 (1): 32 – 41.

[274] Tone K, Tsutsui M. An epsilon-based measure of efficiency in DEA – a third pole of technical efficiency [J]. European Journal of Operational Research, 2010, 207 (3): 1554 – 1563.

[275] Wang, B., Wu, Y., Yan, P. Environmental Efficiency and Environmental Total Factor Productivity Growth in China's Regional Econo-

mies [J]. Economic Research Journal, 2010, 45 (5): 95 - 109.

[276] Wang E Z, Lee C C. The impact of clean energy consumption on economic growth in China: is environmental regulation a curse or a blessing? [J]. International Review of Economics & Finance, 2022, 77: 39 - 58.

[277] Wang H, Zhou P, Zhou D Q. Scenario-based energy efficiency and productivity in China: A non-radial directional distance function analysis [J]. Energy Economics, 2013, 40: 795 - 803.

[278] Wang H, Zhou P, Zhou D Q. Scenario-based energy efficiency and productivity in China: A non-radial directional distance function analysis [J]. Energy Economics, 2013, 40: 795 - 803.

[279] Wang Z, Feng C. A performance evaluation of the energy, environmental, and economic efficiency and productivity in China: An application of global data envelopment analysis [J]. Applied Energy, 2015, 147: 617 - 626.

[280] Wei C, Cai X, Song X. Towards achieving the sustainable development goal 9: Analyzing the role of green innovation culture on market performance of Chinese SMEs [J]. Frontiers in Psychology, 2022, 13.

[281] Wu K, Fu Y, Kong D. Does the digital transformation of enterprises affect stock price crash risk? [J]. Finance Research Letters, 2022, 48: 102888.

[282] Xu A, Zhu Y, Wang W. Micro green technology innovation effects of green finance pilot policy—From the perspectives of action points and green value [J]. Journal of Business Research, 2023, 159: 113724.

[283] Xu, G. - l., & Meng, T. How can management ability promote green technology innovation of manufacturing enterprises? Evidence from China [J]. Frontiers in Environmental Science, 2023, 10:

1051636.

[284] Xu S, Dong H. Green Finance, Industrial Structure Upgrading, and High – Quality Economic Development-Intermediation Model Based on the Regulatory Role of Environmental Regulation [J]. International Journal of Environmental Research and Public Health, 2023, 20 (2): 1420.

[285] Yah N F, Oumer A N, Idris M S. Small scale hydro-power as a source of renewable energy in Malaysia: A review [J]. Renewable and Sustainable Energy Reviews, 2017, 72: 228 –239.

[286] Yang G, Zha D, Wang X, et al. Exploring the nonlinear association between environmental regulation and carbon intensity in China: The mediating effect of green technology [J]. Ecological Indicators, 2020, 114: 106309.

[287] Yin K, Cai F, Huang C. How does artificial intelligence development affect green technology innovation in China? Evidence from dynamic panel data analysis [J]. Environmental Science and Pollution Research, 2023, 30 (10): 28066 –28090.

[288] Yin K, Cai F, Huang C. How does artificial intelligence development affect green technology innovation in China? Evidence from dynamic panel data analysis [J]. Environmental Science and Pollution Research, 2023, 30 (10): 28066 –28090.

[289] Yousaf Z, Radulescu M, Sinisi C, et al. How do firms achieve green innovation? Investigating the influential factors among the energy sector [J]. Energies, 2022, 15 (7): 2549.

[290] Zarbà C, Chinnici G, Pecorino B, et al. Paradigm of the circular economy in agriculture: The case of vegetable seedlings for transplantation in nursery farms [J]. International Multidisciplinary Scientific GeoCo-

nference: SGEM, 2019, 19 (4.2): 113 - 120.

[291] Zhang M, Zhao Y. Does environmental regulation spur innovation? Quasi-natural experiment in China [J]. World Development, 2023, 168: 106261.

[292] Zhang Y J, Chen M Y. Evaluating the dynamic performance of energy portfolios: Empirical evidence from the DEA directional distance function [J]. European Journal of Operational Research, 2018, 269 (1): 64 - 78.

[293] Zhao X, Nakonieczny J, Jabeen F, et al. Does green innovation induce green total factor productivity? Novel findings from Chinese city level data [J]. Technological Forecasting and Social Change, 2022, 185: 122021.

[294] Zhou, P., Ang, B. W., Poh, K. L. Measuring environmental performance under different environmental DEA technologies [J]. Energy Economics, 2008, 30 (1): 1 - 14.

[295] Zhou Z F. On evaluation model of green technology innovation capability of pulp and paper enterprise based on support vector machines [C]//Advanced Materials Research. Trans Tech Publications Ltd, 2014, 886: 285 - 288.

后　　记

时光匆匆，转瞬间《中国环境经济发展研究报告2023：推进能源低碳转型》专著完成，书本出版之际，我们深感荣幸。本书撰写是一场跨越时空的探索之旅，是对人类能源与经济发展的深刻思考，更是对未来可持续发展的热切期望，在这里，借着后记的篇幅，与读者分享一些心得和感悟，同时感谢所有支持者和协作者的辛勤努力。

1. 本书的起源与动机

写作本书的初衷源于对中国经济、环境、能源资源的深刻关切。我们置身于一个急速变革的时代，面临着日益严峻的气候变化、资源枯竭、环境污染等诸多问题。为探寻绿色经济发展之道，我们将能源低碳转型作为研究切入点，试图找到一条中国情境下的经济可持续发展之路。

2. 本书知识体系的构建

整个写作过程中，我们深感知识的精深和广博。能源低碳转型不仅涉及技术层面的创新，还牵涉经济、政策、文化等多个维度。在构建推进能源低碳转型的知识体系时，努力确保全面性与系统性，力求为读者呈现一个多维度、立体化的知识图谱。希望读者能够从中获得到启迪，为未来能源的绿色低碳转型提供更为明确的方向。

3. 本书的未来展望

本书的写作并非终点，而是一个新的起点。在未来的路上，能源低碳转型还有很长的一段路要走。我们深知这个领域的研究需要更多的人才、更多的智慧，也需要全球范围的合作。在未来的展望中，我们期待看到更多的科研成果、创新技术的涌现，看到更多国际合作的成果，共同为人类社会的可持续发展贡献力量。

4. 本书的致谢

最后，我们由衷感谢所有支持和参与本书研究与写作的同仁及朋友，是他们耗费精力共同铸就这本书。同时本书参考了国内外学者的研究成果，在已有文献的基础上加以继承并有所创新，在此向他们表示真挚的感谢！通过这本《中国环境经济发展研究报告2023：推进能源低碳转型》，希望能够激发更多的思考、引发更多的讨论，唤起人们对能源未来的关注。在未来的岁月里，让我们携手共进，为实现能源低碳转型的梦想而努力奋斗，让地球成为我们子孙后代的永久家园。

赵　鑫　宋马林

2023年12月

图书在版编目（CIP）数据

中国环境经济发展研究报告.2023：推进能源低碳转型/赵鑫等著.--北京：经济科学出版社，2024.1

ISBN 978-7-5218-5619-4

Ⅰ.①中…　Ⅱ.①赵…　Ⅲ.①环境经济-经济发展-研究报告-中国-2023②能源经济-低碳经济-经济发展-研究报告-中国-2023　Ⅳ.①X196②F426.2

中国国家版本馆 CIP 数据核字（2024）第 043868 号

责任编辑：李　雪
责任校对：徐　昕
责任印制：邱　天

中国环境经济发展研究报告 2023：推进能源低碳转型
ZHONGGUO HUANJING JINGJI FAZHAN YANJIU BAOGAO 2023：
TUIJIN NENGYUAN DITAN ZHUANXING
赵　鑫　宋马林　等　著
经济科学出版社出版、发行　新华书店经销
社址：北京市海淀区阜成路甲 28 号　邮编：100142
总编部电话：010-88191217　发行部电话：010-88191522
网址：www.esp.com.cn
电子邮箱：esp@esp.com.cn
天猫网店：经济科学出版社旗舰店
网址：http：//jjkxcbs.tmall.com
固安华明印业有限公司印装
710×1000　16 开　19 印张　263000 字
2024 年 1 月第 1 版　2024 年 1 月第 1 次印刷
ISBN 978-7-5218-5619-4　定价：96.00 元
（图书出现印装问题，本社负责调换。电话：010-88191545）